本书编委会

主　　编：彭逸生　陈桂珠　林金灶

编　　委：（按姓氏拼音为序）

曹启民　陈桂珠　葛仙梅　兰竹虹　李旭林

李泽荣　林金灶　刘文静　刘朝阳　彭盛华

彭逸生　伍卡兰　肖彦子　赵　波　赵　扬

赵丽平　郑康振　周炎武

"十一五"国家重点图书出版规划项目

NAN ZHONGGUOHAI SHIDI YANJIU

——YI SHANTOU BINHAI SHIDI SHENGTAI XITONG WEILI

南中国海湿地研究

——以汕头滨海湿地生态系统为例

彭逸生 陈桂珠 林金灶 ■ 主编

中山大学出版社

·广州·

图书在版编目（CIP）数据

南中国海湿地研究：以汕头滨海湿地生态系统为例/彭逸生，陈桂珠，林金灶主编．—广州：中山大学出版社，2011.9
（“十一五”国家重点图书出版规划项目）
ISBN 978-7-306-03829-6

Ⅰ.①南…　Ⅱ.①彭…②陈…③林…　Ⅲ.①海滨—沼泽化地—生态系统—研究—汕头市　Ⅳ.①P942.65.378

中国版本图书馆CIP数据核字（2010）第261323号

出版人：祁　军
策划编辑：周建华
责任编辑：赵丽华
封面设计：曾　斌
责任校对：杨文泉
责任技编：何雅涛
出版发行：中山大学出版社
电　　话：编辑部 020-84111996，84113349，84111997，84110779
　　　　　发行部 020-84111998，84111981，84111160
地　　址：广州市新港西路135号
邮　　编：510275　　　　传　真：020-84036565
网　　址：http://www.zsup.com.cn　　E-mail:zdcbs@mail.sysu.edu.cn
印 刷 者：广州中大印刷有限公司
规　　格：787mm×1092mm　1/16　14.75印张　292千字
版次印次：2011年9月第1版　2011年9月第1次印刷
定　　价：36.00元

前　言

汕头滨海湿地（潮间带湿地）是南中国海项目（联合国环境规划署/全球环境基金即 UNEP/GEF“扭转南中国海和泰国湾环境退化趋势”项目）选取的具有跨境意义的有代表性的我国六块重要湿地之一，位于北回归线与中国海岸线交汇处，地理位置：北纬 23°14′48″～23°34′30″，东经 116°31′10″～116°54′17″。湿地总面积 47 891.601 hm^2，占汕头湿地总面积的 93.65%，占汕头陆地总面积的 23.2%，远高于全省的 10.47%，全国的 2.4%，全球的 6.4%。汕头滨海湿地分布于汕头市金平区、濠江区、潮阳区、潮南区、澄海区、龙湖区和南澳县，湿地种类齐全，有浅海水域、潮间带砂石滩、淤泥滩、盐水沼泽、盐田湿地、红树林沼泽、河口水域、三角洲低积平原、三角洲基塘湿地、水产养殖湿地等。

在原汕头滨海湿地自然保护区范围内规划了四块汕头国际重要湿地示范区，共有面积 3 186.87 hm^2。其中：河溪生境保护与恢复示范区，面积为 859.36 hm^2；外砂河口红树林湿地引导当地居民开展生态旅游活动区，面积为 766.75 hm^2；苏埃湾建立环境教育基地示范区，面积为 378.35 hm^2；三屿围示范区，内容为种植－养殖复合生态系统，面积为 1 182.41 hm^2。通过这四块不同类型、不同功能的滨海湿地的示范活动，划定界线、平整土地、清理环境卫生、建立瞭望台，竖立宣传牌、界桩、警示牌，进行环境质量、生物多样性监测，进行生态养殖、湿地植被恢复，进行湿地内部及周边生态资源、生态经济价值评估及生态旅游活动，进行湿地社区共管、社区环境教育、社区生态宣传、青少年志愿者活动、全民植树造林，等等。

南中国海汕头国际重要湿地示范区是 UNEP/GEF 主持的中国南中国海周边七个国家（中国、越南、柬埔寨、马来西亚、印度尼西亚、菲律宾、泰国）经过考核挑选出来的唯一一个海岸湿地示范区。按照 UNEP/GEF 与项目执行单位首席科学家陈桂珠签订的合同，项目于 2007 年 11 月开始，至 2010 年 10 月结束。项目实施严格遵守项目建议书的内容，认真做好湿地恢复与重建工作，修建青少年湿地科普教育展览馆，进行湿地生物多样性和环境的监测与保护，促进公众生态意识和环境意识的提高，做好湿地及其生态环境的巡逻保护及科学管理。示范区经过近四年的建设，使汕头市政府下决心把原来规划为东部经济带和市中心区发展区的红树林湿地保留下来作为湿地公园，为汕头民众的子孙后代留下绿水青山。通过汕头海岸湿地国际示范区的骨干作用，推动了汕头市20 090.92 hm^2的市级海岸湿地自然保护区的保护和发展。近年来，汕头滨海湿地红树林的面积逐年增加，珍稀鸟类、水生生物不断被发现和记录，真正体现了汕头滨海湿地作为珍稀濒危物种重要栖息、觅食地的作用。

在示范活动开展期间，特别注意示范区生物多样性和生态环境质量的监测研究。湿地生态系统作为全球三大生态系统之一，是南中国海的一类重要生境，有重要的生物多样性意义和生态功能。因此，本项目进行了一些重要的未在本区开展过研究的内容——湿地水分生态效应、环境净化效应和生态经济效应，取得了丰硕的新成果，在国内外重要核心期刊上发表科研论文30多篇。这些研究成果对南中国海湿地资源的保护、恢复和合理利用，制订和开展南中国海海岸湿地保护行动计划，有重大的现实意义和深远的历史意义。

（1）本项目创新研究滨海河口潮间带红树林湿地沉积物中重金属的迁移、积累和分布，重金属的形态分布和生物有效性，重金属的根际和非根际含量及形态分布，以及红树林修复海洋重金属污染的可行性。

（2）本项目首次研究红树林湿地有机有毒多环芳烃（Polycyclic Aromatic Hydrocarbons，PAHs）污染的规律；首次证明黑碳（Black Carbon，BC）是红树林湿地沉积物中PAHs的主要吸附物；首次引入并应用矩阵分解法（USEPA PMF 3.0）对红树林沉积物中PAHs的来源进行解析；在实测数据基础上对限制模型预测红树植物吸收PAHs污染物的规律进行了研究，提出了对以沉积物BC为主要吸附物的限制分配模型修正和完善的必要性。

（3）本项目还首次较完整地研究了汕头滨海湿地自然地理、动植物资源、生态环境的需水量，以及滨海湿地示范区的生态系统服务和功能价值评估。

本书总结了项目实施四年以来在湿地资源、环境质量、生态经济价值、生态旅游、综合管理方面的实施与研究成果，是滨海湿地保护、管理和合理开发利用的指导性图书，可供从事生物多样性保育、生物地球化学、环境化学、生态水文、环境保护、环境管理等方面的专业研究人员、相关高等院校师生、自然爱好者阅读参考。书中各章编写人员分别为：前言由陈桂珠编写，第1章“汕头滨海湿地资源环境概况”由彭逸生、刘文静编写，第2章“汕头滨海湿地的植物资源及植被”由彭逸生编写，第3章“汕头滨海湿地的动物资源及群落”由彭逸生、李旭林编写，第4章“汕头滨海湿地生态环境需水量研究”由肖彦子、葛仙梅编写，第5章“汕头滨海湿地红树林恢复对潮滩表层沉积物氮、磷的影响”由李旭林、郑康振编写，第6章“汕头滨海湿地红树林恢复对沉积物中重金属分布、累积及形态影响”由周炎武编写，第7章“汕头滨海湿地持久性有机污染物的研究”由曹启民、赵丽平、赵波编写，第8章“汕头滨海湿地生态经济价值分析”由赵扬、李旭林编写，第9章“汕头滨海湿地的生态旅游规划”由肖彦子、赵波编写，第10章“汕头滨海湿地生态系统的综合管理”由伍卡兰、彭逸生、兰竹虹编写。全书由彭逸生、陈桂珠、林金灶统稿。

本书的内容研究受联合国环境规划署/全球环境基金“国际水域”专题“汕头滨海湿地多方参与和实施”项目（UNEP/GEF International Waterbody: Participatory Planning and Implementation in the Management of Shantou Intertidal Wetland, GF/3010－07－03）的资助，自始至终得到国家环保部、广东省林业局和汕头市人民政府的关怀和指导，野外现场调查和样品采集得到汕头市林业局的大力支持。限于研究时限、技术条件和研究水平，加上滨海湿地研究本身的复杂性，并涉及众多领域，当中纰漏之处在所难免，敬请广大读者赐读和批评指正。

编者

2011年2月

目　录

第1章 汕头滨海湿地资源环境概况

【内容导读】 本章描述了汕头滨海湿地的自然环境状况、资源分类及其面积、资源分布状况，汇总了包括地理位置、地质概况、地貌、土壤、气候、河流水文、海洋水文在内的汕头滨海湿地自然环境状况。参照我国目前的湿地分类系统，汕头滨海湿地可以划分为I近海及海岸湿地、II河流湿地、III湖泊湿地等3大类12亚类，面积分别为47 893 hm^2，1 374 hm^2 和 1 875 hm^2，分别占滨海湿地总面积的93.6%，2.7%和3.7%，显示了本区湿地具备的海陆交汇处的自然特征。根据汕头市行政区划的划分，分别对潮阳区、澄海区、南澳县和汕头市区的湿地分布、类型及面积进行了统计汇总。

【关键词】 汕头滨海湿地；自然环境状况；资源分类及其面积；资源分布状况

1.1 地理位置

汕头滨海湿地中心地理位置位于东经116°31′10″至116°54′17″、北纬23°14′48″至23°34′30″，北回归线与中国海岸线的交汇处。全市沿海岛屿40个，海岸线长289 km，滨海湿地总面积51 142 hm^2，现辖金平区、濠江区、潮阳区、潮南区、澄海区、龙湖区和南澳县*。

1.2 自然环境概况

汕头滨海湿地位于韩江三角洲近海的前缘地域。北至北溪—义丰溪一线，南至达濠的濠江口，东至澄海、汕头东面的滩涂，西至潮阳的西胪、关埠。

1.2.1 地质概况

本区地质主要是第四系Q地质。榕江三角洲为港湾式的三角洲沉积物，早期以陆

---

* 由于统计年份在2005年以前，本章潮阳区指现今潮阳、潮南辖区，澄海区包含现龙湖区之新溪、外砂两镇，下同。

相为主，后期有广泛的海侵活动，形成了厚达 10～25 m 的海相沉积物。此外，主要岩石为花岗岩、玄武岩、砂岩、页岩。

断裂带：本区与周边地域地质构造复杂，与本湿地保护区有密切关系的有南澳断裂带、汕头—饶平断裂带、韩江断裂带、澄海—古港断裂带、玉滘—下蓬断裂带、桑浦山断裂带、榕江断裂带。其中，有 6 条断裂带直接经过本区，对湿地的空间分布具有重要影响。

水文地质：本区为三角洲沉积物、第四系地层，地下水位较高，一般由海边向陆地变化，一般为 -0.5～5 m。本区周边地域，在砂页岩和花岗岩地区有裂隙水、泉水、温泉。地下水的主要补给来源是大气降水，其次是地表水补给。地下水开发主要为龙泉岩矿泉水、莲花山矿泉水、莲花山温泉、达濠矿泉水、香炉山矿泉水。

1.2.2　地貌

根据成因与形态，把汕头湿地保护区及其周边地区的地貌划分为以下类型：

（1）流水地貌：主要表现为剥蚀、侵蚀地貌。

（2）海成地貌：分为三角洲平原和海蚀穴、海蚀柱和海蚀崖。本区位于韩江口和榕江口的平原地段。韩江在韩江三角洲平原上分为北溪、东溪、西溪、新津河和梅溪五条支流，成扇形散开分流入海，第四系沉积物厚度多为 30～60 m。北溪低平三角洲，主要支流有义丰溪，第四系海相沉积物厚度大部分小于 90 m。现在桑浦山和东南麓还遍布着海蚀穴、海蚀柱和海蚀崖。宕石的石林有海蚀柱景观，值得加以保护。

（3）潮间带地貌：海成沙坝（沙堤）或沙滩分布于南港口、新溪的十一合；泥滩（潮坪）分布于义丰溪口、六合围、北港口；红树林滩分布于义丰溪口、六合围、北港口、南港口、苏埃湾、西胪、关埠等；草滩分布于六合围、西胪、河溪等。

（4）海底地貌：水下浅滩分布于六合围、北港口、南港口、牛田洋、汕头湾、西胪等。

1.2.3　土壤

土壤是湿地重要的生态环境因子之一。本区大部分是湿地土壤，分布广泛。

1. 滨海盐渍红树林沼泽土

生长着红树林植物的滨海海涂土壤称为滨海盐渍红树林沼泽土，分布于三角洲河口湾淤泥的滩涂，所处滩面高程为 0～1.2 m，生长着桐花树（*Aegiceras corniculatum*）、老鼠簕（*Acanthus ilicifolius*）、秋茄（*Kandelia obovata*）、木榄（*Bruguiera gymnorrhiza*）、白骨壤（*Avicennia marina*）、无瓣海桑（*Sonneratia apetala*）、海桑（*S. caseolaris*）等。

2. 滨海盐渍沼泽土

滨海盐渍沼泽土主要分布于沿岸河口湾、三角洲前缘，地表无植被，土体呈灰黑色，土层深厚，并有大量海生动物残体。质地较黏重，以细粉砂（直径为0.002～0.02 mm）和黏粒（直径小于0.002 mm）为主。

3. 滨海盐渍草甸沼泽土

滨海盐渍草甸沼泽土分布于咸淡水交汇的河口区或内测平潮水位线上，地势较滨海盐渍沼泽土稍高，每天有一段时间露出海面，开始生长耐盐沼生草本植物，如短叶茳芏（*Cyperus malaccensis* var. *brevifolius*）和水竹（*Phragmites karka*）。滩涂长草，有滞水促淤作用，加速滩面淤积。

4. 滨海养殖塘沼泽土

滨海养殖塘沼泽土主要分布于三屿围、河溪、西胪、北港口、南成围、合昌围、六合围等地域。

5. 滨海沙土

滨海沙土是由沿海海岸带沙质堆积发育而成的土壤，呈不连续、宽窄不一分布。滨海沙土在本区内分布于南港口一带。

6. 堆叠土（即基水地）

基水地是滨海地区由于筑堤围垦、挖鱼虾塘、整治水利、修筑堤围等人为活动堆叠而成的土壤，母质是三角洲沉积物。堆叠土在六合围、合昌围、南成围、南港口、牛田洋、三屿围、河溪广泛分布，土地肥力较高，地下水位较低，现多用做种植果树、蔬菜。

7. 水稻土

水稻土广泛分布于本区缓冲地区，多数是围垦的水稻田、甘蔗地、香蕉地，多为潴育性水稻土。潴育性水稻土是耕作年代比较久、熟化程度比较高的土壤。地下水位比较低，一般出现在距田面50～60 cm以下。在耕作层和犁底层之下，出现潴育层，其厚度不等，一般达30～50 cm。潴育层是土壤胶体和铁、锰等物质的淋溶、淀积层，具有棱柱状结构及棕红色斑点与斑纹，这是其主要特征。水稻土的平均有机质含量为2.02%，pH值为5.5，分布于新溪、湾头、溪南。

8. 赤红壤

赤红壤是星散分布于本区周边地区的花岗岩赤红壤和粗骨土，如鸡笼山、莱芜岛、塔山、桑浦山、香炉山、笔架山、妈屿岛等地均有分布。

1.2.4 气候

汕头市的气候属于南亚热带季风气候，主要特点是：阳光充足，热量丰富；夏长冬暖，无霜期长；降雨量充沛，降水量集中在下半年；风向初夏偏东，秋冬季偏北。汕头市的季节分明，春季潮湿，阴雨日多；初夏气温回升，冷暖多变，常有暴雨；盛夏虽高温而少酷暑，常受台风袭击；秋季凉爽干燥，天气晴朗，气温下降明显；冬季没有严寒，但有短期霜冻。

汕头市多年平均气温为21.2～21.6 ℃，最低气温为0.4 ℃；最高气温为38.6 ℃，多出现于7月中旬至8月初受太平洋副热带高压控制期间。多年日照平均为2 056～2 199 h，日照最短为每年的3月，大于等于10 ℃的积温为7 600 ℃。多年平均降雨量为1 482～1 689 mm，多集中于4—9月。多年平均蒸发量为1 596～1 883.4 mm，略高于降雨量。

1.2.5 河流水文

汕头市境内汇入南海的河流包括韩江、榕江、练江等主要河流。五溪河口地域是汕头沿海地区的重要湿地生境。榕江、韩江的主要水文特征见表1－1。

表1－1 榕江、韩江水沙分配

	榕江	韩江					
		西溪			东溪	北溪	合计
		梅溪	新津河	外砂河	（莲阳溪）	（义丰溪）	
年径流量/10^8 m^3	35.2	27.3	27.3	76.9	94.2	22.3	248.0
年输沙量/10^4 t	85.2	79.6	79.6	224.5	275.1	65.2	724.0
占干流量/%	100	11	11	31	38	9	100

由表1－1可知，韩江水含沙量约是榕江的8.5倍。陆域来沙，加上由波浪掀扬、潮流携带的海域来沙，使韩江三角洲在距今2000～3000年前便开始淤积，每年向海推进速度为12～15 m。

1.2.6 海洋水文

潮汐：汕头港以东属不正规半日潮港，以西自海门港至神泉港属不正规日潮港。汕头港的潮汐，最高潮位为4.65 m，平均高潮位为1.89 m，平均低潮位为0.86 m，最低潮位为－0.3 m。汕头港的潮汐属于不规则的半日潮，潮汐不等的现象较为显著。汕头港涨潮垂线平均最大流速为0.85 m/s，落潮垂线平均最大流速为0.71 m/s。

海水温度：汕头沿海的海水表层平均温度，春季（3—5月）为24.5 ℃，夏季

（6—8月）为26.0 ℃，秋季（9—11月）为25.3 ℃，冬季（12—翌年2月）为15.2 ℃。

海水盐度：汕头沿海的海水表层平均盐度，春季（3—5 月）为 33.1‰，夏季（6—8 月）为32.8‰，秋季（9—11 月）为33.4‰，冬季（12—2 月）为33.2‰。

1.3　湿地资源的分类及其分布状况

1.3.1　湿地分类系统及类型

在汕头滨海湿地的调查研究过程中，湿地分类以国家颁发的《全国湿地资源调查与监测技术规程》为基础，结合汕头滨海湿地的现状进行分类，共分为Ⅰ近海及海岸湿地、Ⅱ河流湿地、Ⅲ湖泊湿地等三大类12 亚类。有些类型是本地特有的，则在相应的类型项再分类，如将三角洲湿地分为三角洲低积平原和三角洲基塘湿地。另外，盐田因其形态特征及湿地类型属性均有别于盐水沼泽地，故在调查中增加盐田湿地。详见表1－2和图1－1 和图1－2。

表1－2　汕头滨海湿地分类

大类	亚类	面积/hm²	类型	面积/hm²
Ⅰ近海及海岸湿地	I_{1} 浅海水域			16 011
	I_{5} 潮间沙石滩			907
	I_{6} 潮间淤泥滩			302
	I_{7} 潮间盐水沼泽	802	I_{7b}盐田湿地	596
	I_{8} 红树林沼泽			1 269
	I_{11}河口水域（0 潮位至该海淡水舌）			11 599
	I_{12}三角洲湿地		I_{12a}三角洲低积平原	1 080
			I_{12b}三角洲基塘湿地	2 352
	I_{13}水产养殖湿地			12 975
Ⅱ河流湿地	II_{1} 河流水域			1 023
	II_{3} 洪泛平原湿地			351
Ⅲ湖泊湿地	III_{1} 永久性淡水湖			175
	III_{5} 水库			1 700

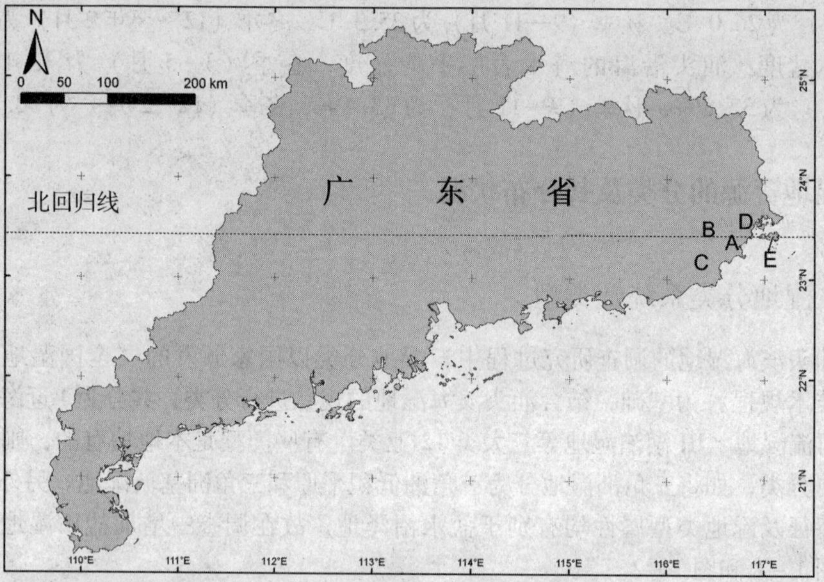

图 1-1　汕头市在广东省的位置

A 汕头市区；B 潮阳区；C 潮南区；D 澄海区；E 南澳县

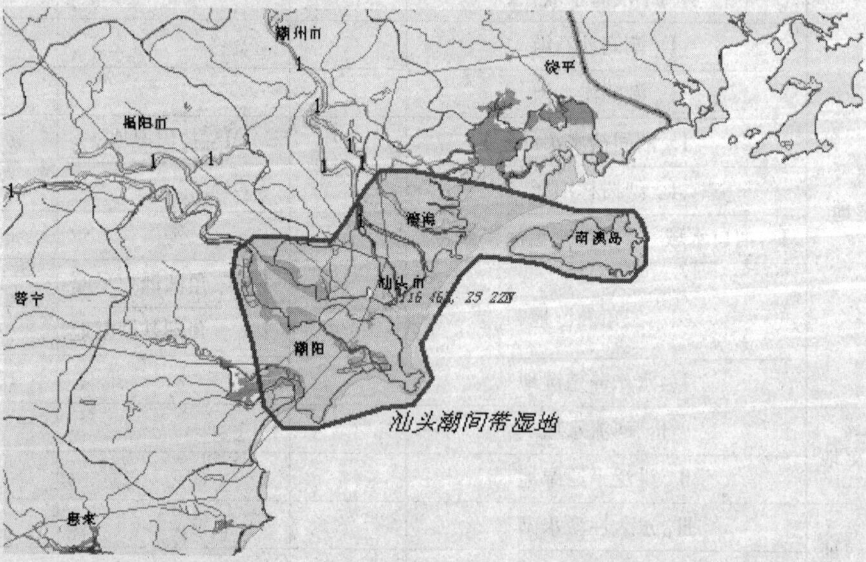

图 1-2　汕头滨海湿地范围示意图

1.3.2　汕头地区湿地的类型及其面积

1.3.2.1　近岸及海岸湿地

汕头地区共有近岸及海岸湿地面积47 891.610 1 hm^2，占汕头市陆地总面积的23.2%，占汕头市湿地总面积的93.65%。其中：浅海水域（$Ⅰ_1$）16 010.994 5 hm^2，河口水域（$Ⅰ_{11}$）11 598.749 7 hm^2，潮间沙石滩（$Ⅰ_5$）906.648 6 hm^2，潮间淤泥滩（$Ⅰ_6$）302.316 6 hm^2，潮间盐水沼泽（$Ⅰ_7$）801.547 2 hm^2，盐田湿地（$Ⅰ_{7b}$）595.988 0 hm^2，红树林沼泽（$Ⅰ_8$）1 269.333 3 hm^2，三角洲低积平原（$Ⅰ_{12a}$）1 079.772 2 hm^2,三角洲基塘湿地（$Ⅰ_{12b}$）2 351.744 9 hm^2，水产养殖湿地（$Ⅰ_{13}$）12 974.515 1 hm^2。

1. 浅海水域

浅海水域是按国家补充规定划定，是低潮界至6 m水深线范围内的面积。浅海水域在本地区近岸海岸湿地中所占面积最大，共16 010.994 5 hm^2，占汕头滨海湿地总面积的31.31%；其中澄海区最多，达8 888.42 hm^2，占浅海水域总面积的55.51%。

2. 河口水域

本区河口水域大部分集中于9条独立入海河流的河网区，面积居近岸海岸湿地的第三位（11 598.75 hm^2），占汕头滨海湿地总面积的22.68%。其中：汕头市区拥有面积最多，达4 794.70 hm^2；其次为澄海区，面积为4 291.60 hm^2。

3. 潮间沙石滩

潮间沙石滩在各县市均有分布，通常分布在基岩海岸的潮汐地带，滩面狭长多石砾，面积较小，占汕头滨海湿地总面积的2%。

4. 潮间淤泥滩

潮间淤泥滩通常分布在河口前沿，主要是由河口泥沙入海沉积及海面波浪冲击形成的大片沙泥滩涂（由高潮界至低潮界计算面积）。本区内此类湿地面积较小，只分布于汕头市区和潮阳区，面积分别为263.26 hm^2 和39.05 hm^2。

5. 潮间盐水沼泽

潮间盐水沼泽是含盐量高的沼泽湿地，多长有盐生草本植物。本区内共有此类湿地801.55 hm^2。其中潮阳区占有面积最大，为388.97 hm^2。

6. 盐田湿地

盐田湿地多存在于含盐量高的盐水沼泽或海湾、泻湖岸边的滩涂上，一般呈规则的网格状。近年来由于盐田产值不高，有些荒废成盐水沼泽，有些则开发成鱼塘、池虾等水产养殖地。目前全市共有盐田595.99 hm^2，分布于汕头市区和潮阳区。

7. 红树林沼泽

红树林是一种分布在河口海湾的重要湿地资源，它对防风护岸、保持生物多样性以及防治水污染均有重要价值。据 20 世纪 50 年代调查资料显示，粤东原有红树林约 8 000 hm^2，但随着近几十年来的围海造田，红树林受到大规模的破坏。截至 1999 年全省调查时，汕头红树林仅存 140 hm^2。在 2000 年前后，经汕头市政府大力支持，红树林种植与保护工程大范围开展，红树林面积有了较大增加。目前，汕头市共有红树林沼泽 1 269. 33 hm^2，其中澄海区面积最大，接近 1 000 hm^2，多为近年种植。

8. 三角洲低积平原

三角洲低积平原是河口湿地的一个重要类型，本区内此类湿地共 1 079. 77 hm^2，占汕头滨海湿地总面积的 2%。

三角洲基塘湿地是广东省最具特色的基水地，它由三角洲的低洼积水沼泽挖泥筑基改造而成。基面上种植桑、果、蔗或其他经济作物，塘面养鱼，是一种良性循环的人工生态系统。本次调查显示，汕头地区共有基塘湿地 2 351. 74 hm^2，大部分集中于韩江三角洲地区，达 1 856. 12 hm^2。

9. 水产养殖湿地

水产养殖湿地通常位于三角洲低积平原的前沿，在滩涂经筑堤围垦后首先进行挖塘蓄水，养殖鱼、虾、蟹、贝。本区内共有水产养殖地 12 974. 52 hm^2，居本区域湿地面积的第二位，占汕头滨海湿地总面积的 25. 37%。其中，以潮阳区拥有的面积最大，为 6 524. 23 hm^2；其次为澄海区，面积为 1 512. 84 hm^2，在榕江下游牛田洋两岸、练江下游两岸及韩江北部支流呈大片连续分布。

1. 3. 2. 2　**河流湿地**

汕头的河流湿地类型比较简单，只有两种类型：永久性河流（$Ⅱ_1$）、洪泛平原湿地（$Ⅱ_3$）。

1. 永久性河流

汕头地区水网密布，河涌纵横，较大的河流如韩江、榕江、练江及其主要支流等均为潮汐河流，属于河口水域湿地。因此，本区内的河流湿地主要分布在西部，绝大部分属练江支流，少部分为榕江支流，共有 1 022. 93 hm^2，其中潮阳区有 912. 61 hm^2。

2. 洪泛平原湿地

洪泛平原湿地是指洪水泛滥淹没的河流两岸地势平坦地区，多分布于河流交汇、拐弯及宽窄变换地段的河流两岸防洪堤范围内，以多年平均洪水位为准进行计算。由于近年来市政府对水利设施建设的重视，汕头地区防洪设施比较完善，此类湿地面积并不大，共 350. 950 2 hm^2，主要分布于韩江两岸。

1.3.3.3 湖泊湿地

湖泊湿地主要是指内陆性的湖泊，本区仅有永久性淡水湖和水库两类，面积为1 874.52 hm^2,绝大多数分布在潮阳区。

1. 永久性淡水湖

本区域内天然湖泊较少，分布于潮阳区和澄海区，湖泊面积分别为97.58 hm^2 和77.16 hm^2。

2. 水库

本区域共有水库面积1 699.78 hm^2，绝大多数集中于潮阳区，面积为1 572.01 hm^2，尤其是其西南部的大南山区分布有十几个大小水库。澄海区、南澳县、汕头市区也有水库分布，但面积不大，分别为16.39 hm^2，20.28 hm^2，91.09 hm^2。

1.4 汕头湿地的行政区域分布

1.4.1 潮阳区湿地类型分布

本区域内各类湿地面积为14 528.64 hm^2。其中：近岸及海岸湿地11 946.44 hm^2（包括浅海水域1 643.39 hm^2，河口水域2 512.45 hm^2，潮间沙石滩297.67 hm^2，潮间淤泥滩39.05 hm^2，潮间盐水沼泽388.97 hm^2，盐田湿地299.68 hm^2，红树林沼泽250.00 hm^2，水产养殖湿地6 524.23 hm^2）；河流湿地912.61 hm^2；湖泊湿地1 669.59 hm^2（包括永久性淡水湖97.58 hm^2，水库1 572.01 hm^2）。

潮阳区湿地类型较丰富，共有10种，且面积较大，占汕头湿地总面积的28.41%，居第二位。湿地以水产养殖面积最大，占该市湿地总面积的44.91%。另外，汕头市辖区内的水库湿地几乎全部分布于本区。

1.4.2 澄海区湿地类型分布

本区域内各类湿地面积为19 322.10 hm^2，居汕头地区湿地面积第一位，占37.78%。其中：近岸及海岸湿地18 829.95 hm^2（包括浅海水域8 888.42 hm^2，河口水域4 291.60 hm^2,潮间沙石滩201.20 hm^2，红树林沼泽1 000.00 hm^2，三角洲低积平原1 079.77 hm^2,三角洲基塘湿地1 856.12 hm^2，水产养殖湿地1 512.84 hm^2）；河流湿地398.60 hm^2（包括河流水域47.65 hm^2，洪泛平原湿地350.95 hm^2）；湖泊湿地93.55 hm^2（包括淡水湖泊77.16 hm^2，水库16.39 hm^2）。

三角洲低积平原是本区典型的表征性湿地，整个汕头地区只有澄海区有此类湿地。另一类重要湿地是三角洲基塘湿地，总面积为1 856.12 hm^2，占全区此类湿地的78.93%。

1.4.3 南澳县湿地类型分布

本区域内各类湿地面积为 3 672.22 hm^2。其中：近岸及海岸湿地 3 589.26 hm^2（包括浅海水域 3 123.52 hm^2，潮间沙石滩 185.88 hm^2，潮间盐水沼泽 139.33 hm^2，红树林沼泽 2 hm^2，水产养殖湿地 138.53 hm^2）；河流水域 62.68 hm^2；湖泊湿地 20.28 hm^2，全为水库。

受自然条件因素的影响，南澳县的湿地类型较少，只有 7 类，以浅海水域为主，占该岛湿地的 86.58%。

1.4.4 汕头市区（辖金平、龙湖、濠江三区）湿地类型分布

本区域内各类湿地面积为 13 617.05 hm^2。其中：近岸及海岸湿地 13 525.95 hm^2（包括浅海水域 2 364.66 hm^2，河口水域 4 794.70 hm^2，潮间沙石滩 221.90 hm^2，潮间淤泥滩 263.26 hm^2，潮间盐水沼泽 273.25 hm^2，盐田湿地 296.31 hm^2，红树林沼泽 17.33 hm^2，三角洲基塘湿地 495.63 hm^2，水产养殖湿地 4794.70 hm^2）；湖泊湿地 91.09 hm^2，全为水库。

汕头市区湿地类型较丰富，共有 10 种，且面积较大，占汕头滨海湿地总面积的 26.63%；以水产养殖湿地面积最大，占市区湿地总面积的 26.63%。

第2章　汕头滨海湿地的植物资源及植被

【内容导读】　在汕头滨海湿地内共录得高等植物92科164属269种，包括苔藓植物10种、蕨类植物16种、裸子植物4种、被子植物239种。根据生境水文条件和底质的差异，汕头滨海湿地的植物可划分为湿生植物、水生植物、沙生植物、红树植物四大类；根据植被的生长分布特征，上述四大类植被又可划分为河口与滨海沉积地湿生植被、河岸与海堤岸湿生植被、河流湿地水生植被、基围鱼塘水生植被、滨海沙生乔灌草丛林、滨海沙生刺灌丛、滨海沙生草丛、红树林等8个亚类。作为近海区域高生产力的提供者，红树林近年来在汕头沿海地区普遍受到重视，其保护与恢复工作得到大规模的开展。目前，汕头滨海湿地内共有红树植物6科8属9种，半红树植物5科6属6种，红树林伴生植物8科11属12种，总面积为1 267.4 hm^2。但现有天然林保留较少，人工林普遍存在结构单一、以外来树种为主的问题，需人工引种乡土红树植物，优化现有红树林的林分质量。盐沼是汕头滨海湿地另一重要生境，总面积为2 084.8 hm^2。由于对盐沼功能的认识不足，目前汕头市辖区内的盐沼水草正被逐渐转化为养殖塘。建议加强对盐沼的保护和合理开发，对部分重点区域实施严格保护和恢复。

【关键词】　汕头滨海湿地；植物资源；群落；红树林；盐沼

湿地是地球上最富生产力和生物多样性的生态系统之一，与海洋和热带雨林并称为地球上最重要的三个生态系统（Keddy, 2000）。汕头滨海湿地地处韩江、榕江、练江的出海口区域，属于淡水和海水周期性混合的区域，受盐度更替和水位变化的影响，植物沿河口区域呈现一定的水平分布规律（McLusky et al.，2004）。湿地植物作为汕头滨海湿地生态系统的初级生产者，在维持生态系统稳定、促进物质和能量循环方面具有重要的作用，同时，在提供食物、药物和原材料以及保护岸线、滞留沉积物和污染物等方面具有重要作用。因此，了解湿地植物资源的种类、分布状况，评价它们的利用前景，对汕头滨海湿地植物资源的保护与合理利用具有重要意义。

2.1　植物区系的组成和特点

根据资料记载和野外调查统计，汕头滨海湿地内共有湿地植物92科269种。其中，苔藓植物8科10种，蕨类植物10科16种，裸子植物3科4种，被子植物71科239种。苔藓植物、蕨类植物、裸子植物、被子植物分别占汕头滨海湿地植物总科数的8.7%，10.9%，3.3%和77.2%，占植物总种数的3.7%，5.6%，1.5%和89.2%。种类最多的科是禾本科（Poaceae），有36种；其次为菊科（Asteraceae）18种，莎草科（Cyperaceae）11种，大戟科（Euphorbiaceae）和蝶形花科（Papilionaceae）共10种，芸香科（Rutaceae）8种，茜草科（Rubiaceae）和天南星科（Araceae）共7种，锦葵科（Malvaceae）和蔷薇科（Rosaceae）共6种，旋花科（Convolvulaceae）5种。在本区滨海湿地植被占据重要地位的红树林群落中，录得植物11科17种，分别占广东省红树林植物总科数的64.7%和总种数的58.6%（见表2－1）。

表2－1　汕头滨海湿地植被的种类构成*

	湿生植物	水生植物	沙生植物	红树林植物	合计
苔藓植物	8：10	0：0	0：0	0：0	8：10
蕨类植物	9：15	0：0	0：0	1：1	10：16
裸子植物	2：2	1：2	0：0	0：0	3：4
被子植物	50：161	25：58	30：80	10：16	71：239
合计	69：187	26：60	30：80	11：17	92：269

*适应多种生境的植物按其主要适应类型统计，红树林植物已包含于水生或湿生植物中。

2.2　植物区系特点

湿地植物的区系特点根据植被类型及其生长环境的不同而异。湿地植被主要有4种类型，包括：分布在沼泽洼地土壤中的湿生植物，分布在水域环境中的水生植物，分布在海湾河口区滩涂的红树林植物，以及滨海沙滩的沙生植物。根据《广东湿地资源调查报告》的统计，广东省共有湿地植物451种，分属141科294属。其中，湿生植物有124科273属353种，水生植物有56科84属172种，沙生植物有21科38属39种，红树林沼泽植被有17科21属29种。汕头滨海湿地的植被与广东湿地植被相比较，有如下区系特点。

2.2.1　湿生植物的区系特点

湿生植物主要生长在堤岸和河口低洼地。本区域内的湿地植物绝大多数为被子植物，有50科161种，占汕头滨海湿地植物总科数和种数的75.0%和69.8%；占广东省湿地植物总科数和种数的 55.6% 和 53.0%。其中，属于热带分布的有桃金娘科（Myrtaceae）、棕榈科（Arecaceae）、桑科（Moraceae）、旋花科、马鞭草科（Verbenaceae）、爵床科（Acanthaceae）、茄科（Solaceae）、夹竹桃科（Apocynaceae）、芭蕉科（Musaceae）、锦葵科等，属于热带、亚热带分布的有蓼科（Polygonaceae）、大戟科等，常见的温带分布的科有蔷薇科、苋科（Amaranthaceae）、景天科（Crassulaceae）、樟科（Lauraceae）、香蒲科（Typhaceae）等。

2.2.2 水生植物的区系特点

水生植物主要生长在水体环境中，常见于河口浅滩、河道边缘、池塘、水田、沟渠等处。本区域内水生植物有 26 科 60 种，占汕头滨海湿地植物总科数和种数的 28.3% 和 22.4%，占广东省湿地植物总科数和种数的 28.3% 和 22.3%。其中，裸子植物 1 科 2 种，被子植物 25 科 58 种。较为常见的科包括苋科、红树科（Rhizophoraceae）、海桑科（Sonneratiaceae）、雨久花科（Pontederiaceae）、浮萍科（Lemnaceae）、天南星科（Araceae）、睡莲科（Nymphaeaceae）、莎草科、禾本科、蓼科等。在水生植物中，有一些既是水生同时又是湿生的种类，如蓼科、伞形科（Umbellifecae）、禾本科以及莎草科等，具备一定的两栖特性。

2.2.3 沙生植物的区系特点

沙生植物主要分布在滨海海岸冲积所形成的沙滩、沙坝及其边缘。受潮汐作用的影响，沙滩外缘受海水周期性淹浸，盐度较高，影响植物的生长和分布，也形成一定的湿地植被的生态系列。海流和潮汐还帮助植物传播种子，如滨海沙滩上最常见的先锋植物厚藤（*Ipomoea pescaprae*）的种子靠海水传播，露兜簕（*Pandanus tectorius*）和海芒果（*Cerbera manghas*）的种子和果实也是如此。从沙滩外缘到内缘，逐渐由草本植物群落过渡到木本植物群落。该区域内有沙生植物 30 科 80 种，多为单科单种，只占汕头地区湿地植物总科数和总种数的 32.6% 和 29.8%，占广东省湿地植物总科数和总种数的 24.2% 和 29.8%。滨海沙生植物的重要形态特征是枝叶丛生刺或毛，或叶子肥厚肉质或革质，以抵御海风、盐水或盐蒸气，以及强烈的紫外线辐射等的侵蚀。这些植物种类多属热带成分或广布种，如木麻黄（*Casuarina esquetifolia*）、马缨丹（*Lantana camara*）、海芒果、仙人掌（*Opuntia dillenii*）、马甲子（*Paliurus ramosissimus*）、箣柊（*Scolopia chinensis*）、银柴（*Aporosa dioica*）、潺槁树（*Litsea glutinosa*）、待宵草（*Oenothera odorata*）、鬣刺（*Spinifex littoreus*）等。

2.2.4 红树植物的区系特点

红树林是生长在热带、亚热带海岸屏蔽良好的潮间带滩涂的灌木和乔木群落，所以有时也称之为“海岸带森林”或“潮间带森林”。红树林天然分布范围大致在南、北回归线之间，最北可达北纬32°，最南可达南纬33°附近，全世界有红树林植物24科86种（含变种）。红树林有的高达20～30 m，也有高仅2 m的小灌丛。全球红树林分布有两个中心：一个在东亚，另一个在热带美洲；其中以东亚的种类较为丰富。我国的红树林属于东亚类型，广东省大部分区域地处北回归线以南，水热条件好，适宜红树林生长。据调查统计，广东全省红树林分布有17科21属29种，优势种为白骨壤（*Avicernia marina*）、桐花树（*Aegiceras corniculatum*）、秋茄（*Kandelia obovata*）、红海榄（*Rhizophora stylosa*）和木榄（*Bruguiera gymnorrhiza*）。各种群构成纯林，其中以白骨壤纯林较多，桐花树位居其次，其余多为混生群落。

调查发现，汕头滨海湿地的红树林有植物27种，其中禾本科4种，红树科3种，锦葵科、海桑科、蝶形花科各有2种，其余为单科单种（见表2－2）。在真红树植物里，嗜热性种类有海桑、无瓣海桑等，嗜热广布种有海漆（*Excoecaria agallocha*）、白骨壤、木榄等，抗低温广布种有桐花树、秋茄等。从植物区系分析，本区域湿地红树林植物为热带亚热带性质，泛热带性质已明显减弱。

表2－2　汕头滨海湿地红树林植物的组成

	科	种
真红树植物	红树科 Rhizophoraceae	木榄 *Bruguiera gymnnorhiza*
		秋茄 *Kandelia obovata*
		红海榄 *Rhizophora stylosa*
	爵床科 Acanthaceae	老鼠簕 *Acanthus ilicifolius*
	大戟科 Euphorbiaceae	海漆 *Excoecaria agallocha*
	紫金牛科 Myrsinaceae	桐花树 *Aegiceras corniculatum*
	海桑科 Sonneratiaceae	海桑 *Sonneratia caseolaris*
		无瓣海桑 *Sonneratia apetala*
	马鞭草科 Verbenaceae	白骨壤 *Avicennia marina*

续表

	科	种
半红树植物	卤蕨科 Acrostichaceae	卤蕨 *Acrostichum aureum*
	夹竹桃科 Apocynaceae	海芒果 *Cerbera manghas*
	菊科 Asteraceae	阔苞菊 *Pluchea indica*
	锦葵科 Malvaceae	黄槿 *Hibiscus tiliscеus*
		杨叶肖槿 *Thesesia pophulnea*
	梧桐科 Sterculiaceae	银叶树 *Heritiera litorralis*
伴生植物	草海桐科 Coodeniaceae	草海桐 *Scaeola sericea*
	马鞭草科 Verbenaceae	许树 *Clerodendron inerme*
	苦槛蓝科 Myoporaceae	苦槛蓝 *Myoporum bontioides*
	海金沙科 Lygodiaceae	海金沙 *Lygodium* sp.
	旋花科 Convolvulaceae	厚藤 *Ipomoea pescaprae*
	蝶形花科 Papilionaceae	海刀豆 *Canavalia maritime*
		鱼藤 *Derris trifoliata*
	莎草科 Cyperaceae	短叶茳芏 *Cyperus malaccensis* var. *brevifolius*
	禾本科 Poaceae	狗牙根 *Cynodon dactylon*
		盐地鼠尾黍 *Sporobolus virginicus*
		芦苇 *Pragmites australis*
		水竹 *Phragmites karka*

2.3　湿地植被类型、群落结构及分布

2.3.1　湿生植被类型、群落结构及分布

2.3.1.1　河口、滨海沉积地湿生植被

本类型湿地植被分布于地势低平、常受海潮浸淹的河口低地和滩涂，其土壤为盐渍化的沼泽土，组成主要为从河流上游带来的淤泥，或滨海沉积物。具体位置为牛田洋南、北岸，新津河口至外砂河口，南成围、合昌围、六合围一带。

本类型植被的外貌比较整齐，组成种类简单，优势种明显，其中以莎草属（*Cyperus*）、芦苇属（*Phragmites*）为主。此外，局部地段常见有秋茄、桐花树、许树和海漆等红树林种类散布其中。由于各地生境条件的差异，可形成不同的植物群落，表现出不同的群落特征。本地区此植被类型的主要群落为：

1. 短叶茳芏群落

本群落分布于新津河口，濠江口，澄海六合围堤内、堤外的沿岸滩涂以及水产养殖塘的塘埂、围堤边缘，多呈块状分布。群落外貌波状起伏，植株高 70～130 cm，覆盖度 50%～80%，种类组成简单，以短叶茳芏占优势。

2. 芦苇（*Phragmites australis*）群落

本群落常见于河溪镇、西胪镇河涌两旁滩涂养殖塘堤岸和塘埂上，在六合围莲阳溪口、湾头有大片分布，溪南镇义丰溪口一带也有分布。以芦苇为优势种。由于人为活动的影响，群落差异大，有的植株高达 2 m 以上，有的不足 1 m。

3. 水竹群落

本群落分布于濠江口一带以及六合围义丰溪口两海堤内鱼塘边、河岸滩涂和围垦养殖塘的堤岸边。群落种类组成简单，优势种明显，主要为水竹，高 150～200 cm，覆盖度较大，常达到 80%～95%。群落中常伴生许树等。

4. 芦苇 + 短叶茳芏群落

本群落分布于六合围大堤附近。群落组成极为简单，优势种明显，其中短叶茳芏通常分布于湿地向海外缘，芦苇则居于地势稍高的内缘。由于常受海潮浸淹，淤泥较深厚。短叶茳芏耐盐力强，地下茎发达，无性繁殖力强，常成为先锋植物。本群落通常高 60～80 cm，覆盖度 60%～80%。局部地方有星散的桐花树、海漆和水竹等生长。

5. 圆果雀稗（*Paspalum orbiculare*）+ 许树群落

本群落分布于澄海新溪南港口红树林沼泽湿地内缘沙坝滩地上。圆果雀稗高 0.4～0.6 m，覆盖度 30% 左右。此外还有阔苞菊、狗牙根（*Cynodon dactylon*）、鸭跖草（*Commelina communis*）、厚藤、绢毛飘拂草（*Fimbristylis sericea*）、盐地鼠尾粟等。

6. 蒲草（*Lepironia artiuclata*）+ 短叶茳芏 + 芦苇群落

本群落分布于澄海双涵的沿海滩涂湿地上。蒲草群丛高 1.2 m，覆盖度 70%；短叶茳芏群丛高 0.7～1 m，覆盖度 75% 左右；芦苇群丛高 1.5～1.8 m，覆盖度 80%～90%。此外，近堤还有盐地鼠尾粟等。

2.3.1.2 河岸、海堤岸湿生植被

本类型植被是指分布于河道、河口和水网的堤岸植被。堤岸一般地势较高，即使在高潮期，也不会受河水、海水浸泡，土壤因受雨水淋洗逐渐脱盐，并适合越来越多的陆生性植物生长。本地区此类型植被主要有以下群落：

1. 池杉 + 落羽杉

池杉（*Taxodium ascendens*）、落羽杉（*T. distichum*）是我国于 20 世纪初从美洲地区引入的耐水湿高大乔木，现在我国中南部大部分省区均有栽培，用于堤岸两侧的防护林种植，多出现在平原、山涧低湿的地方和山脚洼地的沼泽土上。汕头滨海湿地的池杉、落羽杉群落均为人工栽种，只分布在河涌两岸及漫水滩地上，多见于关埠、西胪、河溪、三屿围、牛田洋、南成围、合昌围、六合围一带的沿海围垦区。植株高 3.0 ~ 5.0 m，大多呈单列或双列栽植，林下层植被稀少，层间偶有缠绕藤本，如海金沙、鸡矢藤（*Paederia scandens*）等。池杉和落羽杉高大挺拔，冬季、春季叶片均呈现不同颜色，既是营造防护林的重要树种，也是美化景观的理想植物。

2. 铺地黍 + 双穗雀稗群落

该群落在汕头滨海湿地区域内常见于养殖塘周边荒地，是湿地生境遭受人为干扰后陆生植物入侵先锋演替阶段的表征，主要分布于养殖塘、堤围岸上近水处。群落外貌为灰绿色，高 0.3 ~ 0.4 m，覆盖度 90% 以上，以铺地黍（*Panicum repens*）和双穗雀稗（*P. distichum*）占优势，其间混杂有狗牙根、飞机草（*Eupatorium odoratum*）、莎草（*Cyperus rotundus*）等。

2.3.2　水生植被类型、群落结构及分布

本区内水生植被类型主要为河流、河口湿地水生植被，受水质状况、人为活动强度等因素的影响，目前保存较为完好、典型的水生植被见于关埠、西胪、河溪三镇牛田洋南岸围垦区内水道的浅水滩或河涌浅水中。

2.3.2.1　河流湿地水生植被

1. 水毛花（*Scirpus triangulatus*）群落

本群落主要分布于水道的浅水滩或河涌浅水中。在西胪、河溪镇交界处，2005 年前后面积最大时接近 69.4 hm^2，生长非常茂盛；此后因发展养殖业而将草塘深挖后，水草群落逐渐消退，现存面积已大大减小。在澄海六合围、义丰溪一带则与短叶茳芏混杂分布，在养殖塘周边有零星分布。

2. 香蒲（*Typaha latifolia*）+ 短叶茳芏 + 芦苇群落

本群落主要分布在潮阳河溪镇河汊、灌渠水流缓慢处，以香蒲为主，混杂有短叶茳芏或芦苇，一般高度为 1 ~ 1.5 m。群落面积不大，在局部河湾地段构成小块状群落。

2.3.2.2　基围鱼塘水生植被

1. 苦草（*Hydrilla verticillata*）+ 水筛（*Blyxa japonica*）+ 金鱼藻（*Ceratophyllum demersum*）群落

本群落主要分布于积水湿地、低洼地、浅水鱼塘中，水体透明度较佳，可以具有一定盐度，通常小于等于 4.0‰；在南成围、合昌围、六合围一带的鱼塘、积水区均有分

布。由于堤外水质较差，群落生存状况不理想，常可见漂浮垃圾堆积、其他水草大片生长，群落生境被挤占；堤内养殖塘的群落分布相对稳定，呈零星分布。

2. 凤眼莲（*Eichornia crassipes*）群落

本群落主要分布在三屿围，潮阳西胪、河溪，以及澄海六合围黄厝草溪河口一带，外貌整齐，凤眼莲占绝对优势，群落内伴生铺地黍、千金子（*Leptochloa chinensis*）、浮萍（*Lemmna minor*）、空心莲子草（*Alternanthera philoxeroides*）、水龙（*Ludwigia adscendens*）等。4—10月间呈青绿色，隆冬季节植株枯萎，群落失去生机。其广泛分布于池塘及农地周围的水洼中，水深度较浅，一般为1 m左右，水质较差，部分水体发黑、发臭。凤眼莲虽有净化水质的功效，但因无人管理、打捞而容易泛滥成灾，堵塞河道，影响泄洪、航运和生态景观。

2.3.3 沙生植被类型、群落结构及分布

沙生植被分布于沙丘地或滨海沙滩。由于调查区范围内在江河岸和滨海边缘临水地段都已筑堤围垦或围塘养殖，破坏了沙生植被的生境，因此在该区域内没有典型的沙生植被分布，只有一些沙生植物如潺槁树、木麻黄、海刀豆、狗牙根、蜈蚣草（*Pteris vittata*）、蟋蟀草（*Eleusine indica*）、千金藤（*Stephania japonica*）、粘裙草（*Chrysopopon acioulatus*）、繁缕（*Stellaria media*）、仙人掌、簕杉、厚藤、鬣刺、待宵草、番杏（*Tetragonia tetragonioides*）等零星生长。

2.3.3.1 滨海沙生乔灌草丛林

本类型植被分布于海岸沙滩内缘。群落外貌浓绿，一般有三层，最上层为乔木树冠，中层为灌木、藤本植物和小乔木，下层为草本植物。主要群落如：

- 木麻黄＋潺槁树＋银柴群落

本群落主要分布于三屿围、牛田洋、海门湾、塘边湾、新溪金狮猴、莱芜沿海沙滩或大堤一带，用做海防林。乔木除了木麻黄外，少数自然生长的有银柴、刺葵（*Phoenix hanceana*）、潺槁树、苦楝（*Melia azdarach*）、朴树（*Celtis chinensis*）；灌木除仙人掌、草海桐、露兜簕外，还有少数如了哥王（*Wickstroemia indica*）、马甲子等；草本植物有海金沙、莎草、白茅（*Imperata cylindrica* var. *major*）、厚藤等。

2.3.3.2 滨海沙生刺灌丛

这是分布在海滨沙地上的一种植被类型，多呈宽窄不一的带状分布。所在地多为半流动或固定的沙坝、沙滩，受风影响显著，土壤为沙土，有机质含量低。组成种类多为刺灌木及藤状灌木。植物体一般有叶小、革质等旱生特征。一般高度为150 cm左右，且矮密不均，覆盖度30%～40%。

• 露兜簕 + 马甲子群落

本群落分布在塘边湾、新津河口、外砂河口、莱芜等滨海沙坝或沙滩内缘。群落呈丛状分布，以刺状灌木和藤状灌木为主，有露兜簕、山石榴（*Punica granatum*）、马甲子、潺槁树。草本植物覆盖度为 30%，主要是铺地黍、画眉草（*Eragrostis pilosa*）、茅根（*Perotis indica*）、马唐（*Digitaria sanguinalis*）等。近年来因工程建设项目的开展，沙生刺灌丛面积日趋减少。

2. 3. 3. 3　滨海沙生草丛

沙生草丛是指分布在滨海沙地上，由各种矮小的草本和匍匐状的草本或藤本植物所组成的植被，分布面积不大，多呈不连续的小片状或带状分布。群落所在地土壤为风沙土，生长条件差，致使草丛多为矮小稀疏，覆盖度 10%～50%，高度多在 30 cm 以下。组成种类较简单，常见的有茅根、白茅、加拿大蓬（*Conyza canadensis*）、二叶红薯等。

• 厚藤 + 鬣刺群落

本类群主要分布在塘边湾、南港口、莱芜等河口、海边的沙滩和沙坝上。群落高 50 cm 左右，覆盖度 30%～35%。群落外貌浅灰绿色，以厚藤、鬣刺为主要建群种，伴生待宵草、番杏、黄细心（*Boerhavia diffusa*）、羽芒菊（*Tridax procumbens*）、匍茎栓果菊（*Launaea sarmentosa*）、绢毛飘拂草等。

2. 3. 4　红树林植被类型

本辖区内红树林分布地段少且不连续，其中约半数种类只是在极少数地方见到有零星生长，如阔苞菊、许树、黄槿、海芒果、卤蕨、海漆、白骨壤、苦槛蓝等。本辖区内的红树林植物主要分布在牛田洋两岸的关埠、西胪，濠江区苏埃湾，龙湖区外砂河口，澄海区南成围、合昌围北港口以及溪南、东里的义丰溪口一带。

汕头海岸湿地红树林的主要分布及其面积见表 2 - 3。

表 2 - 3　汕头滨海湿地红树林分布状况

分布点	红树植物种类	人工林面积/ hm^2	天然林面积/ hm^2
苏埃湾	桐花树、白骨壤、秋茄、海漆、老鼠簕	0. 0	10. 7
濠江沿岸	海桑、秋茄、海漆	0. 0	6. 7
盐鸿义丰溪口	无瓣海桑、秋茄	20. 0	0. 0
东里义丰溪口	无瓣海桑、秋茄	30. 0	0. 0
溪南义丰溪口	无瓣海桑、秋茄	233. 3	0. 0
莲上六合围	无瓣海桑、秋茄	233. 3	0. 0

续表

分布点	红树植物种类	人工林面积/ hm^2	天然林面积/ hm^2
莲下六合围	无瓣海桑、秋茄	300.0	0.0
湾头	无瓣海桑、秋茄	153.5	0.0
新溪南港口	海桑、无瓣海桑、秋茄、木榄、红海榄	29.8	0.0
西胪、关埠牛田洋南岸	海桑、无瓣海桑	250.0	0.0
合计		1 250.0	17.4

2.3.4.1 红树林湿地植被的主要分布类型

1. *秋茄群落*

本群落分布于外砂河口双涵，为人工种植，于2003年开始营建，目前群落较为稀疏，生长于淤泥较多的中潮滩。群落中有少数红海榄生长，高度普遍为2～3 m，长势很好，板状根开始分化，目前已开花结果，覆盖度90%以上。此外，六合围也有高4 m、覆盖度90%以上的秋茄群落。群落结构简单，地面为茂密的短叶茳芏覆盖。

2. *海桑+无瓣海桑+秋茄群落*

本群落分布于关埠、西胪牛田洋南岸，梅溪河口牛田洋北岸，龙湖区外砂河口，澄海区南成围、合昌围、六合围沿岸，在1999—2006年间均有间断地开展种植造林工程。无瓣海桑、海桑为速生种，生长迅速，目前已开花结果，向林外扩散。群落外貌浅绿色，覆盖度达90%，树高6～7 m，胸径10～15 cm。滩地上密布指状呼吸根，林下零星分布此前种植的秋茄、桐花树、木榄等，因受高大海桑、无瓣海桑植株遮蔽，生长不良较为矮小。

3. *桐花树+老鼠簕群落*

本群落见于濠江区苏埃湾，生长地淤泥较为硬实。群落外貌呈黄绿色，树基部分枝多，一般高1.5～3 m，不整齐，覆盖度达95%。群落内生长有桐花树、老鼠簕、秋茄、白骨壤，红树林后缘分布着许树、草海桐、杨叶肖槿、黄槿、苦槛蓝、阔苞菊等，其中桐花树为绝对优势种，老鼠簕也比较多。该群落较耐浸淹，生境常年受人为调控水位影响，植株终日浸泡于水中，目前仍能正常生长和繁殖。

4. *海漆+桐花树+老鼠簕群落*

本群落零星分布于海岸或河口的内缘地段，见于牛田洋南岸的关埠、三屿围等地，植株高多为1～1.5 m，不整齐。老鼠簕多在红树林湿地的外缘或红树林遭破坏后的迹地，阳光充足处迅速发展，有时散生，有时成片生长，高度一般在0.8～1.6 m之间。群落前沿受河道航运、滩地围垦的影响，分布狭窄，难以扩张。

2.3.4.2 红树林植被的群落特征

以苏埃湾、外砂河口、义丰溪南堤为典型样地，对汕头滨海湿地红树林群落特征进行了调查研究，具体指标见表 2－4。

表 2－4　汕头滨海湿地的红树林群落特征

分布点	个体密度 /（ind. /hm^2）	物种多样性（J）	均匀度（E）	种群	平均高度/m	平均基径/cm
苏埃湾	9 800	0.293	0.423	桐花树	2.46	8.08
				白骨壤	2.95	1.33
外砂河口	5 429	0.451	0.509	无瓣海桑	7.24	15.92
				海桑	7.22	19.06
				秋茄	1.94	14.30
义丰溪口	11 000	0.367	0.391	无瓣海桑	6.40	12.40
				海桑	6.24	10.54
				秋茄	1.71	3.89
				桐花树	1.55	4.29

汕头滨海湿地典型的红树林群落包括天然林和人工林两大类，个体密度在 5 429～11 000 ind. /hm^2范围内，物种多样性为 0.293～0.451，均匀度为 0.391～0.509。天然林物种多样性和均匀度较低，说明汕头市的天然红树林受到强烈的人为干扰，红树林群落中只有适应力较强的桐花树和白骨壤适应当前的生境并保留下来，其他演替后期的种类如秋茄和木榄的发展大大受限，最终在群落中消失。人工林同样存在物种多样性和均匀度低下的特征，说明在人工造林的过程中过分注重选用生长迅速、抗性较强、见效快的外来树种，导致在天然种源匮乏的地区红树林林分质量必将下降，带来生态功能单一、景观单调等问题，需要通过人工引入乡土红树植物种苗解决上述问题（Peng et al.，2009）。

苏埃湾天然红树林群落目前相对稳定，但存在种群结构单一、更新困难等问题。由于红树林外缘与潮汐通道被养殖塘闸门隔断，种群难以实现扩张，外界种源也无法进入，因此需要通过人工种植进行优化。可通过采集本地或邻近区域的红树植物幼苗，引入乡土红树植物种源，增加群落的物种多样性和均匀度。

外砂河口和义丰溪口的红树林同为人工种植的群落。外砂河口红树林因种植时间更长，各个种群的平均高度、平均基径均高于义丰溪口的种群，由于自然竞争、种群扩散繁殖的缘故，该处的红树林密度趋于下降，而且物种多样性和均匀度较义丰溪口群落有所增加，说明整个人工林群落正处于自我调整和完善的过程中。建议日后在造林过程中增加乡土红树植物幼苗的种植比例，在种群水平上丰富红树林的多样性，加速红树林林分质量优化的进程。

2.3.4.3 红树林植被的保护现状

红树林植被分布于海岸潮间带，对于抵抗潮汐和洪水的冲击、保护堤岸、促进滩涂发育、净化水体以及为海洋生物提供栖息、产卵、孵化、觅食的理想生境具有重要作用。同时，作为海岸带生物多样性的特殊物种类型，红树林植被也具有重要存在价值，因此我国十分重视红树林的保护，并规定凡是红树林湿地均为重点湿地。

汕头沿海曾经是红树林分布广泛、物种丰富的地区，自20世纪50年代开始，随着几十年人口的激增，“围海造田”、“围海养殖”的开发活动大规模兴起，红树林遭到毁灭性的破坏。1998年起汕头市林业局提出了“向大海要森林”的计划目标，积极恢复和发展红树林。经过多年努力，截至2002年底全市营造红树林累计达1 250 hm^2。此后于2007年又获得日本“小渊基金”的资助，陆续在澄海区东里南堤开展红树林造林活动，取得良好的效果。

2.3.4.4 水草植被

汕头市拥有湿地总面积51 140.010 2 hm^2，除红树林以外，咸水水草沼泽（Salt Marsh）也是汕头滨海湿地里面较有特色、具有重要生态意义的生境之一。汕头滨海湿地中芦苇、短叶茳芏、水毛花、蒲草等湿地植物资源面积广大，初步测定：截至2005年有2 084.8 hm^2，大部分位于围垦区的养殖塘、河道中，在潮间带、主要河口河道也有少量分布（见表2－5）。盐沼有着重要的生态效益、经济效益和社会效益，既要保护也要合理利用这一特色资源。这些湿地植物有重要的生态功能，既是鱼、虾、蟹、贝繁殖和育幼的场所，又是鸟类的栖息、觅食和繁殖的地方。这些湿地植物可以用于编制草席、手袋等工艺品，也可用于造纸等，有一定的经济价值。

近年来由于发展水产养殖，原有的浅水沼泽水草生境被挖深，转换为养殖塘，水草面积有所下降。保护汕头海岸植被、维持其生境多样性，对保护汕头滨海湿地生物多样性，以至维持汕头地区生态系统多样性都起着积极的作用。建议加强对现有水草盐沼的保护工作，对个别重点盐沼区域实施严格保护，杜绝挖养殖塘事件的发生，促进盐沼水草滩的保留和扩展工作。

表2-5 汕头滨海湿地水草分布状况

单位：hm^2

分布点	天然河道、海滨			围垦养殖区		合计
	芦苇	水毛花	香蒲	芦苇	短叶茳芏	
河溪	180.0	69.4	21.3	45.1	0.0	315.8
西胪	0.0	80.0	0.0	77.3	0.0	157.3
三屿围	0.0	0.0	0.0	379.3	0.0	379.3
濠江口沿岸	0.0	0.0	0.0	0.0	48.7	48.7
六合围堤外	442.0	238.0	0.0	0.0	0.0	680.0
六合围堤内	0.0	0.0	0.0	219.7	0.0	219.7
义丰溪以南堤外	0.0	110.0	0.0	0.0	0.0	110.0
义丰溪以南堤内	0.0	0.0	0.0	124	0.0	124.0
新津、外砂河口	0.0	50.0	0.0	0.0	0.0	50.0
合计	622.0	547.4	21.3	845.4	48.7	2 084.8

参考文献

Keddy P A. 2000. Wetland Ecology：Principles and Conservation［M］. Cambridge：Cambridge University Press：55 - 79.

McLusky D S，Elliott M. 2004. The Estuarine Ecosystem：Ecology，Threats，and Management（Third Edition）［M］. Oxford：Oxford University Press：19 - 33.

Peng Y S，Chen G Z，Tian G H，et al. 2009. Niches of Plant Populations in Mangrove Reserve of Qi'ao Island，Pearl River Estuary［J］. Acta Ecologica Sinica，29：357 - 361.

第3章　汕头滨海湿地的动物资源及群落

【内容导读】　汕头滨海湿地内共录得野生动物资源10纲43目161科534种，包括：大型底栖动物4门6纲20目75科198种，鱼类7目50科133种，两栖动物1目5科14种，爬行动物3目6科23种，鸟类11目39科159种，哺乳动物5目6科11种。其中，属于国家重点保护的野生动物有28种，包括国家I级重点保护动物5种，国家II级重点保护动物23种；广东省重点保护的陆生野生动物34种；列入《中国濒危动物红皮书》的17种。依据野生动物栖息的湿地生境环境特征和空间分布状况，可把汕头滨海湿地的野生动物群落划分为农田和低地群落、养殖塘和垦区群落、潮间带滩涂群落、水草滩和红树林群落、浅海和河口区域群落。以澄海区义丰溪口红树林区为代表，对湿地恢复后大型底栖动物以及鸟类群落的变化状况进行了研究。结果显示：人工种植红树林后，原有潮间带滩涂湿地大型底栖动物群落的种类组成、栖息密度、功能群变化显著，但群落生物多样性特征变化不明显；鸟类群落的种类组成、栖息密度、居留型变化同样显著，而群落生物多样性特征变化不明显。

【关键词】　汕头滨海湿地；动物资源；群落划分；湿地恢复；群落动态变化

滨海湿地位于陆地与海洋的过渡地带，受潮汐影响周期性地交替出现干露和淹浸现象，当中复杂的环境因子孕育了多样性很高的湿地动物群落（Weller，1999）。大型底栖动物是滨海湿地中最重要的生物类群之一，具有移动性小的特点，其群落数量特征、空间分布对环境变化反应敏感而显著，常被视为反映滨海湿地环境质量优劣的重要指标（Mattiessen et al.，2002；Hilty et al.，2000），在近代环境学研究中被广泛地用于河口、滨海湿地的环境质量评价（Sanders et al.，2007；Kroncke，1995），成为滨海湿地生态系统的研究热点之一。

自1998年开展汕头滨海湿地的恢复工作以来，研究人员对汕头滨海湿地不同生境的动物群落特征进行研究，可为湿地的保护与恢复效果作出客观评价，以期为湿地动物资源的科学管理提供依据和参考。

3.1 动物区系概况

汕头滨海湿地当前记录到的野生动物资源有10纲43目161科534种，包括：大型底栖动物4门6纲20目75科198种；鱼类7目50科133种；陆生脊椎野生动物171种，其中两栖动物1目5科14种；爬行动物3目6科23种；鸟类160种，隶属11目39科；哺乳动物5目6科11种（见表3-1）。在汕头滨海湿地分布的野生动物资源中，以大型底栖动物最多，占该处全部野生动物种数的37.1%；其次为鱼类和鸟类，分别占总种数的30.0%和24.9%。以上三个类群的动物在汕头滨海湿地的动物区系中占主导地位，其种数超过总种数的90%，也说明了当地位于近海河口的生境特征。两栖类、爬行类、哺乳类合计只占总种数的8.1%，种类数量相对较少。

表3-1 汕头滨海湿地野生动物各分类单元的数量组成

动物类群		纲	目	科	种
大型底栖动物*		6	20	75	198
脊椎动物	鱼类	1	7	50	133
	两栖类	1	1	5	14
	爬行类	1	3	6	23
	鸟类	1	11	39	160
	哺乳类	1	5	6	11
合　计		10	43	161	534

*大型底栖动物包括毛类、软体动物、甲壳类、鱼类。

3.2 动物保护状况

3.2.1 受国内法律、法规保护的物种

汕头滨海湿地录得的野生动物资源中，属于国家重点保护动物的野生动物有28种，占广东省珍稀濒危动物总数（117种）约23.9%，其中国家I级重点保护动物有5种，国家II级重点保护动物有23种；广东省重点保护的陆生野生动物34种；列入《中国濒危动物红皮书》的17种（见表3-2）。其中，受保护的动物物种数中鸟类占的比例

较大，当中又以水鸟为主，说明这些珍稀物种对湿地生境具有较强的依存性。

表3-2　汕头滨海湿地受国内法律、法规保护的动物种数统计

动物类群	国家保护①		广东省保护②	红皮书③
	Ⅰ级	Ⅱ级		
两栖类	0	1	1	1
爬行类	1	1	0	2
鸟类	3	19	33	13
哺乳类	1	2	0	1
合计	5	23	34	17

注：① 依据1989年国务院批准颁布的《国家重点保护野生动物名录》；
② 依据2001年广东省人民政府批准颁布的《广东省重点保护陆生野生动物名录（第一批）》；
③ 汪松，乐佩琦，陈宜瑜，1998；汪松，赵尔宓，1998；汪松，郑光美，王岐山，1998；汪松，1998。

在国家重点保护野生动物中，两栖类、爬行类动物分布于滨海河口附近的淡水溪流水系内，虽有一定的潮汐影响，但水体盐度基本上为0；鸟类则大多见于整个汕头滨海湿地区域不同盐度的水体周边，水平分布范围较广；哺乳类除水獭倾向活动于河口半咸淡水域外，中华白海豚以及铅色白海豚大多活动于浅海河口区域，很少进入河口以上中、上游的淡水区域（见表3-3）。

表3-3　汕头滨海湿地国家重点保护动物名录

动物类群	种数	国家Ⅰ级保护	国家Ⅱ级保护
两栖类	1	无	虎纹蛙
爬行类	2	鼋	山瑞鳖
鸟类	22	遗鸥、白尾海雕、黑鹳	褐翅鸦鹃、小鸦鹃、小杓鹬、白腹鹞、白尾鹞、赤腹鹰、鹗、凤头鹰、黑翅鸢、黑耳鸢、普通鵟、松雀鹰、游隼、红隼、燕隼、黄嘴白鹭、白琵鹭、黑脸琵鹭、红脚鲣鸟
哺乳类	3	中华白海豚	水獭、铅色白海豚

3.2.2　受国际协定、公约保护的动物

汕头滨海湿地位于中国三大国际候鸟迁徙路径上，秋冬季节栖息着许多长途迁徙越

冬的冬候鸟，春夏季节停留了众多在此停歇的过境鸟或繁殖的夏候鸟，这些种类中有相当一部分都是受国际协定保护的鸟类，如《中华人民共和国政府和日本国政府保护候鸟及其栖息环境的协定》（简称《中日协定》）中，保护物种在汕头滨海湿地录得72种，占该候鸟保护协定总种数（227种）的31.7%；《中华人民共和国政府和澳大利亚政府保护候鸟及其栖息环境的协定》（简称《中澳协定》）中，保护物种在汕头滨海湿地录得40种，占该候鸟保护协定总种数（81种）的49.4%。在汕头滨海湿地，被列入《濒危野生动植物种国际贸易公约》（CITES）的保护物种有21种，包括18种鸟类和3种哺乳类（见表3-4）。众多受国际协定和公约保护的动物选择汕头滨海湿地作为永久或临时的栖息地，说明该处在维护区域生态平衡、为跨境迁徙物种提供中转站方面具有重要的跨境意义。

表3-4 汕头滨海湿地受部分国际协定、公约保护的动物种数统计

动物类群	《中日协定》	《中澳协定》	CITES
两栖类	0	0	0
爬行类	0	0	0
鸟类	72	40	18
哺乳类	0	0	3
合计	72	40	21

3.3 大型底栖动物资源

3.3.1 区系组成和特征

汕头滨海湿地面积宽广，大型底栖动物资源遍布各种生境，包括潮间带泥沙滩、红树林区、水草滩、河口等。为研究典型的大型底栖动物群落及其分布状况，本研究以澄海区义丰溪口人工红树林区为研究对象，该区域包括上述各种生境，红树林造林恢复时间达10年，在描述大型底栖动物群变化、水平空间分布等方面具有较好的代表性。

在义丰溪口红树林区共发现大型底栖动物78种，分别隶属5门8纲。其中，软体动物门种类最丰富，为30种；其次为节肢动物门、脊索动物门，分别有27种和16种（见表3-5）。上述3个门的动物共73种，占全部大型底栖动物种数的93.6%，是该红树林区大型底栖动物的主导类群。种群优势度的计算方法如下：

$$Y = \frac{N_i}{N} f_i$$

式中：N_i 为第 i 种的个体数；f_i 是该种在各样点中出现的频率；N 为每个种出现的总个体数。其中，优势种类（$Y > 0.01$）为圆球股窗蟹（$Y = 0.594$）、奇异稚齿虫（$Y = 0.057$）、字纹弓蟹（$Y = 0.020$）、一种蜻蜓幼虫（$Y = 0.012$）和软疣沙蚕（$Y = 0.011$）。

在包括半定量采样在内的结果统计中，光滩内共录得大型底栖动物 65 种，红树林内有 23 种，分别占整个红树林区的 83.3% 和 29.5%，光滩的物种数量较为丰富。

表 3－5　澄海义丰溪口红树林的大型底栖动物

门、纲	种　类
腔肠动物门 COELENTERATA	
珊瑚虫纲 Anthozoa	日本爱氏海葵 *Edwardsia japonica*[1]
环节动物门 ANEELIDA	
寡毛纲 Oligochaeta	沼蚓 *Limnodriloides* sp.[1]
多毛纲 Polychaeta	奇异稚齿虫 *Paraprionospio pinnata*[1,2]，软疣沙蚕 *Tylonereis bogoyawleskyi*[2]，疣吻沙蚕 *Tylorrhynchus heterochaetus*[1]
软体动物门 MOLLUSCA	
腹足纲 Gastropoda	琵琶拟沼螺 *Assiminea lutea*[1,2]，纵带滩栖螺 *Batillaria zonalis*[1,2]，习见蛙螺 *Bursa rana*[1]，笠帆螺 *Calyptraea morbida*[1]，珠带拟蟹守螺 *Cerithidea cingulata*[1,2]，黑口滨螺 *Littoraria melanostoma*[2]，渔舟蜒螺 *Nerita albicilla*[1]，紫游螺 *Neritina violacea*[2]，扁玉螺 *Neverita didyma*[1]，斜肋齿蜷 *Sermyla riqueti*[1,2]，丽鹑螺 *Tonna magnifica*[1]，棒锥螺 *Turritella bacillum*[1]
双壳纲 Bivalvia	粗鳞栉孔扇贝 *Chlamys asperulata*[1]，河蚬 *Corbicula fluminea*[1,2]，日本镜蛤 *Dosinia japonica*[1]，镜蛤 *D.* sp.[2]，红树蚬 *Geloina coaxans*[1]，中国绿螂 *Glauconome chinesis*[1]，等边浅蛤 *Gomphina aequilatera*[1]，凸加夫蛤 *Grafrarium tumidum*[1]，丽文蛤 *Meretrix lusoria*[1]，文蛤 *M. meretrix*[1]，真曲巴非蛤 *Paphia euglypta*[1]，翡翠贻贝 *Perna viridis*[1]，红肉河篮蛤 *Potamocorbula rubromuscula*[1]，东方海笋 *Pholas orlentalis*[1]，毛蚶 *Scapharca subcrenata*[1]，缢蛏 *Sinonovacula constricta*[1]，直线竹蛏 *Solen linearis*[1]，鳞片扭蚶 *Trisidos kiyonoi*[1]

续表

门、纲	种类
节肢动物门 ANTHROPODA	
甲壳纲 Crustacea	日本鼓虾 *Alpheus japonicus*[1]，莫顿长尾虫 *Apseudes mortoni*[2]，短尾（虫戎）*Dairella* sp.[1]，直螯活额寄居蟹 *Diogenes rectimanus*[1]，中华关公蟹 *Dorippe sinica*[1]，狭颚绒螯蟹 *Eriochier leptognathus*[1]，宽体水虱 *Eurydice* sp.[1]，变枝虫 *Ingolfiellsa* sp.[2]，太平大眼蟹 *Macrophthalmus pacificus*[1]，刀额新对虾 *Metapenaeus ensis*[1]，长足长方蟹 *Metaplax longipes*[1]，长腕和尚蟹 *Mictyris longicarpus*[1]，角眼沙蟹 *Ocypode ceratophthalmus*[1]，痕掌沙蟹 *O. stimpsoni*[1]，细巧仿对虾 *Parapenaeopsis tenella*[1]，墨吉对虾 *Penaeus merguiensis*[1,2]，疙瘩拳蟹 *Philyra tuberxulosa*[1]，圆球股窗蟹 *Scopimera globosa*[1,2]，锯缘青蟹 *Scylla serrata*[1]，褶痕相手蟹 *Sesarma licata*[2]，双齿相手蟹 *S. bidens*[2]，无齿相手蟹 *S. dehaani*[2]，弧边招潮蟹 *Uca arcuata*[1]，字纹弓蟹 *Varuna litterata*[1,2]
昆虫纲 Insecta	昆虫幼虫 *Insecta* sp. *larvae*[1]，鞘翅目幼虫 *Coleoptera* sp. *larvae*[1]，蜻蜓幼虫 *Odonata* sp. *larvae*[1]
脊索动物门 CHORDATA	
硬骨鱼纲 Osteichthyes	攀鲈 *Anabas testudineus*[1]，中华乌塘鳢 *Bostrichthys sinensis*[2]，棘头梅童鱼 *Collichthys lucidus*[1]，红丝虾虎鱼 *Cryptocentrus russus*[1]，小头栉孔虾虎鱼 *Ctenotrypauchen microcephalus*[2]，星点东方鲀 *Fugu niphobles*[1]，杜氏叫姑鱼 *Johnius dussumieri*[1]，阿部鲻虾虎鱼 *Mugilogobius abei*[2]，浅色黄姑鱼 *Nibea chui*[1]，红狼牙虾虎鱼 *Odontamblyopus rubicundus*[1]，前鳞骨鲻 *Osteomugil ophuyseni*[1]，鲻 *O.* sp.[2]，弹涂鱼 *Periophthalmus cantonensis*[1,2]，黄斑蓝子鱼 *Siganus oramin*[1]，钟馗虾虎鱼 *Triaenopogon barbatus*[1]，裸胸鲉 *Scorpaena izensis*[1]

地点：1为光滩；2为人工无瓣海桑林。

3.3.2 大型底栖动物群落的数量特征

澄海义丰溪口红树林区的大型底栖动物四季的栖息密度：光滩为174～226 ind./m^2，平均为（203.00±22.48）ind./m^2；红树林为60～150 ind./m^2，平均为（105.00±

38.24) ind./m^2；两者之间差异极显著（$P<0.01$），光滩上大型底栖动物的栖息密度要高于红树林下。生物量方面，光滩的去灰分干重（AFDW）为1.00～2.20 g/m^2，平均为（1.64±0.50）g/m^2；人工红树林则在1.70～5.58 g/m^2之间，平均为（3.86±1.62）g/m^2；两者之间存在显著差异（$P<0.05$），红树林内的大型底栖动物生物量高于光滩。

大型底栖动物群落，以H值表达物种多样性：$H'_{光滩}$为0.360～1.571，平均为0.911±0.535；$H'_{人工林}$为0.768～1.254，平均为1.064±0.208。以S表达物种丰富度：$S_{光滩}$为4～9，平均为5.500±2.380；$S_{人工林}$为6～9，平均为7.250±1.250。以J表达均匀度：$J_{光滩}$为0.260～0.715，平均为0.526±0.214；$J_{人工林}$为0.333～0.489，平均为0.537±0.072（见表3-6）。经检验，光滩与人工林的群落物种多样性数值之间并无显著差异（$P>0.05$）。

表3-6 义丰溪口红树林区的大型底栖动物群落数量特征

生境	记录月份	栖息密度/(ind./m^2)	生物量/(g/m^2)	H	S	J
光滩	1月	174	1.73	1.571	9	0.715
	4月	226	2.20	1.098	5	0.682
	7月	214	1.66	0.360	4	0.260
	10月	198	1.00	0.617	4	0.445
红树林	1月	150	1.70	1.254	13	0.489
	4月	118	3.85	1.121	11	0.468
	7月	92	4.30	0.768	10	0.333
	10月	60	5.58	1.114	11	0.465

*H为物种多样性（Shannon-Wiener指数），S为物种丰富度，J为均匀度指数。

3.3.3 大型底栖动物群落的数量分类

对义丰溪口红树林区的大型底栖动物群落进行除趋势对应分析（DCA）排序，第1～3轴的变量解释率合计为45.1%，环境变量在DCA排序中表达的信息量并不十分充裕，但影响群落分布规律的主要因素基本上在DCA排序中得到了表达。参照张金屯的方法（张金屯，1992），对DCA排序与环境因子之间的关系进行检验，结果显示DCA排序第1轴与水体盐度、水体pH值、光照度和滩面高程均呈显著相关（$P<0.05$），大型底栖动物群落的分布受以上4个因子影响较大。人工红树林与光滩的大型底栖动物群

落被 DCA 排序划分为两组，在第 1 轴上分别排列在两侧（见图 3－1）。出现在人工红树林中的种类以软疣沙蚕、黑口滨螺、紫游螺、莫顿长尾虫、双齿相手蟹、无齿相手蟹、中华乌塘鳢、阿部鲻鰕虎鱼为表征种，这些物种只出现在人工红树林的生境中，在光滩上没有被发现。光滩上的大型底栖动物则以疣吻沙蚕、渔舟蜒螺、红树蚬、日本鼓虾、太平大眼蟹、长足长方蟹、痃瘏拳蟹、昆虫幼虫为代表，它们只分布在光滩而不见于人工红树林（见图 3－2）。

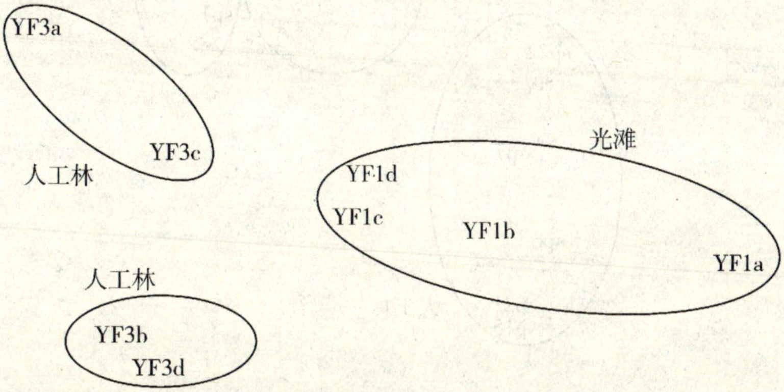

图 3－1 义丰溪口红树林大型底栖动物群落的除趋势对应分析散点图

群落代号：YF1 为光滩，YF3 为红树林；a～d 依次代表春、夏、秋、冬 4 个季节

3.3.4 大型底栖动物群落的功能群研究

根据功能群（Functional Groups，FGS）的定义：对环境具有相似响应，或在生态系统过程中有相似作用的物种的组合，本研究把人工红树林区的大型底栖动物群落功能群按照食性和栖居方式两个准则进行划分。

在义丰溪口，光滩上的大型底栖动物食性以杂食性和肉食性种类为主，二者种类总数占光滩食性功能群的 78.57%，植食性种类最少，只有 7.14%，即紫游螺 1 种；在红树林内，杂食性和肉食性的种类仍然占有优势，但二者种类总数下降为 66.66%，此处植食性种类有较大幅度的增加，达 26.67%，这归因于林下滨螺科和蜒螺科等植食性种类有所增加，另一方面浮游生物食性的种类（如双壳类的红树蚬）则在人工林生境中消失，该类群比例从 14.29% 下降为 6.67%（见表 3－7）。

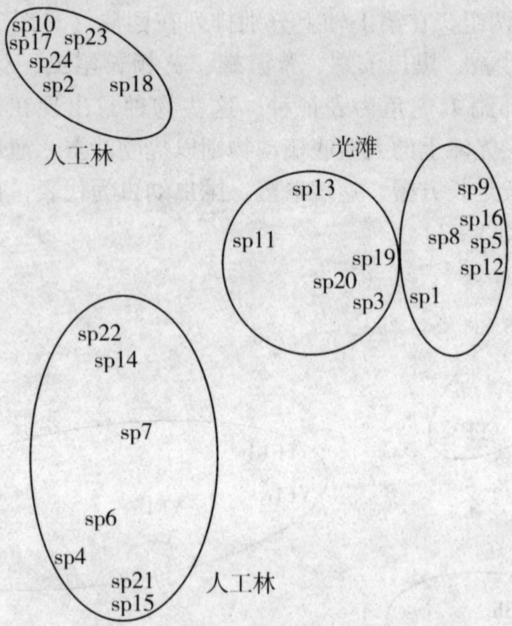

图 3－2　义丰溪口红树林大型底栖动物物种的除趋势对应分析散点图

物种：sp 1 奇异稚齿虫 *Paraprionospio pinnata*；sp 2 软疣沙蚕 *Tylonereis bogoyawleskyi*；sp 3 疣吻沙蚕 *Tylorrhynchus heterochaetus*；sp 4 黑口滨螺 *Littoraria melanostoma*；sp 5 渔舟蜒螺 *Nerita albicilla*；sp 6 紫游螺 *Neritina violacea*；sp 7 河蚬 *Corbicula fluminea*；sp 8 红树蚬 *Geloina coaxans*；sp 9 日本鼓虾 *Alpheus japonicus*；sp 10 莫顿长尾虫 *Apseudes mortoni*；sp 11 圆球股窗蟹 *Scopimera globosa*；sp 12 太平大眼蟹 *Macrophthalmus pacificus*；sp 13长足长方蟹 *Metaplax longipes*；sp 14 字纹弓蟹 *Varuna litterata*；sp 15 墨吉对虾 *Penaeus merguiensis*；sp 16疙瘩拳蟹 *Philyra tuberxulosa*；sp 17 双齿相手蟹 *S. bidens*；sp 18 无齿相手蟹 *S. dehaani*；sp 19 鞘翅目幼虫 *Coleoptera* sp．*larvae*；sp 20 蜻蜓幼虫 *Odonata* sp．*larvae*；sp 21 中华乌塘鳢 *Bostrichthys sinensis*；sp 22 阿部鲻鰕虎鱼 *Mugilogobius abei*；sp 23 弹涂鱼 *Periophthalmus cantonensis*；sp 24 鲻 *Osteomugil* sp.。

表 3－7　义丰溪口大型底栖动物功能群物种丰富度比例

单位：%

生境	食性				栖居方式			
	pl	pt	ca	om	in	ep	cv	ad
光滩	14.29	7.14	35.71	42.86	35.71	28.57	35.71	—
红树林	6.67	26.67	33.33	33.33	20.00	33.33	46.67	—

食性：pl 浮游生物食性；pt 植食性；ca 肉食性；om 杂食性。栖居方式：in 底内栖居；ep 底上栖居；cv 穴居；ad 附着栖居。

在义丰溪口的光滩上，大型底栖动物栖居方式以底内栖居和穴居为主，均占35.71%；在红树林内，穴居的大型底栖动物成为主导种类，底上栖居种类的比例由光滩的28.57%上升至33.33%，底内栖居种类则下降至20.00%，如双壳类的红树蚬只在光滩上出现而不见于红树林下。

在义丰溪口红树林区，沿光滩—人工红树林的生境序列过渡，大型底栖动物功能群的多样性特征也发生一定的变化。食性功能群的物种多样性（H）在光滩和人工林的排列次序分别为：$H_{ca} > H_{pl} > H_{om} > H_{pt}$和$H_{pt} > H_{ca} > H_{om} > H_{pl}$；而均匀度（$J$）的排列次序则分别为：$J_{ca} > J_{pl} > J_{om} > J_{pt}$和$J_{pt} > J_{ca} > J_{om} > J_{pl}$。两个多样性指数的变化趋势完全一致，即植食性类群的多样性在人工林下有所增加，这与其出现在人工林下的种类增加有直接联系。

栖居方式功能群的物种多样性的排列次序分别为：$H_{ep} > H_{in} > H_{cv}$和$H_{ep} > H_{cv} > H_{in}$；均匀度则为：$J_{ep} > J_{in} > J_{cv}$和$J_{ep} > J_{in} > J_{cv}$。无论在光滩还是人工林生境，底上栖居类群的多样性最高，底内栖居类群在人工林下物种多样性由于种类减少而有所下降，而穴居类群的数量均由在光滩和人工林内大量出现的淡水泥蟹主导，因此其均匀度均低于底内栖居类群（见表3-8）。

表3-8 义丰溪口大型底栖动物功能群的物种多样性特征

指数	生境	食性				栖居方式			
		pl	pt	ca	om	in	ep	cv	ad
H	光滩	0.500	0.000	1.274	0.251	0.828	1.063	0.227	—
	红树林	0.000	1.220	1.085	0.476	0.518	1.415	0.651	—
J	光滩	0.722	0.000	0.791	0.140	0.515	0.767	0.141	—
	红树林	0.000	0.880	0.674	0.296	0.472	0.879	0.334	—

3.4 两栖动物资源

3.4.1 区系组成和特征

汕头滨海湿地内共录得两栖动物14种，隶属1目5科，其种类生物多样性编目、分布、从属区系、优势度见表3-9。

表 3－9　汕头滨海湿地两栖动物资源概况

类　群	分布生境及数量①			区系②
	山林	水田、鱼塘	旱田	
无尾目 SALIENTIA				
蟾蜍科 Pelobatidae				
1. 黑眶蟾蜍 *Bufo melanostictus*	＋＋	＋＋＋＋	＋＋＋＋	M-S
雨蛙科 Hylidae				
2. 华南雨蛙 *Hyla simplex*	＋＋	＋＋	＋＋	S
蛙科 Ranidae				
3. 沼蛙 *Rana guenopleura*		＋＋＋＋	＋＋＋＋	M-S
4. 泽蛙 *Rana limnocharis*	＋	＋＋	＋＋	M-S
5. 虎纹蛙 *Rana tigrina*		＋＋	＋＋	M-S
6. 长趾蛙 *Rana macrodactyla*				S
7. 台北蛙 *Rana taipehensis*				M-S
8. 尖舌浮蛙 *Occidozyga lima*		＋＋	＋＋	M-S
树蛙科 Rhacophoridae				
9. 斑脚树蛙 *Rhacophorus leucomystax*	＋＋＋	＋＋	＋＋	S
姬蛙科 Microhylidae				
10. 小弧斑姬蛙 *Microhyla heymonsi*	＋＋	＋＋＋	＋＋＋	M-S
11. 饰纹姬蛙 *Microhyla ornata*	＋＋	＋＋＋	＋＋＋	M-S
12. 花姬蛙 *Microhyla pulchra*	＋	＋＋＋	＋＋＋	M-S
13. 花细狭口蛙 *Kalophrynus pleurostigma*	＋＋	＋＋	＋＋	S
14. 花狭口蛙 *Kaloula pulchra*	＋＋	＋＋＋＋	＋＋＋＋	S

注：① 数量级别：＋＋＋＋ 极常见，＋＋＋ 常见，＋＋ 少见，＋ 稀有；② 区系：S 华南区，M-S 华中华南区共有，M 华中区。

汕头滨海湿地分布的 14 种两栖动物都为东洋界物种，其中主要分布于华南区的物种有 5 种，即华南雨蛙、长趾蛙、斑脚树蛙、花细狭口蛙、花狭口蛙，占总种数的 35.7%；广泛分布于华中和华南区的物种有 9 种，即黑眶蟾蜍、沼蛙、泽蛙、台北蛙、虎纹蛙、尖舌浮蛙、小弧斑姬蛙、饰纹姬蛙、花姬蛙，占总种数的 64.3%。由此可见，汕头滨海湿地两栖动物的区系组成以东洋界的华中和华南区共有物种占优势，华南区物种也有5种，古北界的物种在此则没有分布。

广东省两栖动物区系分布特征的趋向是：华中区的种类由北向南逐渐减少，华南区的种类由北向南逐渐增多。而本区属广东沿海地区，处于亚热带的南缘，受海洋性气候的影响较大，同时处于华南区和华中区的过渡地区，所以两栖动物的种类以华南区的种类较多，而华南和华中区共有种类也较多。

3.4.2 群落分布的生境特征

汕头滨海湿地地处南亚热带海洋气候区，其植被类型属季风常绿阔叶林，为华南亚区系的一部分，属古热带植物区，植物区系丰富，山体平缓，有利于水源涵养，为两栖动物提供了优良的栖息条件。汕头滨海湿地两栖动物在滨海河流台地、草丛、旱作地分布的种类主要有泽蛙、黑眶蟾蜍、饰纹姬蛙、花姬蛙，在湿地防护林甚至近岸红树林营树栖生活的有斑脚树蛙、尖舌浮蛙、华南雨蛙等，在鱼塘、池塘和水田等水湿生境分布的有虎纹蛙、沼蛙、泽蛙等，在盐度较低的湿地营掘土穴居生活的种类有花狭口蛙、花细狭口蛙等。

3.5 爬行动物资源

3.5.1 区系组成及其特征

汕头滨海湿地录共得爬行动物23种，隶属3目6科（见表3-10）。其中，属华南区物种有13种，占总种数的56.5%；其次是华中、华南区共有种7种，占总数的30.4%；此外属华中区物种有1种，广布物种2种。

表3-10 汕头滨海湿地爬行动物资源概况

类群	分布生境及数量①			区系②
	山林	丘陵台地	水域	
Ⅰ龟鳖目 TESTUDOFORMES				
鳖科 Trionychidae				
1. 鳖 *Pelodiscus sinensis*			+	W
2. 鼋 *Pelochelys bibroni*			+	M-S
3. 山瑞鳖 *Pelea steindachneri*			+	S

续表

类 群	分布生境及数量①			区系②
	山林	丘陵台地	水域	
Ⅱ 蜥蜴目 LACERTIFORMES				
鬣蜥科 Agamidae				
4. 变色树蜥 *Calotes versicolor*	+ + +	+ + +	+ + +	W
石龙子科 Scincidae				
5. 石龙子 *Eumeces chinensis*	+ +	+ +		M
6. 四线石龙子 *Eumeces quadrilineatus*		+ +		S
7. 蝘蜓 *Lygosoma indicum*	+ + +	+ + +		S
Ⅲ 蛇目 SERPENTIFORMES				
游蛇科 Coluburidae				
8. 横纹钝头蛇 *Pareas margaritophorus*	+	+		S
9. 三索锦蛇 *Elaphe radiata*	+	+		S
10. 渔游蛇 *Natrix piscater*		+ +	+ +	M-S
11. 草游蛇 *Natrix stolata*	+ +	+ +		M-S
12. 台湾小头蛇 *Oligodon formosanus*	+ +	+ +		M-S
13. 灰鼠蛇 *Ptyas korros*		+ +		M-S
14. 中国水蛇 *Enhydris chinensis*			+ +	M-S
15. 铅色水蛇 *Enhydris enhydris*			+ +	M-S
蝰蛇科 Viperidae				
16. 白唇竹叶青 *Trimeresurus albolabris*	+ +	+ +		S
海蛇科 Hydrophiidae				
17. 棘眥海蛇 *Acalyptophis peronii*			+	S
18. 青灰海蛇 *Hydrophis caerulescens*			+	S
19. 青环海蛇 *Hydrophis cyanocinctus*			+	S
20. 环纹海蛇 *Hydrophis fasciatus*			+	S
21. 小头海蛇 *Microcephalophis gracilis*			+	S
22. 长吻海蛇 *Pelamis platurus*			+	S
23. 海蝰 *Praescutata viperina*			+	S

注：① 数量级别：+ + + 极常见，+ + 常见，+ 少见；② 区系：S 华南区，M-S 华中华南区共有，M 华中区，W 广布。

3.5.2　爬行动物资源的保护

汕头滨海湿地爬行动物的种类并不多，个别物种由于生境的丧失或被捕杀，种群萎缩，目前已被列入《国家重点保护水生野生动物名录》中的包括鼋和山瑞鳖，分别为国家Ⅰ级和Ⅱ级保护野生动物。这两种龟鳖类动物生活于汕头滨海湿地榕江、韩江的支流中上游溪涧地带，近年来在澄海区、潮阳区均有过1次捕获记录，说明这些区域的湿地生境目前尚较完好，生态系统的完整性较佳，能支撑鼋和山瑞鳖这样大型的水生爬行动物的生存需求。当地居民对这两种大型爬行动物的保护意识较佳，在误捕回家之后，均主动向主管政府部门上报，并最终将其放归原有的生境中。对于大型、珍稀的爬行动物而言，汕头滨海湿地周边区域由于人多地少，优越的生境已经比较罕见，幸而全民保护意识尚较佳，维持目前的种群数量应该可以实现，但假如需要扩大种群数量和分布范围，则需要通过人工救助和繁育的措施方可实现。

汕头滨海湿地的围垦区荒野、水田、养殖塘是爬行动物活动频率较高的地方，如鳖、三索锦蛇、中国水蛇、铅色水蛇等，体型较大，有药用、食用或作为实验动物用等价值，经济意义大，由于对资源的人为利用，加上湿地生境质量的恶化以及面积萎缩，湿地爬行动物的种群数量未来在该处将难以扩大。较为切实可行的对策是支持人工合法养殖蛇龟类动物的产业，对经过甄选的重点湿地生境予以保留或扩大，为爬行动物提供合适、优良的生境。

河口、浅海水域分布着海蛇一类的生物，在汕头滨海湿地目前已录得7种海蛇。由于长年的高强度捕捞，以及近海海洋环境的恶化，海蛇的种群数量已日益减少。目前只有通过伏季休渔制度的实施，减少非法网具的使用，才能使这一类珍贵的药用资源重新恢复壮大。

3.6　鸟类资源

3.6.1　鸟类区系组成和特征

调查研究发现，汕头滨海湿地境内有鸟类159种，隶属11目39科。其中，非雀形目鸟类10目25科114种，占全部鸟类总种数的71.7%；雀形目鸟类有14科45种，占鸟类总种数的28.3%。汕头滨海湿地分布的159种鸟类中，水鸟为89种，占鸟类总种数的56.0%，这与汕头滨海湿地境内有较大面积的潮间带滩涂、围垦区、养殖塘、红树林、水草滩、浅海河口水域等湿地生境有密切联系，主要水鸟类群如鸭科、丘鹬科、鸻科、鸥科、鹭科等在这些生境的鸟类群落中占据主导地位。汕头滨海湿地鸟类物种名录见表3－11。

表3－11　汕头滨海湿地鸟类名录

目/科	种
Ⅰ鸡形目 GALLIFORMES	
雉科 Phasianidae	1. 雉鸡 *Phasianus colchicus*
Ⅱ 雁形目 ANSERIFORMES	
鸭科 Anatidae	2. 针尾鸭 *Anas acuta*
	3. 琵嘴鸭 *A. clypeata*
	4. 绿翅鸭 *A. crecca*
	5. 赤颈鸭 *A. penelope*
	6. 绿头鸭 *A. platyrhynchos*
	7. 斑嘴鸭 *A. poecilorhyncha*
	8. 赤膀鸭 *A. strepera*
	9. 凤头潜鸭 *Aythya fuligula*
	10. 赤麻鸭 *Tadorna ferruginea*
Ⅲ䴕形目 PICIFORMES	
啄木鸟科 Picidae	11. 蚁䴕 *Jynx torquilla*
Ⅳ佛法僧目 CORACIFORMES	
翠鸟科 Alcedinidae	12. 普通翠鸟 *Alcedo atthis*
翡翠科 Halcyonidae	13. 蓝翡翠 *Halcyon pileata*
	14. 白胸翡翠 *H. smyrnensis*
鱼狗科 Cerylidae	15. 斑鱼狗 *Ceryle rudis*
蜂虎科 Meropidae	16. 栗喉蜂虎 *Merops philippinus*
Ⅴ鹃形目 CUCULIFORMES	
杜鹃科 Cuculidae	17. 八声杜鹃 *Cacomantis merulinus*
	18. 四声杜鹃 *Cuculus micropterus*
	19. 噪鹃 *Eudynamys scolopacea*
	20. 鹰鹃 *Hierococcyx sparverioides*
鸦鹃科 Centropodidae	21. 小鸦鹃 *Centropus bengalensis*
	22. 褐翅鸦鹃 *C. sinensis*
Ⅵ雨燕目 APODIFORMES	
雨燕科 Apodidae	23. 小白腰雨燕 *Apus affinis*

续表

目/科	种
Ⅶ鸽形目 COLUMBIFORMES	
鸠鸽科 Columbidae	24. 珠颈斑鸠 *Streptopelia chinensis*
	25. 山斑鸠 *S. orientalis*
Ⅷ鹤形目 GRUIFORMES	
秧鸡科 Rallidae	26. 白胸苦恶鸟 *Amaurornis phoenicurus*
	27. 白骨顶 *Fulica atra*
	28. 黑水鸡 *Gallinula chloropus*
	29. 紫水鸡 *Porphyrio porphyrio*
Ⅸ鹳形目 CICONIFORMES	
丘鹬科 Scolopacidae	30. 矶鹬 *Actitis hypoleucos*
	31. 翻石鹬 *Arenaria interpres*
	32. 尖尾滨鹬 *Calidris acuminata*
	33. 黑腹滨鹬 *C. alpina*
	34. 红胸滨鹬 *C. canutus*
	35. 弯嘴滨鹬 *C. ferruginea*
	36. 小滨鹬 *C. minuta*
	37. 勺嘴鹬 *C. pygmeus*
	38. 红颈滨鹬 *C. ruficollis*
	39. 长趾滨鹬 *C. subminuta*
	40. 青脚滨鹬 *C. temminckii*
	41. 扇尾沙锥 *Gallinago gallinago*
	42. 灰尾漂鹬 *Heteroscelus brevipes*
	43. 阔嘴鹬 *Limicola falcinellus*
	44. 黑尾塍鹬 *Limosa limosa*
	45. 白腰杓鹬 *Numenius arquata*
	46. 小杓鹬 *N. minutus*
	47. 中杓鹬 *N. phaeopus*
	48. 红颈瓣蹼鹬 *Phalaropus lobatus*
	49. 鹤鹬 *Tringa erythropus*
	50. 林鹬 *T. glareola*
	51. 青脚鹬 *T. nebularia*

续表

目/科	种
丘鹬科 Scolopacidae	52. 白腰草鹬 *T. ochropus*
	53. 泽鹬 *T. stagnatilis*
	54. 红脚鹬 *T. totanus*
	55. 翘嘴鹬 *Xenus cinerea*
雉鸻科 Jacanidae	56. 水雉 *Hydrophasianus chirurgus*
鸻科 Charadriidae	57. 黑翅长脚鹬 *Himantopus himantopus*
	58. 反嘴鹬 *Recurvirostra avosetta*
	59. 凤头麦鸡 *Vanellus vanellus*
	60. 环颈鸻 *Charadrius alexandrinus*
	61. 金眶鸻 *C. dubius*
	62. 铁嘴沙鸻 *C. leschenaultia*
	63. 蒙古沙鸻 *C. mongolus*
	64. 灰斑鸻 *Pluvialis squatarola*
鸥科 Laridae	65. 白翅浮鸥 *Chlidonias leucoptera*
	66. 鸥嘴噪鸥 *Gelochelidon nilotica*
	67. 黄脚银鸥 *Larus cachinnans*
	68. 海鸥 *L. canus*
	69. 黑尾鸥 *L. crassirostris*
	70. 遗鸥 *L. relictus*
	71. 红嘴鸥 *L. ridibundus*
	72. 黑嘴鸥 *L. saudersi*
	73. 白额燕鸥 *Sterna albifrons*
	74. 白腰燕鸥 *S. aleutica*
	75. 褐翅燕鸥 *S. anaethetus*
	76. 大凤头燕鸥 *S. bergii*
	77. 红嘴巨鸥 *S. caspia*
	78. 普通燕鸥 *S. hirundo*
	79. 黑枕燕鸥 *S. sumatrana*

续表

目/科	种
鹰科 Accipitridae	80. 赤腹鹰 *Accipiter soloensis*
	81. 凤头鹰 *A. trivirgatus*
	82. 松雀鹰 *A. virgatus*
	83. 普通鵟 *Buteo buteo*
	84. 白尾鹞 *Circus cyaneus*
	85. 白腹鹞 *C. spilonotus*
	86．黑翅鸢 *Elanus caeruleus*
	87. 白尾海雕 *Haliaeetus albicilla*
	88. 黑耳鸢 *Milvus lineatus*
	89. 鹗 *Pandion haliaetus*
隼科 Falconidae	90. 游隼 *Falco peregrinus*
	91. 燕隼 *F. subbuteo*
	92. 红隼 *F. tinnunculus*
鸊鷉科 Podicipedidae	93. 凤头鸊鷉 *Podiceps cristatus*
	94. 小鸊鷉 *Tachybapus ruficollis*
鸬鹚科 Phalacrocoracidae	95. 普通鸬鹚 *Phalacrocorax carbo*
鹭科 Ardeidae	96. 苍鹭 *Ardea cinerea*
	97. 草鹭 *A. purpurea*
	98. 池鹭 *Ardeola bacchus*
	99. 牛背鹭 *Bubulcus ibis*
	100. 绿鹭 *Butorides striatus*
	101. 大白鹭 *Casmerodius albus*
	102. 黄嘴白鹭 *Egretta eulophotes*
	103. 小白鹭 *E. garzetta*
	104. 栗苇鳽 *Ixobrychus cinnamomeus*
	105. 黄苇鳽 *I. sinensis*
	106. 中白鹭 *Mesophoyx intermedia*
	107. 夜鹭 *Nycticorax nycticorax*

续表

目/科	种
鹮科 Threskiornithidae	108. 白琵鹭 *Platalea leucorodia*
	109. 黑脸琵鹭 *P. minor*
鹳科 Ciconiidae	110. 黑鹳 *Ciconia nigra*
鲣鸟科 Sulidae	111. 红脚鲣鸟 *Sula sula*
X鸮形目 STRIGFORMES	
鸱鸮科 Strigidae	112. 领鸺鹠 *Glaucidium brodiei*
	113. 鹰鸮 *Ninox scutulata*
	114. 领角鸮 *Otus bakkamoena*
XI雀形目 PASSERIFORMES	
伯劳科 Laniidae	115. 红尾伯劳 *Lanius cristatus*
	116. 棕背伯劳 *L. schach*
鸦科 Corvidae	117. 发冠卷尾 *Dicrurus hottentottus*
	118. 黑卷尾 *D. macrocercus*
	119. 喜鹊 *Pica pica*
鹟科 Muscicapidae	120. 鹊鸲 *Copsychus saularis*
	121. 蓝喉歌鸲 *Luscinia svecica*
	122. 蓝矶鸫 *Monticola solitarius*
	123. 北红尾鸲 *Phoenicurus auroreus*
	124. 黑喉石䳭 *Saxicola torquata*
	125. 红胁蓝尾鸲 *Tarsiger cyanurus*
椋鸟科 Sturnidae	126. 八哥 *Acridotheres cristatellus*
	127. 灰椋鸟 *Sturnus cineraceus*
	128. 黑领椋鸟 *S. nigricollis*
	129. 丝光椋鸟 *S. sericeus*
	130. 灰背椋鸟 *S. sinensis*
山雀科 Paridae	131. 大山雀 *Parus major*

续表

目/科	种
燕科 Hirundinidae	132. 金腰燕 *Hirundo daurica*
	133. 家燕 *H. rustica*
鹎科 Pycnonotidae	134. 绿翅短脚鹎 *Hypsipetes mcclellandii*
	135. 白喉红臀鹎 *Pycnonotus aurigaster*
	136. 红耳鹎 *P. jocosus*
	137. 白头鹎 *P. sinensis*
扇尾莺科 Cisticolidae	138. 棕扇尾莺 *Cisticola juncidis*
	139. 黄腹鹪莺 *Prinia flaviventris*
	140. 褐头鹪莺 *P. inornata*
绣眼鸟科 Zosteropidae	141. 暗绿绣眼 *Zosterops japonicus*
莺科 Sylviidae	142. 画眉 *Garrulax canorus*
	143. 黑脸噪鹛 *G. perspicillatus*
	144. 长尾缝叶莺 *Orthotomus sutorius*
	145. 褐柳莺 *Phylloscopus fuscatus*
	146. 黄眉柳莺 *P. inornatus*
	147. 黄腰柳莺 *P. proregulus*
百灵科 Alaudidae	148. 小云雀 *Alauda gulgula*
太阳鸟科 Nectariniidae	149. 叉尾太阳鸟 *Aethopyga christinae*
麻雀科 Passeridae	150. 树鹨 *Anthus hodgsoni*
	151. 理氏鹨 *A. richardi*
	152. 水鹨 *A. spinoletta*
	153. 斑文鸟 *Lonchura punctulata*
	154. 白腰文鸟 *L. striata*
	155. 白鹡鸰 *Motacilla alba*
	156. 灰鹡鸰 *M. cinerea*
	157. 黄鹡鸰 *M. flava*
	158. 树麻雀 *Passer montanus*
燕雀科 Fringillidae	159. 灰头鹀 *Emberiza spodocephala*

汕头滨海湿地鸟类物种丰富，其受保护状况如下：列入《国家重点保护野生动物名录》Ⅰ级物种3种，Ⅱ级物种19种；列入《广东省重点保护陆生野生动物名录》33

种；列入《濒危野生动植物种国际贸易公约》18种；列入《中国濒危动物红皮书》13种；列入《中澳协定》39种；列入《中日协定》71种。在鸟类的居留型方面，留鸟、冬候鸟、过境鸟、夏候鸟的数量分别为62种、70种、13种和14种，占鸟类总种数的39.0%，44.0%，8.2%，8.8%，非留鸟占绝大多数。由此可见，汕头滨海湿地对鸟类资源保护具有重要意义，是众多鸟类迁徙路径上的重要栖息地。

3.6.2 鸟类群落的数量特征

本研究仍以澄海区义丰溪口红树林区为代表，对汕头滨海湿地的鸟类群落进行调查研究。义丰溪口红树林区光滩的鸟类个体密度在5.0～47.2 ind./hm^2范围内变动，平均为（22.1±18.1）ind./hm^2，红树林为5.9～51.4 ind./hm^2，平均为（26.2±19.0）ind./hm^2；总体呈现秋冬高、春夏低的变化格局（见表3-12）。两个生境之间的鸟类个体密度差异不显著（$P>0.05$）。

表3-12 义丰溪口红树林鸟类的个体密度

单位：ind./hm^2

生境	1月	4月	7月	10月
光滩	21.4	14.6	5.0	47.2
红树林	27.2	20.4	5.9	51.4

澄海义丰溪口红树林区鸟类群落的物种多样性：$H_{光滩}$为1.063～2.242，平均为1.556±0.506；$H_{人工林}$为0.975～2.320，平均为1.919±0.636。物种丰富度：$S_{光滩}$为6～13，平均为8.750±3.096；$S_{人工林}$为11～21，平均为15.000±4.321。物种均匀度：$J_{光滩}$为0.484～0.889，平均为0.732±0.191；$J_{人工林}$为0.407～0.904，平均为0.709±0.213（见表3-13）。光滩与红树林之间鸟类群落物种多样性各个数值之间的差异不显著（$P>0.05$）。

表3-13 义丰溪口红树林鸟类群落的物种多样性

指数	地点	1月	4月	7月	10月
H	光滩	1.063	2.242	1.592	1.326
	红树林	2.280	2.101	2.320	0.975
S	光滩	9	13	6	7
	红树林	21	15	13	11
J	光滩	0.484	0.874	0.889	0.681
	红树林	0.749	0.776	0.904	0.407

3.6.3 红树林区的鸟类群落数量分类

对义丰溪口红树林区的鸟类群落进行 DCA 排序分析后，可将该处鸟类群落划分为光滩、红树林两类（见图 3－3）。其中，第一类光滩鸟类群落可以细分为两组：一组为春季鸟类群落，包括白额燕鸥、红脚鹬、红颈滨鹬、铁嘴沙鸻等旅鸟，以及大白鹭、凤头潜鸭、黄鹡鸰等冬候鸟，当中绝大部分种类为水禽；另一组为其他季节的光滩鸟类群落，其中白鹡鸰、褐翅燕鸥、黑翅长脚鹬、灰鹡鸰、矶鹬、林鹬、普通翠鸟、青脚鹬、白鹭、泽鹬是直接利用光滩生境觅食的水禽，其余种类只利用光滩作为短暂栖息地。第

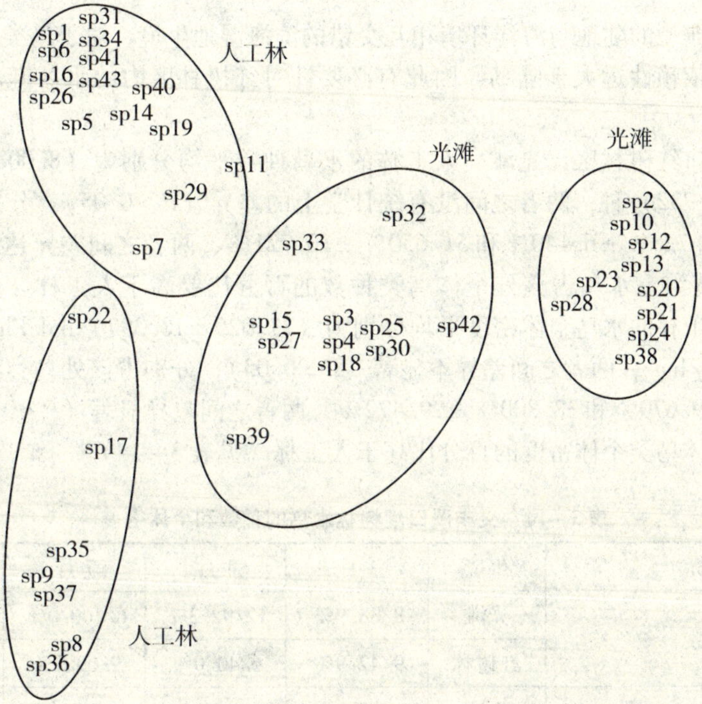

图 3－3 义丰溪口红树林鸟类物种的除趋势对应分析散点图

物种：sp1 暗绿绣眼；sp2 白额燕鸥；sp3 白腹鹞；sp4 白鹡鸰；sp5 白头鹎；sp6 白胸翡翠；sp7 白胸苦恶鸟；sp8 斑纹鸟；sp9 北红尾鸲；sp10 苍鹭；sp11 池鹭；sp12 大白鹭；sp13 凤头潜鸭；sp14 褐翅鸦鹃；sp15 褐翅燕鸥；sp16 褐柳莺；sp17 褐头鹪莺；sp18 黑翅长脚鹬；sp19 黑水鸡；sp20 红脚鹬；sp21 红颈滨鹬；sp22 黄腹鹪莺；sp23 黄鹡鸰；sp24 灰斑鸻；sp25 灰鹡鸰；sp26 灰头鹀；sp27 矶鹬；sp28 家燕；sp29 栗苇鳽；sp30 林鹬；sp31 绿翅短脚鹎；sp32 普通翠鸟；sp33 青脚鹬；sp34 鹊鸲；sp35［树］麻雀；sp36 水雉；sp37 丝光椋鸟；sp38 铁嘴沙鸻；sp39 白鹭；sp40 小鹏鹛；sp41 夜鹭；sp42 泽鹬；sp43 棕背伯劳。

二类人工林鸟类群落同样可以细分为两组：一组为主要活动于陆地或淡水生境，平时栖息、活动于红树林后缘陆地灌草丛、林地，如斑纹鸟、北红尾鸲、褐头鹪莺、黄腹鹪莺、［树］麻雀、丝光椋鸟，而水雉大部分时间活动于红树林后缘鱼塘的芡实塘中，偶尔进入人工红树林下栖息活动；另一组则主要活动于人工红树林内，较前一组更加倾向于林地或沼泽的生境，如暗绿绣眼、白头鹎、褐柳莺、灰头鹀、绿翅短脚鹎、鹊鸲、棕背伯劳等林鸟，以及白胸翡翠、白胸苦恶鸟、池鹭、褐翅鸦鹃、黑水鸡、栗苇鳽、夜鹭等偏好沼泽生境的鸟类均利用人工林作为觅食或栖息的场所。

3.6.4 汕头滨海湿地红树林区的水鸟群落

红树林是典型的陆地与海洋环境相互交错的滨海湿地生境，对于鸟类来说，水鸟对红树林生境的依赖性远大于陆鸟，因此有必要针对红树林区内的水鸟群落进行专门的研究。

在义丰溪口红树林区，光滩、人工林的水鸟种数平均分别为（8.000 ± 2.830）种和（7.500 ± 1.732）种，两者之间没有统计学上的差异（$P > 0.05$）；分别占该处鸟类群落种数的 91.725% ± 6.140% 和 51.650% ± 13.721%，两者之间差异达到极显著水平（$P < 0.01$），光滩上水鸟占该处全体鸟类种数的百分比要高于人工林。在个体密度方面，光滩、人工林的水鸟个体密度平均分别为（21.025 ± 18.397）ind./hm^2 和（6.725 ± 3.579）ind./hm^2，两者之间差异不显著（$P > 0.05$）；分别占该处鸟类群落个体密度的 93.800% ± 9.670% 和 38.800% ± 29.472%，两者之间差异显著（$P < 0.05$），光滩上水鸟占该处全体鸟类个体密度的百分比高于人工林（见表 3-14）。

表 3-14　义丰溪口红树林水鸟的种数和个体密度

指标	生境	1月	4月	7月	10月
种数	光滩	8/88.9%	12/92.3%	6/100.0%	6/85.7%
	红树林	9/42.9%	6/40.0%	9/69.2%	6/54.5%
个体密度/（ind./hm^2）	光滩	20.6/96.3%	11.6/79.5%	5.0/100.0%	46.9/99.4%
	红树林	12.0/44.1%	4.4/21.6%	4.6/78.0%	5.9/11.5%

表中数值格式为“实际观测值/占原始数据的比例”。

综合生态型与居留型的特征，在义丰溪口光滩的 21 种水鸟中，以冬候鸟－涉禽种类最多，达 7 种，其次为留鸟－涉禽和旅鸟－涉禽，均为 3 种。涉禽总数达 13 种，占光滩鸟类种数的 61.9%，是生态型中种数最多的；冬候鸟有 10 种，占光滩鸟类种数的 47.6%，是居留型中最多的。在义丰溪口的光滩，鸟类大多为涉禽，而且冬候鸟所占比例较大，说明光滩是冬候鸟重要的越冬栖息地生境。

人工红树林有12种水鸟，其中留鸟－涉禽种类最多，有6种。生态型中种数最多的涉禽有8种，占75.0%；在居留型方面，留鸟种数最多，为10种，占83.3%。义丰溪口的人工红树林中，鸟类同样以涉禽为主，但绝大部分为留鸟，水鸟以人工红树林作为栖息、繁殖的重要场所（见表3－15）。

表3－15 义丰溪口红树林区水鸟的生态型与居留型

	鸣禽	攀禽	涉禽	游禽	合计		鸣禽	攀禽	涉禽	游禽	合计
光滩						红树林					
留鸟	1	1	3	1	6	留鸟	1	2	6	1	10
冬候鸟	2	0	7	1	10	冬候鸟	0	0	1	0	1
旅鸟	0	0	3	1	4	旅鸟	0	0	0	0	0
夏候鸟	0	0	0	1	1	夏候鸟	0	0	1	0	1
合计	3	1	13	4	21	合计	1	2	8	1	12

义丰溪口红树林区水鸟群落的物种多样性：$H_{光滩}$为1.502±0.527，$H_{人工林}$为1.187±0.501。均匀度：$J_{光滩}$为0.735±0.204，$J_{人工林}$为0.586±0.197（见表3－16）。光滩与人工红树林之间的水鸟群落物种多样性没有显著差别（$P>0.05$）。

表3－16 义丰溪口红树林区水鸟群落的物种多样性

指数	地点	1月	4月	7月	10月
H	光滩	0.938	2.183	1.592	1.296
	红树林	1.039	0.980	1.923	0.804
J	光滩	0.451	0.878	0.889	0.723
	红树林	0.473	0.547	0.875	0.448

3.7 哺乳动物资源

3.7.1 物种多样性

根据调查统计，汕头滨海湿地区域境内的兽类相对较少，尤其是较大型的兽类，这与该地区的地理环境有关。保护区内的山地属于丘陵、台地，成片的天然阔叶林较少，而且山体基本上是独立存在的孤山，海拔高度较低，山体较为平缓，缺乏大型兽类良好的隐藏条件。通过调查并参考文献资料，发现哺乳动物有11种，隶属5目6科。其中，食虫目1种、翼手目1种、食肉目1种、啮齿目6种。另外，还有两种属水栖哺乳动物鲸目的种类。汕头滨海湿地分布的兽类名录见表3－17。

表3－17　汕头滨海湿地分布的兽类名录

目/科	种	资源状况
Ⅰ食虫目 INSECTIVORA		
鼩鼱科 Soricidae	1. 臭鼩 *Suncus murinus*	＋＋
Ⅱ翼手目 CHIROPTERA		
蝙蝠科 Vespertilionidae	2. 普通伏翼 *Pipistrellus abramus*	＋＋
Ⅲ食肉目 CARNIVORA		
鼬科 Mustelidae	3. 水獭 *Lutra lutra*	＋
Ⅳ啮齿目 RODENTLA		
松鼠科 Sciuridae	4. 隐纹花松鼠 *Tamiops swinhoei*	＋＋＋
鼠科 Muridae	5. 板齿鼠 *Bandicota indica*	＋
	6. 针毛鼠 *Rattus fulvescens*	＋＋
	7. 褐家鼠 *Rattus norvegicus*	＋＋＋
	8. 黄毛鼠 *Rattus rattoides*	＋＋
	9. 小家鼠 *Mus musculus*	＋＋＋
Ⅴ鲸目 CETACEA		
海豚科 Delphinidae	10. 中华白海豚 *Sousa chinensis*	＋
	11. 铅色白海豚 *Sousa plumbea*	＋

注：＋＋＋ 多见，＋＋ 普通，＋ 稀少。

3.7.2　受保护的哺乳动物

汕头滨海湿地有国家重点保护的哺乳动物3种，其中，属国家Ⅰ级重点保护动物的有1种，为中华白海豚（*Sousa chinensis*）；属国家Ⅱ级重点保护的动物有两种，为水獭（*Lutra lutra*）、铅色白海豚（*Sousa plumbea*）。这3种国家重点保护哺乳动物都与水域环境密切相关，在汕头滨海湿地内主要分布于浅海、河口以及周边的围垦区湿地。据报道，中华白海豚、铅色白海豚经常出现在南澳岛长山尾至猴鼻头一带内湾海域，近年来屡次在汕头港水域内发现中华白海豚种群，因此认为汕头滨海湿地海域也是国内中华白海豚的重要分布区之一。另一方面，水獭由于生性羞怯，加上周边隐蔽、人为干扰少的生境愈来愈少，近年来已经很少被发现、记录，其确切的种群数量有待进一步观察。

3.8 水产资源

汕头水产渔业资源包括鱼、虾、蟹、贝类等多种类型，资源量以鱼类和贝类为主，资源结构复杂，生物多样性明显。汕头属亚热带海洋性气候，北回归线贯穿汕头市，气候温和，雨量充沛。夏无酷热，冬无严寒，年平均气温21.1 ℃，特别有利于海水鱼类、甲壳类、贝类及部分藻类的生长，且生长期长。加上汕头市海岸线长289 km，有40多个岛屿，10 m等深线内浅海面积达4.95×10^4 hm^2，得天独厚的自然条件使得汕头市的鱼、虾、蟹、贝等水产资源十分丰富。

3.8.1 水产资源的种类组成

资料表明，汕头海岸湿地主要底栖动物有198种，隶属于环节动物、软体动物、甲壳动物和棘皮动物4门6纲20目75科。其中，以软体动物的种类最多，为104种，占全部底栖动物种类的52.5%；其次是甲壳动物74种，占37.4%；环节动物15种，占7.6%；棘皮动物5种，占2.5%。

汕头湿地和近岸海域自然保护区鱼类资源丰富，鱼类品种多，可以说是汕头湿地和近岸海域保护最完好的也是鱼类资源较为丰富的海岸湿地。根据调查和汕头市海洋与水产部门提供的资料，以及前人的调查资料表明，主要的经济鱼类有133种，隶属于7目50科。

3.8.2 水产资源的优势种

汕头浅海底栖生物平均生物量为38.58 g/m^2，平均栖息密度为73.53 ind./m^2，软体生物占总生物量79.03%，高生物量区在韩江口，自然分布的红肉河篮蛤生物量为750 g/m^2。汕头海域主要经济贝类代表有牡蛎（*Ostreidae* sp.）、翡翠贻贝（*Perna viridis*）、西施舌（*Coelomactra antiquata*）、江珧（*Pinnidae* sp.）、文蛤（*Meretrix* sp.）、日月贝（*Pectinidae* sp.）、扇贝（*Chlamys* sp.）、巴非蛤（*Paphia* sp.）、泥蚶（*Tegillarca* sp.）、毛蚶（*Scapharca* sp.）、菲律宾蛤仔（*Ruditapes philippinarum*）、竹蛏（*Solen* sp.）、珍珠贝（*Pteria* sp.）、鲍鱼（*Haliotis* sp.）、管角螺（*Hemifusus tuba*）、东风

螺（*Babylonia* sp.）、蝾螺（*Turbo* sp.）、瓜螺（*Cymbium melo*）等20多种，主要栖息于潮间带滩涂或浅海河口水域。

汕头河口海区咸淡水交汇，水质肥沃，水温和盐度均适宜于水生动物栖息，因此生物资源丰富，是多种鱼类的产卵场和繁育场。这里出现的鱼类种类丰富，其中包括地方性的种群和有季节性地从大陆架洄游到河口区域的种群。前者主要有棘头梅童鱼（*Collichthys lucidus*）、七丝鲚（*Coilia grayi*）、鳓（*Ilisha elongata*）、斑鲆（*Pseudorhombus* sp.）、马鲅（*Polynemidae* sp.）、小公鱼（*Stolephorus* sp.）、棱鲛（*Liza carinatus*）、白姑鱼（*Argyrosomus* sp.）、黄鳍鲷（*Sparus latus*）、舌鳎（*Cynoglossus* sp.）、鲈（*Lateolabrax japonicus*）、鲻（*Mugil cephalus*）等。后者主要有海鳗（*Muraenesox cinereus*）、日本鳗鲡（*Anguilla japonica*）、蓝圆鲹（*Decapterus maruadsi*）、竹荚鱼（*Trachurus japonicus*）、乌鲳（*Formio niger*）、鲐（*Pneumatophorus japonicus*）、马鲛（*Scombermorus* sp.）、银鲳（*Pampus argenteus*）等。这些长年可捕获到的地方性种类，其产量占鱼类总捕获量的50%以上。

3.8.3 渔业生产

海洋捕捞是汕头水产业的主体，主要经济鱼类有100多种，但在渔业生产中占较大比重的仅30多种，包括蓝圆鲹、丽叶鲹（*Carangoides kalla*）、卵形鲳鲹（*Trachinotus ovatus*）、大甲鲹（*Megalapis cordyla*）、竹筴鱼、脂眼鲱（*Etrumieria hasselti*）、圆腹鲱（*Dussumieria hasseltii*）、中华青鳞鲱（*Harengula nymphaea*）、金色小沙丁鱼（*Sardinella aurita*）、康氏小公鱼（*Stolephonts commersoni*）、中华小公鱼（*S. chinensis*）等中上层鱼类；四指马鲅（*Eleutheronema tetradactylus*）、六指马鲅（*Polynemus sextarius*）、乌鲳、小黄鱼（*Pseudosciaena polyactis*）、小带鱼（*Eupleurogrammus muticus*）等上下层鱼类；短尾大眼鲷（*Priacanthus macracanthus*）、单角革鲀（*Alutera monoceras*）、二长棘鲷（*Parargyrops edita*）、多齿蛇鲻（*Saurida tumbil*）、长条蛇鲻（*S. filamentosa*）、花斑蛇鲻（*S. undosquamis*）、脂眼鲱、金钱鱼（*Scatophagus argus*）、龙头鱼（*Harpodon nehereus*）、银鲳、海鳗、花鲈、黄鲷（*Taius tumifrons*）、真鲷（*Pargrosomus major*）、二长棘鲷、黑鲷（*Sparus macrocephalus*）、黄鳍鲷（*Sparus latus*）、卵鳎（*Solea ovata*）、东方箬鳎（*Brachirus orientalis*）、中华舌鳎（*Cynoglossus sinicus*）、大鳞舌鳎（*C. macrolepidotus*）、花鲆（*Tephrinectes sinensis*）、大牙斑鲆（*Pseudorhombus arsius*）、五点斑鲆（*P. quinquocellatus*）、褐牙鲆（*Paralichthys olivaceus*）等底层或近底层鱼类。头足类有火枪乌贼（*Loligo beka*）、长枪乌贼（*L. bleekeri*）、乌贼（*Sepia* sp.）、章鱼（*Octopus* sp.）；甲壳类有对虾（*Penaeus* sp.）、梭子蟹（*Portunus* sp.）等，贝类有文蛤（*Meretrix meretrix*）、丽文蛤（*Meretrix lusoria*）、青蛤（*Cyclina sinensis*）、西施舌、中国绿螂、大竹蛏（*Solen grandis*）、

长竹蛏（*Solen gouldi*）、缢蛏（*Sinonovacula constricta*）、小荚蛏（*Siliqua minima*）等。

汕头滨海湿地具有大面积的围垦鱼塘和滩涂水面面积2 000 hm^2 以上。围垦鱼塘主要是以养殖鱼虾为主，滩涂主要养殖贝类，鱼塭则采用天然纳苗蓄养鱼虾蟹，在海湾内以网帘或竹片养殖，还有网箱养鱼、浮筏（棚）吊养牡蛎等。汕头滨海湿地沿海水产资源丰富，可供养殖的种类甚多，可供养殖的鱼塘和滩涂面积也广大，生态环境优越。养殖的主要经济种类有牡蛎、泥蚶、中国绿螂、文蛤、西施舌、缢蛏、大竹蛏、翡翠贻贝、中国对虾（*Penaeus chinensis*）、长毛对虾（*P. penicillatus*）、斑节对虾（*P. monodon*）、日本对虾（*P. japonicus*）、南美白对虾（*P. vannamei*）、刀额新对虾（*Metapenaeus ensis*）、近缘新对虾（*M. affinis*）、锯缘青蟹（*Scylla serrata*）、鲻鱼、鳗鲡、黄鳍鲷、黄鲷、真鲷等。

汕头滨海湿地海域湿地渔业资源的主要特征可归纳为：生物种类丰富多样，多数种类为暖水性种类，少数为暖温性种类，极个别为冷温性种类，沿岸、河口性的种类多。许多经济种类每年洄游至河口区繁殖、索饵，其成体出现少，幼体出现多；多数种类分布广泛、分散，不作长距离的洄游；中上层鱼类资源衰退明显，沿岸和河口仍为重要的渔场。

参考文献

汪松，乐佩琦，陈宜瑜．1998. 中国濒危动物红皮书·鱼类［M］．北京：科学出版社．

汪松，赵尔宓．1998. 中国濒危动物红皮书·两栖类和爬行类［M］．北京：科学出版社．

汪松，郑光美，王岐山．1998. 中国濒危动物红皮书·鸟类［M］．北京：科学出版社．

汪松．1998. 中国濒危动物红皮书·兽类［M］．北京：科学出版社．

张金屯．1992. 植被与环境关系的分析Ⅰ：DCA排序［J］．山西大学学报（自然科学版），15（2）：182－189.

Hilty J, Merenlender A. 2000. Faunal indicator taxa selection for monitoring ecosystem health［J］. Biological Conservation, 92: 185－197.

Kroncke I. 1995. Long-term change in the pelagos, benthos and fisheries of the North Sea［J］. Sencken Bergiana Marit, 26: 73－80.

Mattiessen P, Law R J. 2002. Contaminants and their effects on estuarine and coastal organisms in the United Kingdom in the late twentieth century［J］. Environmental Pollution, 120: 739－757.

Sanders J L, Kendall M A, Hawkins A J S, et al. 2007. Can functional groups be used to indicate estuarine ecological status［J］? Hydrobilogia, 588: 45－58.

Weller M W. 1999. Wetland birds: habitat resources and conservation implications［J］. Cambridge: Cambridge University Press: 1－10.

第4章　汕头滨海湿地生态环境需水量研究

【内容导读】　对汕头滨海湿地各部分的生态环境需水量进行计算，得出对应不同生态系统健康状态下不同等级的生态环境需水量。对各部分的生态环境需水量进行统计，除去重叠部分的生态环境需水量，可以得到汕头滨海湿地当前生态环境需水量为 $61.04\times10^8\ m^3$。本研究进一步探讨其生态环境需水量的年内变化。由汕头滨海湿地的生态系统健康状况分析，可以预测湿地植被覆盖面积增加一倍，生态系统健康水平可逐步恢复到中等水平，预计生态环境需水量为 $61.43\times10^8\sim74.44\times10^8\ m^3$；若湿地植被覆盖面积增加两倍，岸线侵蚀状况可得到较好的控制，生态系统健康水平可达到良好的状况，预计生态环境需水量为 $75.31\times10^8\sim98.44\times10^8\ m^3$。

【关键词】　汕头滨海湿地；生态需水量；环境需水量；年内变化；预测

滨海湿地是三大天然湿地之一，是海陆交错的边缘区域，具有复杂多样的湿地类型和生态环境，同时滨海湿地是海陆污染物的承泻区，这使其成为一个脆弱的生态敏感带（徐东霞等，2007；陆健健，1996）。汕头滨海湿地是韩江流域最大的天然湿地（何克军等，2005），为广东省内面积最大、保存最完整、具有国际重要意义的湿地系统。

水是湿地形成、发育、演替、消亡与再生的主导因素，是湿地的敏感因子和存在关键，决定了湿地生态系统的脆弱性和易变性（周林飞等，2007；张祥伟，2005），水量和水质直接影响湿地自然生态环境的变化。因此，为保障汕头滨海湿地生态系统的生态完整性和功能的可持续性，构建并运用滨海湿地生态系统健康评价指标体系，研究其生态环境需水量，是实现水资源的可持续开发、优化配置和合理利用的有效途径，并为湿地生态环境保护和水资源规划，以及汕头滨海湿地水环境的恢复与重建提供参考依据。

4.1　湿地生态环境需水量概述

4.1.1　国内外湿地生态环境需水量的研究进展

20世纪40年代，为避免河流生态系统退化，美国渔业与野生动物保护组织规定了维护河流的最小生态流量，这是最早有关生态环境需水量（Water Required for Ecology and

Environment）的概念。后来为满足河流生态恢复保护和水资源管理的需求，Gleick于1995年提出了基本生态需水量（Basic Ecological Water Requirement）的概念，即提供一定质量和数量的水给自然生态系统，以求最小化地改变自然生态系统的过程，并保证物种多样性和生态整合性（丰华丽等，2003；Gleick，1996）。之后的研究开始重视生态系统对水资源的需求，如Falkenmark将绿水（Green Water）的概念从其他水资源中分离出来，指出水资源的供给在满足人类需求的同时，也要满足生态系统的需求；还指出人类需要把注意力从“蓝色”水的社会利用部门转向利用“绿色”水的生态系统中来，以克服水资源开发的盲目性（Falkenmark，1999）。Baird等分析了植物与水文过程的相互关系，强调水作为环境因子对自然保护和恢复所起的作用。随着生态需水量概念的提出，许多学者将水文与水资源学的研究理论和方法融合在一起，使湿地生态需水量具有坚实的生态学和水文学基础，并在此基础上详细地计算了各类型湿地生态需水量，例如Spoor和Gowing计算了草原湿地的需水量，Eamus等论述了植被和土壤需水量的具体计算方法等。Mayer和Thomasson研究了美国克拉马斯低地国家野生动物保护区内季节性湿地生态需水量的计算方法和模拟估算值，Roberts等详细论述了湿地生态需水中的植物需水量的估算。国外湿地生态需水的研究比较系统、全面，对水分－生态的耦合作用机理有着科学的认识，已经形成了一套比较成熟的计算方法体系，强调水资源在整个湿地生态系统中的地位和作用，并注重生态系统中与水有关的各因素之间以及生态水文过程的综合研究，特别是生物多样性的研究（冯夏清等，2008）。

在国内，生态需水研究于20世纪90年代末兴起，起步晚但发展较快，同时也取得了一些成果。我国学者汤奇成于1989年在分析新疆塔里木盆地水资源与绿洲建设问题时首次提出“生态用水”的概念。刘昌明（2000）提出维持自然生态与人类环境用水的四大平衡原则（水热/能平衡、水盐平衡、水沙平衡、区域水量平衡与供需平衡）是深入研究水资源承载力和科学计算必要的生态需水量的基础。崔保山等（2003，2002）探讨了湿地生态环境需水量的内涵和临界阈值及其计算方法和相关指标，并按照湿地生态系统的组成结构和功能，对湿地生态需水量进行分类。衷平等（2005）在国内首次提出生态水位法，并应用此方法对白洋淀湿地生态环境需水量进行计算，得出湿地的理想和最小生态环境需水量。窦明等（2006）通过遥感（Remote Sensing，RS）技术、地理信息系统（Geographic Information Systems，GIS），获取湿地生态需水计算所需的参数，使得计算在精度和效率上有了新的突破，并在石羊河流域进行了实例应用分析。在湿地生态需水量计算方面，国内许多学者应用崔保山和杨志峰提出的以水平衡原理为基础的湿地分级方法，对所研究湿地的生态需水量进行了实例计算，如赵东升等（2004）、郭跃东等（2004）、黄梅等（2009）分别对洪河国家级自然保护区、扎龙湿地和洞庭湖湿地生态需水量进行了研究等。此外，计算湿地生态需水量时结合3S技术（即遥感技术、地理信息系统和全球定位系统的统称）可以提高精度和效率，并减少数据的传递误差，实用性较强。可见，我国目前计算生态需水量的方法多种多样，并注重考虑生态系统和水文过程的相互反馈作用，使湿地生态需水量的确定更加科学、合理。我国不仅在湿地生态需水的概念、内涵和计算方法等基础性研究方面有一定的进展，而且在应用性研究方面也取得了一定成果。

4.1.2　湿地生态需水量的概念

对于湿地生态环境需水量的概念，国内外不同专业背景、研究方向的学者从不同的研究对象、目的和角度出发，有不同的观点。郭跃东等（2004）认为，湿地生态环境需水量是指维持湿地生态系统生态平衡和正常发展、保障湿地系统水文功能及相关环境功能正常发挥所需要的水量。杨志峰等（2003）认为，广义的湿地生态环境需水量就是湿地为维持自身存在和发展以及发挥湿地应有的环境效益所需要的水量，包括湿地给生态环境所应提供的功能、用途和属性所需要的水量；狭义的湿地生态环境需水量是指补充湿地生态系统每年消耗的水量。周林飞等（2007）认为，湿地生态环境需水量是指维持湿地不同管理目标下的水文功能、生态功能和环境功能的地表水量（或地下水位），以及维持相应功能所消耗的水量，并把生态环境需水量分为存量与通量两个组成部分。张祥伟（2005）从湿地生态系统的完整性出发，将湿地生态需水定义为：湿地生态系统达到某种生态水平或者维持某种生态系统平衡所需要的水量，或湿地生态系统发挥期望的生态功能所需要的水量。从生态系统的角度出发，生态环境需水量是指为维护生态系统的特定结构、生态过程和生态系统服务功能的需水量，它需要生态环境保护规划和大量翔实的数据资料来进行推算，其水量配置是合理可持续的。崔保山等（2002）指出，湿地生态环境需水量是一个整合的新概念，可分为生态需水量和环境需水量两个部分，由于湿地生态系统生态价值的特殊性，湿地生态环境需水量的定义与生态需水量或环境需水量的定义略有差别。

湿地生态环境需水量的概念有广义和狭义之分。广义而言，维持全球生物地球化学平衡（诸如水量平衡、水热平衡、水沙平衡、水盐平衡等）及湿地自身发展过程、支持和保护自然生态系统与生态过程、改善环境、保障湿地系统水文功能及相关环境效益能正常发挥而需要的水量，都是湿地生态环境需水量；狭义是指湿地每年用于环境消耗和生态消耗而需要补充的水量，即补充湿地每年渗漏、防止海岸线侵蚀以及湿地生态系统蒸散等需要的水量。

4.2　汕头滨海湿地生态环境需水量的计算

4.2.1　滨海湿地生态系统健康状态与生态环境需水量的关系

滨海湿地生态系统是一个高度动态和复杂的系统，具有重要的环境特征和独特的生态系统服务功能（刘青松等，2003）。涂向阳等（2009）根据湿地生态系统的功能，将湿地生态系统健康指标体系分为自然生态特征指标、生物多样性指标、服务性功能指标和社会环境指标四个部分。湿地生态系统健康状态与湿地生态需水量有着密切的联系。通常，滨海湿地生态系统处于最适宜生态环境需水量时，其生态系统健康等级越高，要结合滨海湿地生态系统的结构（包括组织结构和空间结构）、功能（生态功能和各项服务所对应的功能）、适应力（弹性）和社会价值等特性，对滨海湿地生态系统健康进行评价（王树功等，2010）。选取适当的评价指标，使滨海湿地生态系统健康与生态环境需水量之间建立联系，即可通过生态环境需水量来判断滨海湿地生态系统的健康状况，从而为湿地管理部门制定水资源配置规划提供支持。表4－1给出滨海湿地生态系统健康状态与生态环境需水量间的关系。

表4－1 滨海湿地生态系统健康状态与生态环境需水量的对应关系

项目层	指标层	需水量组成类型	特性
结构完整性	河岸植被	湿地植物需水量 湿地土壤需水量 生物消耗需水量	空间（面积）、时间、水量
	物种多样性		
	个体高度/正常高度		
	叶面积指数		
系统稳定性	湿地退化率	生物栖息地需水量 盐度平衡需水量	空间（面积）、水量
	栖息地		
	栖息地珍稀物种		
功能协调性	水源保证率	湿地内河道需水量	水量、时间差异性
开放性	侵蚀变化率	防止岸线侵蚀的泥沙输运需水量	时间差异性
	水土流失模数[t/（km^2·a）]		
景观美学性	污水处理率	稀释净化污染物需水量	水量、水质
	底泥污染（重金属）		
	水质		

4.2.2 汕头滨海湿地生态环境需水量的计算

汕头滨海湿地位于中国广东省汕头市的东北海岸，处于地球北回归线与中国海岸线的交汇处，境内有韩江、榕江、练江和濠江，交汇后经牛田洋由汕头港出海，处于韩江三角洲的中心，扼韩江出海口之咽喉，区位优势十分明显。滨海湿地生态环境需水量包括湿地生态需水量和环境需水量。以下对汕头滨海湿地的生态环境需水量进行计算和分级。

4.2.2.1 汕头滨海湿地生态需水量的计算

1. 植被需水量

滨海湿地植被需水量是指维持湿地植被正常生长所需要的水量，主要包括四部分：植物同化过程耗水和植物体内包含的水分、蒸腾耗水、湿地植株表面蒸发耗水以及土壤蒸发耗水。其中，蒸腾耗水和土壤蒸发耗水是最主要的耗水项目，占植物需水量的99%；其他两项仅占1%。因此，把植物叶面蒸腾和棵间土壤蒸发的水量之和近似为植被需水量。从理论上可表达为（崔宝山等，2002）：

$$\mathrm{d}W_{\mathrm{plant}} \cdot \mathrm{d}t^{-1} = A_{\mathrm{area}}(t)\ ET_{\mathrm{evaporation}}(t)$$

式中：W_{plant}为植物需水量；$A_{\mathrm{area}}(t)$为湿地植被面积；$ET_{\mathrm{evaporation}}(t)$为蒸散发量；$t$为时间。

基于前面第2、第3章对汕头滨海湿地进行调查研究的结果以及对应年份的TM Spot卫星多波段图像资料，整理出汕头滨海湿地植物的种类、分布及其区系特点，并运用全球定位系统（Global Positioning Systems，GPS），测定主要湿地植被的分布面积。

参照相关文献（杨洁等，2005），为建立滨海湿地生态环境需水量与湿地生态系统健康状态之间的定量关系，以湿地土壤含水比例（w/w_f，其中：w为土壤水分含量；w_f为田间持水量）为指标，将湿地生态环境需水量分为低、中、良、优、最优5个等级（见表4－2）。

表4－2 汕头滨海湿地不同等级的植被需水量

等级	蒸散发量/（mm/月）	w/w_f	生态意义	植被需水量/10^8 m^3
低	423.38	0.6	维持基本生存	2 346.14
中	493.94	0.7	正常生长受到抑制	2 737.16
良	564.50	0.8	保证正常生长	3 128.18
优	635.07	0.9	生长状况良好	3 519.21
最优	705.63	1.0	生长状况最佳	3 910.23

表4－2显示：维持汕头滨海湿地优势植被基本生存所需水量为$2\ 346.14 \times 10^8\ m^3$，当优势植被处于最佳生长状态时需水量为$3\ 910.23 \times 10^8\ m^3$，即植被需水量在上述两者

范围内波动，就可满足植被正常生长。但由于红树植物对水淹深度有一定要求（陈玉军等，2006），淹水的深浅对其生长有一定影响，因此在规划植被需水配水时还需要考虑红树植物能够正常生长的淹水条件；并且，随着河口区域向上游延伸距离的增加，潮汐动力影响逐渐减弱，滩地淹水高程这一环境因素对红树林的正常生长愈发显得重要。

2. 土壤需水量

滨海湿地土壤需水量是指土壤中能够支持湿地植被健康生长所需要的水量，与土壤性质、土壤田间持水量、饱和持水量等有关。但在一定的时空尺度内，不同的湿地土壤，持水量、含水量和水特性不同，需水量就会有差异，通常根据研究的需要，用田间持水量或饱和持水量参数进行计算，公式为（崔宝山等，2002）：

$$W_{\text{soil}} = \alpha H_{\text{thickness}} A_{\text{area}}$$

式中：W_{soil} 为年土壤需水量；α 为田间持水量或饱和持水体积百分比，根据研究的土壤类型及级别划分而定；$H_{\text{thickness}}$ 为土壤厚度；A_{area} 为湿地土壤面积。

通过运用 Arcinfo 软件（袁一星等，2004；吴信才，2004），结合汕头地区的土壤基本资料，计算汕头滨海湿地的土壤需水量，并按田间持水率不同对土壤需水量进行分级（见表4－3）：

表4－3　不同等级的土壤需水量

需水量等级	持水量类型	田间持水率/%	土壤需水量/10^8 m^3
低	田间持水量	25	47 995. 71
中	田间持水量	35	67 194. 00
良	饱和持水量	45	86 392. 29
优	饱和持水量	55	105 590. 60
最优	饱和蓄水能力	80	153 586. 30

由表4－3得出，汕头滨海湿地土壤需水量应该控制在 47 995. 71 $\times 10^8$～153 586. 30 $\times 10^8$ m^3 范围之间，以保证湿地植被健康生长及优化水量配置。

3. 生物栖息地需水量

滨海湿地生物栖息地需水量是指鱼类、鸟类等在滨海湿地区域进行栖息、繁衍所需要的基本水量。水面和沼泽植被的相对比例是决定物种多样性的重要因素。因此，在计算大区域的滨海湿地生物栖息地需水量时，以滨海湿地的不同类型为基础，根据栖息地水面面积百分比和水深计算正常年份鸟类或鱼类在该区栖息、繁殖所需的正常水量。为避免与湿地土壤需水量的重复，这里只计算地表以上低洼地的蓄水量（满足野生动物栖息、繁殖的水量）。计算公式（崔宝山等，2002）为：

$$dW_{habitat} \cdot dt^{-1} = A_{area}(t)\ B_{surface} H_{depth}(t)$$

式中：$W_{habitat}$为生物栖息地的需水量；A_{area}为湿地面积；$B_{surface}$为水面面积百分比，即湿地水面面积占湿地面积的百分比；$H_{depth}(t)$为水深；t为时间。

不同的水面面积百分比可以用以划分不同的等级，一般来说，百分比越大，生物多样性越丰富（Jowett et al.，2005）。通常，水面面积百分比为10%～40%、水深为0.5～1.5 m时，湿地系统可以为水禽提供最佳的栖息地。对生物栖息地需水量的计算及等级进行划分，结果见表4-4。

表4-4　汕头滨海湿地生物栖息地的需水量

湿地	不同等级生物栖息地的需水量/10^8 m^3				
	低	中	良	优	最优
南澳	88.60	177.19	221.49	276.86	442.98
潮阳、潮南	3 277.53	6 555.06	8 193.83	10 242.29	16 387.66
澄海	3 261.08	6 522.17	8 152.71	10 190.89	16 305.42
汕头	2 154.25	4 308.50	5 385.63	6 732.04	10 771.26
总和	8 781.46	17 562.92	21 953.66	27 442.08	43 907.32

由表4-4可知，不同地区其生物多样性不同，因而生物栖息地的需水量各异，所以，对于不同地区的水资源配置要针对不同情况进行制订实施。

4.2.2.2　汕头滨海湿地环境需水量的计算

1. 河道内需水量

本研究选取水文指标法中的Tennant法作为河道生态基流的计算方法。该方法认为10%的平均流量是水生生物生存的下限，即最小的河流生态需水量，在达到平均流量的30%或更高时是水生生物的良好到最佳生存条件。我国规定：一般河流采用近10年最枯月平均流量或90%保证率最枯月平均流量（程慎玉等，2005）。

汕头滨海湿地示范区内主要有韩江和榕江两条河道。为了保护河道中的野生动物和有关环境资源，河流流量状况可以按照年平均径流量的10%，20%，30%，40%，80%作为衡量不同级别的河道生态需水量，详见表4-5。

表4-5 榕江、韩江河道的生态需水量

不同等级的河道生态需水量/10^8 m^3	榕江	韩江						总计
		梅溪	新津河	外砂河	莲阳溪	北溪	合计	
低（10%）	2.87	2.73	2.73	7.69	9.42	2.23	24.8	27.67
中（20%）	5.74	5.46	5.46	15.38	18.84	4.46	49.6	55.34
良（30%）	8.61	8.19	8.19	23.07	28.26	6.69	74.4	83.01
优（40%）	11.48	10.92	10.92	30.76	37.68	8.92	99.2	110.68
最优（80%）	22.96	21.84	21.84	61.52	75.36	17.84	198.4	221.36

由表4-5可以看出，要保证汕头滨海湿地河道内的基本生态需水量，所需要的最低水量为27.67×10^8 m^3。

2. 泥沙输运需水量

泥沙输运需水量是指为了维持水沙平衡（主要指冲刷与侵蚀的动态平衡）所需要的生态环境需水量，采用最大月含沙量法，用多年平均输沙量与多年最大月平均含沙量的平均值之商，作为河流汛期输沙需水量，计算式（崔宝山等2002）为：

$$W_{shore}=Q_{bedload}C_{max}^{-1}$$

式中：W_{shore}为输沙需水量（10^8 m^3）；$Q_{bedload}$为多年平均输沙量（10^4 t）；C_{max}为多年最大月平均含沙量的平均值，或者称为水流挟沙能力（kg/m^3）。

表4-6 汕头滨海湿地泥沙输运需水量

不同等级泥沙输运需水量/10^8 m^3	榕江	韩江	总和
低（1/5Q）	5.67	48.27	53.93
中（1/4Q）	7.08	60.33	67.42
良（1/3Q）	9.44	80.44	89.89
优（1/2Q）	14.17	120.67	134.83
最优（Q）	28.33	241.33	269.67

由表4-6可知，韩江、榕江两大水系其泥沙输运需水量最低分别为5.67×10^8 m^3，48.27×10^8 m^3。如果在滨海湿地内多种植具有促淤固沙生态功能的红树林以及其他湿地植被，就可以在一定程度上缓解泥沙输运需水。

3. 盐度平衡需水量

盐度平衡需水量计算采用简化的箱式模型，建立河道流量与河口盐度的相关联系。

计算公式为：

$$W_{salinity} = \lambda V_{estuary}$$

式中：$\lambda = (S_{sea} - S_{estuary}) / S_{sea}$，其中外海盐度 S_{sea} 假定为恒定值；$V_{estuary}$ 为河口外海滨水体体积。汕头沿海的海水表层平均盐度为：春季（3—5 月）33.1‰，夏季（6—8 月）32.8‰，秋季（9—11 月）33.4‰，冬季（12 月—翌年 2 月）33.2‰。计算汕头滨海湿地盐度平衡需水量，并根据 λ 值划分等级，结果见表 4－7。

表 4－7　汕头滨海湿地盐度平衡需水量

不同等级盐度平衡需水量/10^8 m^3	榕江	韩江	总和
低（$\lambda = 0.10$）	1 144.79	1 151.58	2 296.36
中（$\lambda = 0.12$）	1 373.75	1 381.90	2 755.63
良（$\lambda = 0.15$）	1 717.18	1 727.37	3 444.55
优（$\lambda = 0.18$）	2 060.62	2 072.84	4 133.45
高（$\lambda = 0.20$）	2 289.57	2 303.16	4 592.73

由表 4－7 可以看出，榕江、韩江两大水系其最低等级盐度平衡需水量分别为 $1\ 144.79 \times 10^8$ m^3，$1\ 151.58 \times 10^8$ m^3。

4. 稀释净化污染物需水量

湿地净化污染物的原理主要为稀释与自净。计算公式（崔宝山等，2002）如下：

$$dW_{purify} \cdot dt^{-1} = \rho Q_{spot}(t) + \beta Q_{sequence}(t)$$

式中：W_{purify} 为湿地净化需水量；t 为时间；Q_{spot} 为湿地可容纳、可承载的点源污水排放量；$Q_{sequence}$ 为非点源污水进入湿地的总量；ρ 为点源污水的稀释倍数；β 为非点源污水的稀释倍数，稀释倍数的计算根据达标排放浓度与地表水国家标准比值确定。

由 1996—2004 年的环境状况显示，汕头滨海湿地的主要污染超标指标为 COD 和 BOD_5，主要污染物为石油类和氨氮。选取这四种污染物并取水质指标作为计算需水量的不同等级，计算结果见表 4－8。

表 4-8　汕头滨海湿地稀释净化污染物需水量

等级		COD	BOD_5	氨氮	石油类	总和
稀释净化污染物需水量/10^8 m^3	最小	8.825	12.745	34.315	19.61	75.495
	中等	11.765	21.275	45.690	39.22	117.950
	良好	17.645	31.865	68.630	392.17	510.310
	优	23.530	42.455	137.260	392.17	595.415
	最优	23.530	42.455	137.260	392.17	595.415

由表 4-8 可以看出，汕头滨海湿地稀释净化污染物最小需水量为 75.495×10^8 m^3。

4.3　汕头滨海湿地生态环境需水总量及年内变化

4.3.1　汕头滨海湿地生态环境需水总量

汕头滨海湿地生态环境需水总量即各组分需水量相加并扣除兼容部分；植被需水量与土壤需水量属于消耗型需水量，不存在兼容性。滨海湿地盐度平衡需水量、泥沙输运需水量、生物栖息地需水量、湿地河道内需水量与稀释净化污染物需水量存在着重复计算的问题，可以取其最大值。所以，滨海湿地的生态环境需水总量 W_{annual} 的计算公式为：

$$W_{annual} = W_{plant} + W_{soil} + \mathrm{m}\ (W_{shore},\ W_{salinity},\ W_{habitat},\ W_{river},\ W_{purify})$$

汕头滨海湿地生态环境需水量总量统计见表 4-9。

表 4-9　汕头滨海湿地各类生态环境需水量及需水总量统计表

单位：10^8 m^3

等级	最小	中	良	优	最大
植被需水量	2 346.14	2 737.16	3 128.18	3 519.21	3 910.23
土壤需水量	47 995.71	67 194.00	86 392.29	105 590.60	153 586.30
生物栖息地需水量	8 781.46	17 562.92	21 953.66	27 442.08	43 907.32
湿地河道内需水量	276 700	553 400	830 100	1 106 800	2 213 600
泥沙输运需水量	539 300	674 200	898 900	1 348 300	2 696 700
盐度平衡需水量	2 296.36	2 755.63	3 444.55	4 133.45	4 592.73
净化污染物需水量	75.495	117.950	510.310	595.415	595.415
总计（扣除兼容项）	589 641.9	744 131.2	988 420.5	1 457 410.0	2 854 197.0

由表4－9可以看出，各类最小生态环境需水量中泥沙输运需水量值最大，为539 300 × 10^8 m^3，其所占比例也最高。为保证汕头湿地示范区内生态系统维持健康状态，其最小生态环境需水量应控制在589 641.9 × 10^8 m^3以上。

4.3.2 汕头滨海湿地生态环境需水量的年内变化

以湿地河口地区天然径流分布的历史资料为依据，根据河口各月天然径流量占年度总量的比例可以推算出湿地的生态环境各月需水量。计算公式为：

$$W_i = W_{\text{annual}} \cdot \left(\sum_{j=1}^{n} Q_{ji} \Big/ \sum_{j=1}^{n} Q_j\right)$$

式中：W_i 表示湿地各月的生态环境需水量；下标 i 为月份；Q_j 表示不同年度天然径流总量；Q_{ji}表示第 j 年第 i 月的天然径流量；n 为天然径流量统计年数。计算结果见表4－10；图4－1体现了各月生态环境需水量随时间的变化情况。

表4－10 汕头滨海湿地各月生态环境需水量统计表

月份		1	2	3	4	5	6	7	8	9	10	11	12
多年月均径流量占年径流量比例/%		0.034	0.040	0.034	0.042	0.052	0.030	0.133	0.262	0.239	0.058	0.036	0.041
不同等级下月生态环境需水量/10^8 m^3	低	1.99	2.39	1.99	2.47	3.07	1.76	7.86	15.43	14.07	3.41	2.14	2.40
	中	2.52	3.01	2.51	3.12	3.87	2.22	9.92	19.48	17.76	4.30	2.71	3.03
	良	3.34	4.00	3.34	4.15	5.14	2.95	13.17	25.87	23.58	5.72	3.59	4.03
	优	4.93	5.90	4.92	6.12	7.58	4.34	19.42	38.14	34.77	8.43	5.30	5.94
	最优	9.65	11.55	9.64	11.98	14.84	8.51	38.02	74.69	68.09	16.50	10.38	11.62

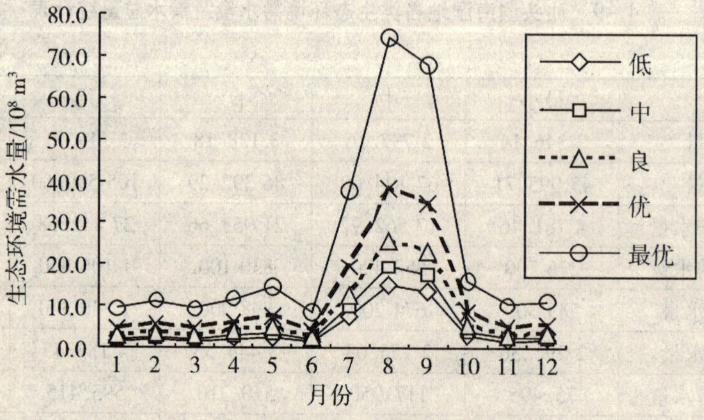

图4－1 不同等级生态环境需水量全年变化图

汕头滨海湿地在7—9月份生态环境需水量比其他月份多。而7—9月份正处于汛期且降水量比较大，显然，这里计算生态环境需水量时没有扣除降水补充，所以在水资源规划时应扣除各月份降水补充的水量，从而得到实际生态环境需水量。

表4-9显示，植被需水量所占的比例较小，是因为该区的植被面积占湿地总面积不到10%，未来年份随着植被保护、造林工程的开展，植被覆盖率将有所增加，可以预计植被生态需水量的数值将会有所上升。目前，汕头滨海湿地的岸线侵蚀情况和河道污染状况较为严重，许多断面的水质状况为Ⅳ类和Ⅴ类水，生态系统健康状况较差，因此未来年份通过上游的植被改造和水土流失状况的控制，尤其是种植具有促淤固沙、净化水体功能的红树植物，则泥沙输运需水量和稀释净化污染物的需水量将会减少。

参考文献

陈玉军，廖宝文，郑松发，等. 2006. 红树植物对不同海滩面高度的适应性研究［J］. 生态科学，25（6）：496－500.

程慎玉，刘宝勤. 2005. 生态环境需水研究现状与进展［J］. 水科学与工程技术，(6)：39－41.

崔保山，杨志峰. 2002. 湿地生态环境需水量研究［J］. 环境科学学报，22（2）：219－224.

崔保山，杨志峰. 2003. 湿地生态环境需水量等级划分与实例分析［J］. 资源科学，25（1）：21－28.

窦明，谢平，马军霞. 2006. 基于GIS技术的生态需水量化研究［J］. 武汉大学学报（工学版），39（1）：6－14.

丰华丽，夏军，占车生. 2003. 生态环境需水研究现状和展望［J］. 地理科学进展，22（6）：591－598.

冯夏清，章光新. 2008. 湿地生态需水研究进展［J］. 生态学杂志，27（12）：2228－2234.

郭跃东，何岩，邓伟，等. 2004. 扎龙国家自然湿地生态环境需水量研究［J］. 水土保持学报，18（6）：163－166.

何克军，常弘. 2005. 广东汕头海岸湿地鸟类群落与多样性的研究［J］. 生态环境，14（5）：746－751.

黄梅，言迎，罗军. 2009. 基于生态保护的洞庭湖湿地生态需水量研究［J］. 湖南农业大学学报（自然科学版），35（6）：685－688.

刘昌明. 2000. 我国西部大开发中有关水资源的若干问题［J］. 中国水利，8：23－25.

刘青松，李杨帆，朱晓东. 2003. 江苏盐城自然保护区滨海湿地生态系统的特征与健康设计［J］. 海洋学报，25（3）：143－148.

陆健健. 1996. 中国滨海湿地的分类［J］. 环境导报，(1)：1－2.

涂向阳，吴天胜. 2009. 典型性湿地系统生态环境需水量研究［J］. 中国农村水利水电，(12)：19－23.

王树功，郑耀辉，彭逸生，等. 2010. 珠江口淇澳岛红树林湿地生态系统健康评价应用［J］. 应用生态学报，21（2）：391－398.

吴信才. 2004. MAPGIS地理信息系［M］. 北京：电子工业出版社.

徐东霞，章光新．2007．人类活动对中国滨海湿地的影响及其保护对策［J］．湿地科学，5（3）：282－288．

杨洁，麻素挺，林年丰，等．2005．吉林西部植被生态环境需水量供需平衡研究［J］．环境科学研究，18（1）：5－8．

杨志峰，崔保山，刘静玲，等．2003．生态环境需水量理论、方法与实践［M］．北京：科学出版社，38－39．

袁一星，宋学峰．2004．水环境信息学［M］．哈尔滨：哈尔滨工业大学出版社．

赵东升，吴正方，商丽娜．2004．洪河保护区湿地生态需水量研究［J］．湿地科学，2（2）：133－138．

张祥伟．2005．湿地生态需水量计算［J］．水利规划与设计，（2）：13－19．

衷平，杨志峰，崔保山，等．2005．白洋淀湿地生态环境需水量研究［J］．环境科学学报，25（8）：119－126．

周林飞，许士国，李青山，等．2007．扎龙湿地生态环境需水量安全阈值的研究［J］．水利学报，38（7）：845－851．

Falkenmark M. 1999. Forward to the future: a conceptual framework for water dependence [J]. AMBIO, 28 (4): 356－361.

Gleick P H. 1996. Water in crisis: path to sustainable water use [J]. Ecological Application, 8 (3): 571－579.

Jowett I G, Richardson J, Bonnett M L. 2005. Relationship between flow regime and fish abundances in a gravel-bed river, New Zealand [J]. Journal of Biology, 66 (5): 1419－1428.

第5章　汕头滨海湿地红树林恢复对潮滩表层沉积物氮、磷的影响

【内容导读】　本章研究了不同树种的红树林恢复对潮滩表层沉积物氮、磷营养元素的影响。结果表明：红树林恢复提高了潮滩表层沉积物中的总氮（Total Nitrogen, TN）、总磷（Total Phosphorus, TP）含量，对潮滩表层沉积物的物理化学性质具有较显著的影响。以光滩为对照，外来树种无瓣海桑和海桑与乡土树种秋茄和桐花树的恢复使表层沉积物中的可交换态氮（IEF-N）、TP 和生物可利用磷（Bioavailable Phosphorus, BAP）含量分别朝着相反的方向移动，即外来树种提高了沉积物中 IEF-N，TP 和 BAP 的含量，而乡土树种使其含量下降。从植物的角度来看，这是外来树种对环境适应的体现；但是从近岸水体与表层沉积物之间营养物质交换关系的角度来看，乡土树种和外来树种的恢复可能导致营养盐在潮滩沉积物－水界面间的迁移和交换过程中存在不同的潜在环境效应。外来树种在这方面体现出来的差异值得引起研究者的注意。

【关键词】　红树林恢复；氮；磷；表层沉积物

红树林是生长在热带、亚热带海岸潮间带的特殊植被，处于海陆交界的敏感带，是重要的海岸湿地类型（Saenger, 2002）。作为重要的海岸湿地类型，红树林生态系统具有保护海岸、调节气候、净化水质和维护系统生物多样性等多方面的生态系统服务功能（Ashton et al. , 2002；林益明等, 2001；陈雪清, 2001；韩维栋等, 2000；陶思明, 1999）。根据 Costanza 等人的研究结果（Costanza et al. , 2002），红树林湿地生态系统的服务价值在全球 16 种生态系统中名列第 4，并与海岸珊瑚礁、盐沼和上升流区生态系统并称世界上四大最高生产力海洋生态系统（林鹏, 2003）。红树林生态系统在营养物质生物地球化学循环中起着非常的重要作用（Dittmar et al. , 2006）。

虽然红树林生态系统是全球生产力最高的生态系统之一，但它却是陆地过渡到海洋的界面生态系统，地处生态环境十分脆弱的海岸带，是一个一旦遭到破坏就难以恢复的脆弱生态系统（牛文元, 1990）。长期以来，由于人们认识水平的不足和对利益的单纯追求，大规模的围涂造陆、毁林建塘、修建码头，以及环境污染和不合理水利工程建设等，使全球红树林资源遭到严重破坏并呈现持续萎缩的趋势（彭逸生等, 2008）。我国海红树林分布面积最大的广东省，1956 年、1986 年和 20 世纪 90 年代初的红树林面积

分别为 21 273 hm^2，3 526 hm^2 和 3 813 hm^2（郑德璋等，2003），最高减少了近 85%。据调查，粤东汕头市地区在 20 世纪 50 年代也曾有 8 000 hm^2 红树林，截至 1999 年调查时仅剩约 140 hm^2（汕头市农业普查办公室，1999）。

所幸，近年来人们开始逐渐认识到红树林生态系统的重要性，特别是在 2003 年印度洋发生海啸事件，更让人感悟到红树林海岸防护带的生态价值。因此，世界各地都采取措施来减缓红树林的退化丧失，并大范围开展红树林恢复工作（Field，1999）。汕头市滨海湿地红树林也在市政府的大力支持下，通过引种秋茄、木榄和无瓣海桑，开展了红树林大面积的种植与保护，使红树林面积有了较大提高。截至 2007 年的调查，汕头市已有红树林沼泽 1 269.33 hm^2，其中澄海区面积最大，有 1 000.00 hm^2，且多为近年种植的。然而，在大面积开展红树林恢复工作的背后，却仍存在着许多问题，如由于缺乏造林技术指导，导致造林成功率很低等（廖宝文等，1996）；而且，目前无论是国内还是国外，红树林恢复大都采用单一树种，并停留在植被恢复水平上，即以植被覆盖为唯一目标，而未系统地考虑红树林恢复后对整个生态系统功能的影响（叶勇等，2006）。红树林恢复会提高土壤黏粒和粉粒含量，降低土壤 pH 值，提高土壤含水率、有机质和营养物含量，显著改善潮滩土壤沉积物的环境状况（Shaifullah et al.，2008；Christopher et al.，2008），进而影响潮滩环境的物质循环和能量流动。由于滨岸潮滩是海陆作用的重要地带，是近岸水体环境中水相与沉积物相之间的转换区，是物理、化学及生物梯度最大的地方（Kuwae et al.，2003；吴丰昌等，1996；Santschi et al.，1990），因此，潮滩沉积物性质的改变，不同赋存形态营养盐的产生，也必然会对近岸水体产生潜在的不可忽视的影响（刘敏等，2007）。

在我国华南地区，红树林恢复所选的树种主要以速生的无瓣海桑和海桑（*S. caseolaris*）为主。目前，关于无瓣海桑和海桑人工林的生态效应尚存争议。吴世捷等（2002）认为，这两种树种有可能影响乡土树种的生长并导致其灭绝，但也有学者认为这两种树种造成生态入侵的可能性不大。与乡土树种相比，无瓣海桑和海桑的长势很好，可以在较短的时间内成林（黄月琼等，2002；昝启杰等，2001）。速生的特性使这两种树种需要从沉积物中吸收更多的营养物质，同时也产生了更多的凋落物，极大程度地改变了潮滩环境因子（李玫等，2003；昝启杰等，2001），其所在林地的营养元素的循环与乡土树种存在较大的差别；与光滩相比，这种差别会更大。在潮滩表层沉积物与近岸水体之间强烈的物质交换过程中，速生的外来树种所带来的环境效应尤其值得关注。迄今为止，国外关于红树林恢复对沉积物影响的研究较少（Perry et al.，2009），国内有学者报告了红树林恢复后对沉积物的影响（曹长青等，2008；曹知勉等，2004；李玫等，2003），但多着眼于研究沉积物性状对于红树植物的适宜程度，以期为成功造林提供科学依据。然而，从物质元素循环和与近岸水体之间的营养物质交换关系来探讨外来红树植物恢复后对沉积物的影响则少有报道。因此，本章将以生态效应尚未明确的无瓣海桑和海桑为主要研究对象，并选用秋茄和桐花树两种乡土树种作对比，研究红树林恢复对潮滩表层沉积物营养元素氮、磷的影响，进而探讨其对近岸水体带来的环境效应。

5.1 红树林生态系统氮、磷元素研究

5.1.1 人工红树林湿地对水体氮、磷的净化效应

在人工生境中，关于红树林生态系统中氮、磷等生源要素的研究主要集中于红树林湿地对水体中氮、磷营养元素的净化效应。陈桂珠等向模拟潮汐湿地中灌注人工合成污水，研究模拟秋茄、桐花树和白骨壤对湿地的净化能力（Miao et al.，2007；Wong et al.，1997a；Chen et al.，1995）。结果表明，在适度污灌的情况下，红树植物生长良好，系统对水体中的N，P营养盐的去除效应显著。此后，这一领域的研究发展很快。例如：Boonsong等（2003）建立了两套规模较大（100 m×150 m）的表面流人工湿地（Free Surface Wetland，FSW），一片只栽培白骨壤，另一片种植了4种红树植物，研究结果表明，单植被湿地对硝态氮（NO_3^--N）、氨态氮（NH_4^+-N）、TN、正磷酸盐（PO_4^{3-}-P）和TP等的去除率分别为37.6%～47.5%，81.1%～85.9%，44.8%～54.4%，24.7%～76.8%和22.6%～65.3%，而多种植物群落湿地对污染物的去除率与单种植物湿地的差异不显著，但不同植物群落是否存在协同作用或化感作用需作进一步研究。靖元孝等（2005）构建了一个人工红树林潜流湿地，结果表明，3种红树植物适应新环境的能力较强，对N，P净化效果也很突出。Yang等（2008）建立连续进水的人工红树林潜流湿地，发现人工红树林湿地平均能够去除50%的TN，60%的NH_4^+-N和60%的TP。在栽种植物对比中，海桑的净化效果最好，NH_4^+-N均能满足排放标准，但是TP仅达到排放标准的28.57%，沉积物中的纤毛类可以作为该湿地净化效果的指示生物（Chen Q H et al.，2008）。Wu等（2008）在小试系统中发现了人工红树林湿地能够去除76.16%～91.83%的NH_4^+-N、47.89%～63.37%的无机氮（IN）、75.15%～79.06%的TN和86.65%～91.83%的TP。彭友贵等（2005）构建了红树林种植－养殖耦合系统，即在滩涂海水养殖塘中种植红树植物，同时放养鱼苗、虾苗和仔蟹等，经水质测定表明，无红树的对照塘的水质为Ⅳ类水质标准，而种植红树的大部分养殖塘的水质为Ⅱ类以上，同时由于水质的优化，种植塘中鱼虾增产明显。以上的研究均是以净化水体污染为主要目标，同时是在非潮汐的条件下进行的。结果显示，在一系列的生境过渡中，红树植物生长良好，系统能够显著地去除营养物质。

在净化机理方面，大部分研究表明，污水中的大部分营养物质被沉积物去除，植物直接吸收较少（Wong et al.，1997a；Wong et al.，1997b）。但也有研究认为，尽管沉积物的吸收能力和土壤微生物的降解能力很强，但毕竟有一定的限度，所以必须用植物与土壤相结合才能实现持续利用（陈桂珠等，2004）。被植物吸收进体内的N，P等营养元素与重金属等有毒元素的去向有所差别。对于N，P等营养元素，研究者发现废水处理使木榄和秋茄的体内N，P含量有极显著的提高，并认为两种植物吸收的N主要累积于地上部，尤其叶片是吸收N的主要器官，但对于P而言，污灌使根部的P显著增加（Ye et al.，2001）。对于重金属元素，植物不会主动吸收，而是体现为一种耐性机制。其耐受机理可能为：第一，部分红树植物的排盐机制以及根中内皮层的凯氏带可以限制重金属由皮层大量进入内部组织；第二，少量进入维管组织的重金属元素可通过与单宁结合沉积于非生理活动部位，故对植株的正常生理功能影响不大；第三，红树植物还可通过大量的凋落物把进入体内的重金属排出体外以起到解毒的作用（Miao et al.，2007）。

5.1.2 自然潮滩红树林氮、磷的环境生物地球化学

在关于自然潮滩上红树林与氮、磷的环境生物地球化学行为的研究中，由于学者们研究的角度不同，得出的结论出入较大。目前，红树林研究领域已有两大观点被广泛认同：第一，红树林以凋落物回归的形式向近岸输出了大量的营养物质和有机质，维持了近岸生态系统的繁荣（林鹏，1997）；第二，红树林作为一种湿地系统，能够净化水质，是氮、磷等营养元素汇集的场所（Miao et al.，2007；Ye et al.，2001；Wong et al.，1997b；Nedwell et al.，1974）。那么，在红树林与近岸水体的营养物质交换关系中，红树林究竟是输入还是输出营养物质以及其通量（Flux）的大小和正负性就成了一个重要的问题。关于这个问题，有研究者发现红树林是汇（Silva et al.，2007；Monroy et al.，1995），也有研究者发现红树林是源（Wattayakorn et al.，1990），此外还有认为两者之间保持平衡等其他观点（Davis et al.，2003；Dittmar et al.，2001；Simpson et al.，1997）。由此可见，不同区域的红树林由于气候、植被、水文状况以及人为干扰等因素的不同，在这个问题上存在差异。因此，关于红树林是近岸水体营养物质的源汇效应目前尚无定论。

Dittmar等（2001）发现红树林沉积物中的营养物质输出只发生在空隙水的营养含量超过生物（植物和微生物）所需时。此时微生物固氮率较高，空隙水中的N，P营养盐的浓度高于上覆水，水力条件也比较适合。最终表现为潮沟里的营养元素的含量受空隙水的影响，含量随潮汐而变，并且在最低潮时含量最高。有研究者认为，红树林沉积物是总无机氮（TIN）、溶解性有机碳（DOC）和PO_4^{3-}-P重要的潜在来源，其中PO_4^{3-}-P

较容易被沉积物吸收，但是含盐度高的海水的渗透导致沉积物中 PO_4^{3-}-P 的释放。与磷不同的是，IN 容易在沉积物发生转化，沉积物中的有机碎屑被好氧和厌氧微生物转化成为 NH_4^+-N，在氧充足的情况被进一步氧化成为 NO_2^--N 和 NO_3^--N（Akamatsu et al.，2009）。有研究者认为，在沉积物中的还原性环境（Prasa et al.，2008），硝化反应受到了抑制。但这个问题因沉积物的深度不同而异。对于表层沉积物，在高潮的时候，由于含氧海水的渗透，硝化反应发生，潮沟里的 NO_3^--N 和 NO_2^--N 浓度上升而 NH_4^+-N 下降；对于较深层的沉积物，空隙水的无机氮的浓度小于潮沟里无机氮的浓度（除了表层），所以无机氮不容易通过地下水向潮沟中扩散（Akamatsu et al.，2009）。

综上可知，红树林潮滩的生源要素的环境生物地球化学过程与一般自然潮滩相比没有本质的区别，但是由于生物扰动较大，包括植物吸收、凋落物回归和底栖动物扰动等，使该环境生物地球化学过程显得更加复杂，研究难度加大，因此，关于自然潮滩上红树林沉积物对氮、磷等营养物质的源汇效应的研究还有待进一步开展。

5.2　研究地点与研究方法

以汕头人工红树林湿地为主要研究场所，选择在华南地区生态效应尚不明确的无瓣海桑和海桑作为主要研究对象，以光滩为对照，同时选用秋茄和桐花树两种乡土树种作适当的对比，研究人工红树林湿地表层沉积物的生源要素氮、磷的环境生物地球化学行为，追踪其在华南地区的环境效应，探讨其对近岸水体富营养化的影响。

5.2.1　样地选择

共选用 3 个样地，分别位于汕头市澄海区的义丰溪河口、外砂河口和汕头市濠江区的苏埃湾（见图 5－1）。汕头市全市海岸线长 289 km，北回归线横贯全境，属亚热带海洋气候，冬无严寒，夏无酷暑，样地的概况以及选择原因如下：

（1）义丰溪河口的无瓣海桑林（23°33′N，116°53′E）：位于距离汕头市较远的北边缘澄海区义丰溪入海口，长约 2 km，宽约 0.5 km，植物群落以无瓣海桑为主，中间伴生有一片较小的秋茄林，其中无瓣海桑林恢复约 9 年（2000 年初人工种植），伴生恢复秋茄林约 11 年（1998 年初人工种植），两者地质、水文条件大致相同。

（2）外砂河口无瓣海桑－海桑林（23°22′N，116°48′E）：位于距离汕头市较近的北郊区外沙河入海口，主要植物群落为无瓣海桑和海桑，面积约 33 hm^2，1998 年人工种植，恢复 11 年。

（3）苏埃湾桐花树林（23°18′N，116°43′E）：天然桐花树次生林紧邻汕头市区和汕头港，面积约 10.7 hm^2，伴生有极少量的秋茄、木榄、老鼠簕（*Acanthus ilicifolius*）

和白骨壤等。

选择苏埃湾天然桐花树林是为了增加对比乡土树种的类型，避免由单一乡土树种秋茄的个性或特殊性而影响本研究结论的科学性，提高研究中乡土树种与外来树种恢复形成沉积物差异对比的可信度。本研究所选红树林恢复样地约10年生，都已经具备一些天然林的性质（曹长青等，2008），因此，天然桐花树林的选择与对比具有一定的科学意义。

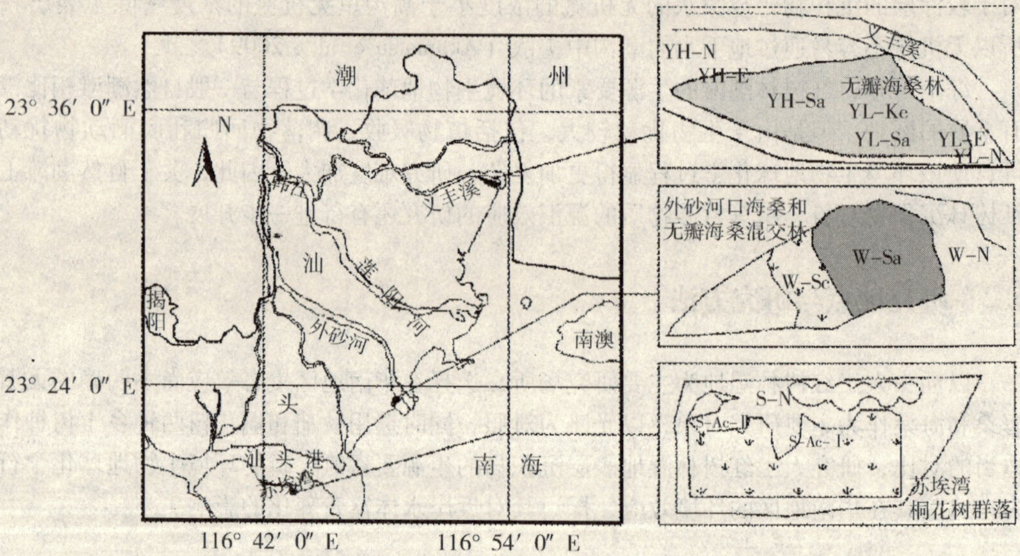

图5-1　汕头滨海湿地三种红树林湿地表层沉积物采样站位置

5.2.2　样品采集与分析

样品采集于2008年10月，根据研究目的确定具体采样站位置，分别是：义丰溪河口7个站位，外砂河口3个站位，苏埃湾3个站位，其中义丰溪河口分高低潮位两个地貌采集，见图5-1。各样地的采样方法基本上按“林内-林缘-光滩”来进行，有些地方由于林内和林外的界限模糊，放弃林缘的采集。在设定的站位点10 m×10 m范围内随机采集三个重复样品。因为表层沉积物与近岸水体存在着强烈的物质交换作用，因此，采0～5 cm深的表面土层（撇除凋落物和其他杂质）。

沉积物土壤样的分析项目包括表征土壤理化性质的有机质、粒度、氧化还原电位、pH和全硫（S）等和本章的主要研究对象，表征恢复林土壤营养盐的赋存形态的TN、铵态氮（NH_4^+-N）、硝态氮（NO_3^--N）、TP和无机磷各级形态。沉积物中无机磷的形态比较复杂，从沉积物中磷的稳定性和释放的可能性角度考虑，本研究无机磷的分级提取结合该地区沉积物理化学性质并参考 Ruttenberg（1992）和李悦等（1998）的方法，将无机磷分为弱吸附态磷（Ads-P）、铝结合态磷（Al-P）、铁结合态磷（Fe-P）、自生磷灰石及钙结合态磷（CFAP + Ca-P）和闭蓄态磷（Oc-P）。具体提取方法见表5－1，总有机磷为总磷和总无机磷之差（刘敏等，2007）。各项目测定方法见表5－2。

表5－1　沉积物中无机磷的形态分级和提取方法

磷的形态分级	提取方法
弱吸附态磷（Ads-P）	1 mol/L NH_4Cl，固液比1∶10，振荡1 h，离心分离测定
铝结合态磷（Al-P）	0.5 mol/L NH_4F 溶液，pH = 8.2，振荡1 h，离心分离测定
铁结合态磷（Fe-P）	0.5 mol/L NaOH + 0.05 mol/L Na_2CO_3 溶液，振荡4 h，离心分离上清液测定
闭蓄态磷（Oc-P）	0.3 mol/L NaCit + 1 mol/L $NaHCO_3$ + 1.125g Na_2SO_4（pH = 7.6），搅拌15 min 后加入0.5 mol/L NaOH，后同上
自生磷灰石及钙结合态磷（CFAP + Ca-P）	0.25 mol/L NaAC-HAc（pH = 4.0）溶液，振荡6 h，离心分离测定

表5－2　实验分析项目与方法

样品类型	分析项目	分析方法	引用标准或文献
沉积物土壤	有机质	水合热重铬酸钾氧化－比色法	土壤农业化学分析方法
	粒度	用 LS13 320 激光粒度仪测定	曹启民（2009）
	氧化还原电位	铂电极现场测定	土壤农业化学分析方法
	pH	电位法（pH 计）	土壤农业化学分析方法
	S	硝酸镁氧化－硫酸钡比浊法	土壤农业化学分析方法
	TN	凯氏定氮法	土壤农业化学分析方法
	NH_4^+-N	靛酚蓝比色法	土壤农业化学分析方法
	NO_3^--N	镉柱还原法	土壤农业化学分析方法
	TP	酸溶－钼锑抗比色法	土壤农业化学分析方法
	各级形态磷	钼锑抗比色法	土壤农业化学分析方法

5.3　红树林恢复对沉积物环境物理化学特征的影响

河口滨岸潮滩是陆地和海洋之间相互作用的重要地带。与湖泊、河流及海洋相比，由于受咸淡水交替变化、干湿交替变化和冲淤交替变化等陆海交互作用的影响，河口滨岸潮滩环境的各种物理、化学和生物因子复杂多变，泥沙运移和物质交换频繁，理化因素梯度变化大。

5.3.1 氧化还原电位

氧化还原电位（Eh）是用来表征沉积物氧化还原特性的最基本参数。汕头市红树林潮滩表层沉积物氧化还原电位空间分布变化范围为 +50 ～ +300（见表 5 – 3），大部分为弱还原环境，最高值出现在义丰溪低潮滩（YL-Sa），最低值出现在外砂河口的光滩（W-N）。这三个采样点的共同之处在于林内的 Eh 值都显著高于光滩对照点，由此可知：红树林恢复显著地提高了沉积物的 Eh，这主要是由于植物根际泌氧造成的，光合作用产生的氧经由红树植物的叶 – 茎 – 根通道扩散至沉积物中，提高了沉积物的氧化还原电位（Petersen et al.，1997）。

表 5 – 3　样点沉积物环境物理化学特征

采样点	有机质/%	平均粒径/μm	中值粒径/μm	pH	Eh/mV
外砂河口（海桑林）W-Sc	3.24	5.505	5.357	4.97	193
外砂河口（无瓣海桑林）W-Sa	2.79	4.650	4.701	4.05	145
外砂河口（光滩）W-N	2.19	2.581	3.826	5.86	67
苏埃湾（桐花树林内 I）S-Ac-I	2.21	7.227	7.170	3.88	182
苏埃湾（桐花树林内 II）S-Ac-II	3.29	4.917	4.753	3.74	147
苏埃湾（光滩）S-N	2.53	7.053	7.062	6.39	110
义丰溪高潮滩（无瓣海桑林）YH-Sa	3.47	6.115	5.616	5.37	210
义丰溪高潮滩（林缘）YH-E	3.43	5.925	5.791	5.83	217
义丰溪高潮滩（光滩）YH-N	2.43	7.047	7.100	6.16	85
义丰溪低潮滩（无瓣海桑林）YL-Sa	3.60	6.672	6.503	5.59	296
义丰溪低潮滩（林缘）YL-E	3.11	7.070	7.114	6.16	118
义丰溪低潮滩（秋茄林）YL-Kc	3.05	6.512	6.451	4.64	201
义丰溪低潮滩（光滩）YL-N	2.55	5.910	5.991	6.49	132

5.3.2 pH 和硫

如表 5 – 3 所示，各采样点，林内的 pH 值均低于光滩对照点，红树林恢复降低了表层沉积物的 pH 值，情况最为显著的是苏埃湾的桐花树林。红树林恢复使表层沉积物 pH 降低的主要原因为：在生长过程中，红树林不断从沉积物 – 海水体系中吸收 SO_4^{2-}，当红树林枯枝落叶归还土壤后，含硫红树林残体分解产生黄铁矿，黄铁矿氧化产生 H^+ 和 SO_4^{2-}，使沉积物呈酸性。所以，红树林沉积物是典型的酸性硫酸盐土。为进一步验证这种观点，本研究进一步测定了各采样点中S的含量，发现S含量和pH值之间存在着较好的负相关关系，见图5－2（$r=-0.552$，$p=0.050$，$n=13$），这与钟继洪（2003）的研究结论基本一致。尽管红树林林内沉积物pH与光滩相比均有所降低，但乡土树种（桐花树和秋茄）与外来树种（无瓣海桑和海桑）在此体现出差异，即乡土树种林内沉积物pH降低的幅度更大。

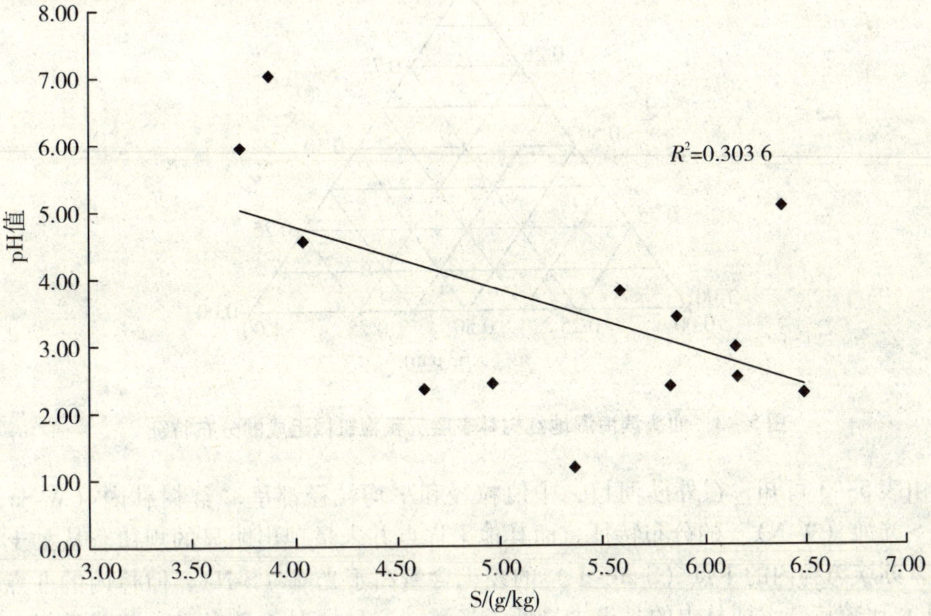

图5－2　表层沉积物S含量与pH值的关系

使用下面公式计算红树林恢复使pH值降低的百分比（A）：

$$A=\frac{pH_{林内}-pH_{光滩}}{pH_{光滩}}\times 100\%$$

结果表明，苏埃湾的桐花树林（S-Ac-Ⅰ和S-Ac-Ⅱ）pH值降低的比例最大（$A=40.38\%$），其次是义丰溪低潮滩的秋茄林（YL-Kc）（$A=28.62\%$），而无瓣海桑林和海桑林降低的幅度较小，其中降幅最大为外砂河口海桑林（W-Sc）（$A=23.07\%$），而义丰溪高、低潮滩的无瓣海桑林（YH-Sa和YL-Sa）分别只降低了12.95%和13.87%。这种来源于种间的差异可能对环境具有潜在的影响。

5.3.3 机械组成

红树林沉积物同时受到陆地和海洋因素的影响，对沉积物机械组成的研究有助于了解该环境的组成、沉积特点（Prasa et al.，2008）。粒径的数据显示（见图5－3），12个采样点（义丰溪低潮滩光滩数据缺失）的沉积物中有8个点为粉砂，5个点为砂，未见黏土。

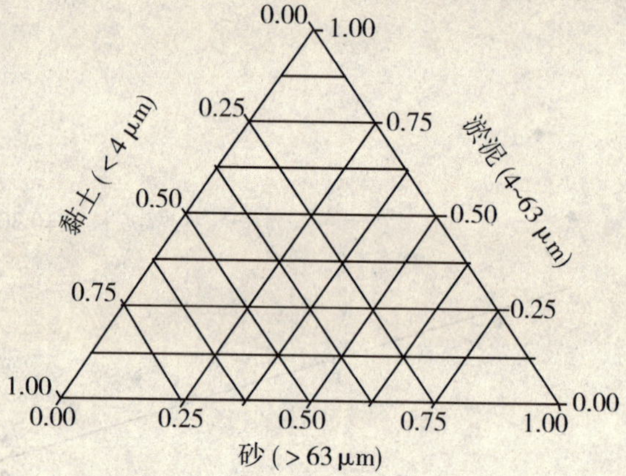

图5－3　汕头滨海湿地红树林表层沉积物机械组成的分布特征

由表5－3可知，在外砂河口，中值粒径和平均粒径都呈“红树林内（W-Sa，W-Sc）>光滩（W-N）”的分布特征，而其他采样点并未呈现出明显的规律。从黏土含量来看，苏埃湾林内的Ⅰ点（S-Ac-Ⅰ）的黏土含量高于光滩（S-N），但林内的Ⅱ点（S-Ac-Ⅱ）比较特殊，即林内的黏土含量低于光滩，这种情况与义丰溪高潮滩类似，可能与这点表层沉积物的机械组成的本底值有关；在义丰溪低潮滩（光滩值数据缺失），三个采样点均为黏土质粉砂，情况与上述的苏埃湾林内的Ⅱ点（S-Ac-Ⅱ）和义丰溪高潮滩有一定程度的类似，其原因有待进一步研究。

5.3.4 有机质

红树林沉积物的有机质（OM）具有重要的环境意义：一方面，有机质的生物地球化学循环对维持河口生态系统高生产力和高生物量具有极为重要的生态意义；另一方面，这部分有机质的矿化可能使其中的氮、磷等营养元素重新释放而进入水体，对近岸水体的富营养化起到潜在的影响。

从表5－3中可以看出，三片研究样地恢复红树林的有机质的分布相对比较复杂，但总体上都呈“林内 > 林边 > 光滩”的分布。在外砂河口，沉积物中有机质分布情况表现为“海桑林（W-Sc）> 无瓣海桑（W-Sa）> 光滩（W-N）”，海桑林（W-Sc）的值高于无瓣海桑的原因主要可能是由 2008 年初的寒害所致。海桑比无瓣海桑更不耐寒，低温导致其产生较正常气温下更多的凋落物，最终提高了表层沉积物中有机质的含量；在苏埃湾，光滩的有机质的含量显著高于林内和边缘，这可能与光滩更接近周围的水产养殖塘而受到更多的面源污染有关；在义丰溪，有机质含量呈“林内 > 林边 > 光滩”的分布，并且无瓣海桑林（YL-Sa）高于秋茄林（YL-Kc）。本研究的结果与 Prasad 等（2008）发现林内的有机碳（OC）高于河口沉积物的结果一致，其原因主要是受凋落物的影响，凋落物的大量回归显著地提高了沉积物中有机质的含量。

综上所述，汕头潮滩红树林恢复提高了表层沉积物的氧化还原电位（Eh）和有机质（OM）含量，使所有表层沉积物处于弱还原环境（0 ~ 200 mV），相关性分析表明，Eh 和 OM 存在极显著相关（$r = 0.738$，$p = 0.004$，$n = 13$），这与前人研究（刘敏等，2007）完全相反：一般而言，沉积物中有机碳含量愈高，有机质还原得到的低价铁、锰、硫等物质的量愈大，沉积物的氧化还原电位愈低，沉积物的还原性愈强。然而，本研究的对象是潮滩表层沉积物，在受凋落物的影响下，红树林内的有机质会出现不断累积的情况，因而有机质含量相对较高；另一方面，由于表层沉积物与空气直接接触，加之红树植物海桑和无瓣海桑气生根呼吸作用的结果，同时提高了沉积物的氧化性，最终使 Eh 总体上升高了。OM 与 Eh 之间为极显著正相关，在一定程度上表明红树林沉积物相对于一般潮滩沉积物具有更复杂的生态过程。

pH 值数据显示，红树林的恢复降低了表层沉积物的 pH 值，其中，桐花树和秋茄降低的百分比较大，无瓣海桑和海桑降低的百分比较小。

另外，表层沉积物机械组成分析表明，恢复红树林的沉积物以粉砂为主，但总体上，各点之间的粒径组成和分布未表现出明显规律，且沉积物粒径与其他理化性质之间没有明显的相关性。

5.4　红树林恢复对潮滩表层沉积物氮素的影响

氮作为影响富营养化发生的关键元素之一，在潮滩复杂环境条件下的营养盐循环研究中占有重要地位。河口滨岸潮滩沉积物是生源要素氮重要的蓄积库或汇，对近岸水体具有很强的环境净化功能。同时，河口滨岸又处于典型的海陆交互地带，各种理化因子具有多边性和复杂性，潮滩沉积物（尤其是表层沉积物）与近岸水体存在剧烈的物质交换过程，该生态过程导致潮滩沉积物在一定程度上充当氮源的作用，不断向上覆水释放氮素。而沉积物中不同赋存形态的氮素具有不同的生物有效性，对上覆水体富营养化的发生具有潜在的不可忽视的影响。因此，潮滩表层沉积物中氮素的赋存形态及其时空变化具有重要的环境意义。红树林恢复显著地改变了潮滩表层沉积物的环境物理化学特征，进而可能对其中氮素的环境生物地球化学过程产生重大影响，研究红树林恢复后对表层沉积物中氮素的影响，有利于探讨其对近岸水体富营养化潜在的环境效应。

5.4.1 红树林恢复对表层沉积物总氮的影响

由图5－4和图5－5可知，表层沉积物TN含量为0.6～2.5 g/kg。本研究所测得的TN的含量与其他地区红树林沉积物的含量（见表5－4）相接近（Silva et al.，2007；李玫等，2003；Li，1997）。从整体上看，各样地基本上呈“林内＞林缘＞光滩”，这与前人的研究结果（Silva et al.，2007；李玫等，2003；Li，1997）一致。

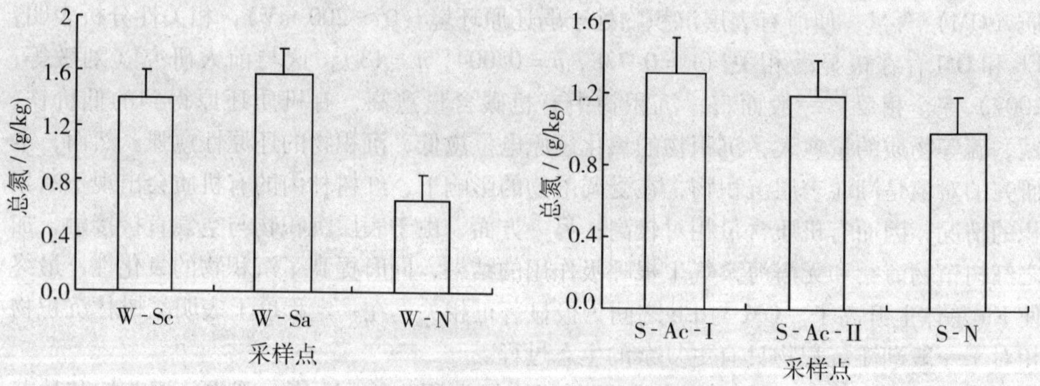

图5－4 外砂河口（左）和苏埃湾（右）的表层沉积物总氮含量

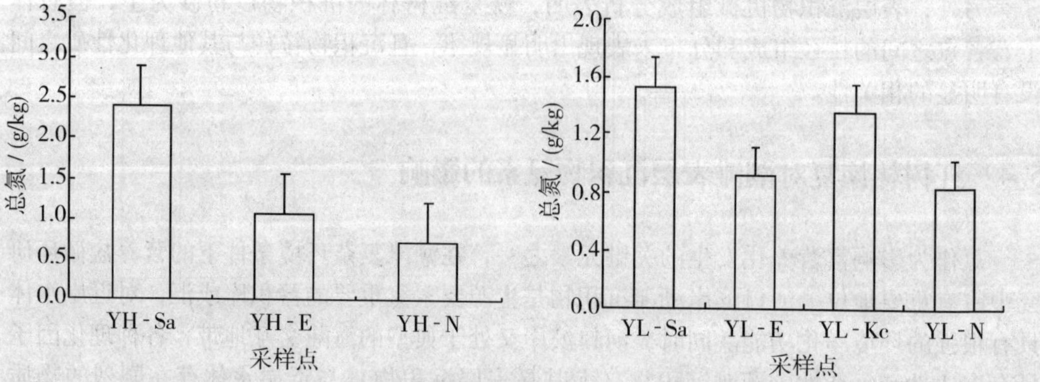

图5－5 义丰溪高潮位潮滩（左）和低潮位潮滩（右）的表层沉积物总氮含量

表5-4　部分地区红树林土壤总氮（TN）的含量

地点	种名	深度/cm	TN/（g/kg）
外砂河口	无瓣海桑+海桑	0～5	1.398
苏埃湾	桐花树	0～5	1.312
义丰溪口	无瓣海桑	0～5	2.408
深圳福田	桐花树	0～30	1.327
深圳福田	秋茄	0～30	1.394
福建九龙江	白骨壤	0～20	2.100
海南东寨港	秋茄	0～30	0.874
海南东寨港	无瓣海桑	0～30	0.876
巴西波滕日河口	大红树	0～25	2.240

由相关分析可知，TN与OM之间为显著相关（$r=0.579$，$p=0.038$，$n=13$），这说明凋落物的回归提高了表层沉积物的有机质含量，进而使总氮的含量升高。其中，总氮含量最高的为义丰溪高潮滩（YH-Sa），这与该点无瓣海桑大量的凋落物有关；同时，该点潮位较高（高于YL-Sa），能够减少潮汐冲刷，有利于有机质的积累。此外，总氮含量较高的还有外砂河口的海桑林（W-Sc）和义丰溪低潮滩（YL-Sa），其植物优势种分别为海桑和无瓣海桑。

关于无瓣海桑恢复对沉积物TN的影响，前人已进行过研究。李玫等通过对海南东寨港5年生的无瓣海桑人工林和14年生的秋茄人工林的研究，发现营造红树林促进了沉积物对N，P，K和有机质等的吸收、累积，本研究结果与之一致，且外来树种无瓣海桑的潜在能力远大于乡土树种秋茄。然而必须指出，沉积物TN的提高与其性状的优劣并无必然的关系。一方面，对植物而言，TN的提高并不一定意味着植物可吸收养分的增加。尽管红树林土壤中TN和TP的含量要远高于陆地森林，但不能就此证明其肥力大，因为大部分的氮、磷是不溶或难溶的，植物很难直接利用（Li，1997），红树植物经常处于“氮、磷饥渴”状态。也正是由于这样，一旦有外来营养源，如生活污水，在一定范围内，红树植物的生长反而得到促进（Yang et al.，2008；Wu et al.，2008；Wong et al.，1997a）。另一方面，对于近岸水体而言，氮是造成富营养化的主要因子，红树林沉积物中氮素的释放可能是近岸水体中氮的来源之一。也就是说，在红树林沉积物中，氮素在环境中会造成两方面的影响，这也正是红树林与陆地森林的区别之一。Silva等（2007）研究凋落物中的N素在分解期间的释放速率。结果表明，凋落物在沉积物表面停留时间在15 d内时（Silva et al.，2006），凋落物向水体中释放的N和P的量很少，分别只有1.6 kg N/（ha·a）和0.5 kg P/（ha·a）。该研究对15 d（停留时间）内凋落物的N和P的释放作了较合理的估算，但没有对15 d（此时有部分凋落物已经转化成为有机质）后N和P的归趋转化作进一步的研究。然而，这部分有机质与近岸水体仍然存在着密切的关系。因此，必须对表层沉积物中N和P的形态作进一步的研究。

5.4.2 红树林恢复对表层沉积物中离子交换态氮的影响

滨岸潮滩是生源氮素重要的源和汇，由于地处海陆交互带，各种理化因子具有多变性和复杂性，红树林潮滩还存在着强烈的生物扰动，这些因素导致潮滩沉积物在一定程度上能够充当营养源的作用，向上覆水体释放营养盐。因此，研究沉积物中营养盐的赋存形态、分布特征及影响因素具有重要意义。在氮的赋存形态中，离子交换态氮（IEF-N）是与沉积物结合能力最弱的吸附态氮，是沉积物中最活跃的部分（Dai et al.，2007），因此也是所有形态中对近岸水体富营养进程作用最为直接的形态。红树林恢复改变了林地的环境条件，进一步加剧了环境的复杂程度，可能对IEF-N产生显著的影响。

5.4.2.1 红树林恢复对沉积物 NO_x^--N 的影响

如图5-6和图5-7所示，在外砂河口，无瓣海桑林（W-Sa）表层沉积物中 NO_x^--N的含量显著高于海桑（W-Sc）和光滩（W-N）（$p<0.05$），海桑林（W-Sc）和光滩（W-N）差异不显著；在苏埃湾，其大小顺序为光滩（S-N）>林内II（S-Ac-II）>林内I（S-Ac-I），均呈显著性差异（$p<0.05$）；在义丰溪口高潮滩，林内（YH-Sa）和光滩（YH-N）NO_x^--N的含量显著高于边缘（YH-E），其分布与其他采样点相比较为特殊，原因有待进一步研究；在义丰溪低潮滩，无瓣海桑林内 NO_x^--N的含量（YL-Sa）显著高于林边和光滩，秋茄林（YL-Kc）刚好相反，其 NO_x^--N含量显著低于光滩（YL-N）。义丰溪低潮滩 NO_x^--N的含量整体上呈无瓣海桑林林内>林缘>光滩>秋茄林的趋势。对于无瓣海桑和海桑，除义丰溪高潮滩外（YH-Sa），各采样点林内 NO_x^--N的含量都显著地高于同一潮位的光滩（$p<0.05$），而对于秋茄和桐花树而言，情况刚好相反。综上可以看出，以光滩为对照，外来种（Sa，Sc）和乡土种（Ac，Kc）的恢复使表层沉积物中的 NO_x^--N分别朝着相反的方向发展。

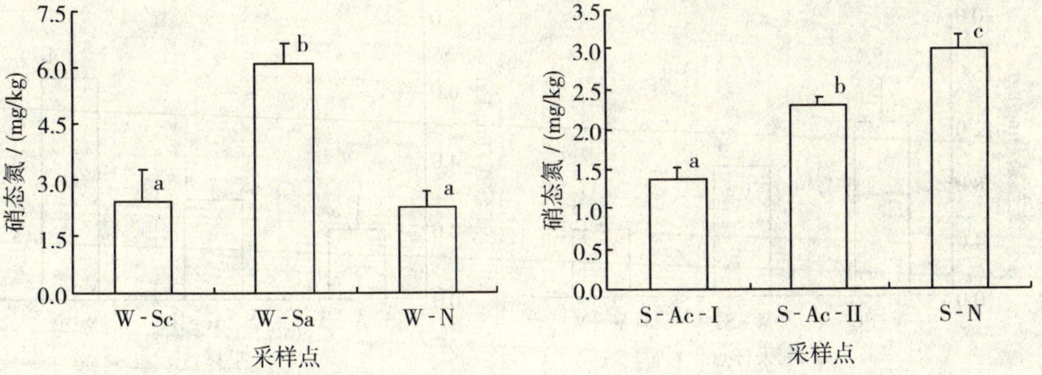

图5-6 外砂河口（左）和苏埃湾（右）的表层沉积物 NO_x^--N 的含量

柱上不同字母表示两两之间差异显著性，相同字母即为差异不显著，下同

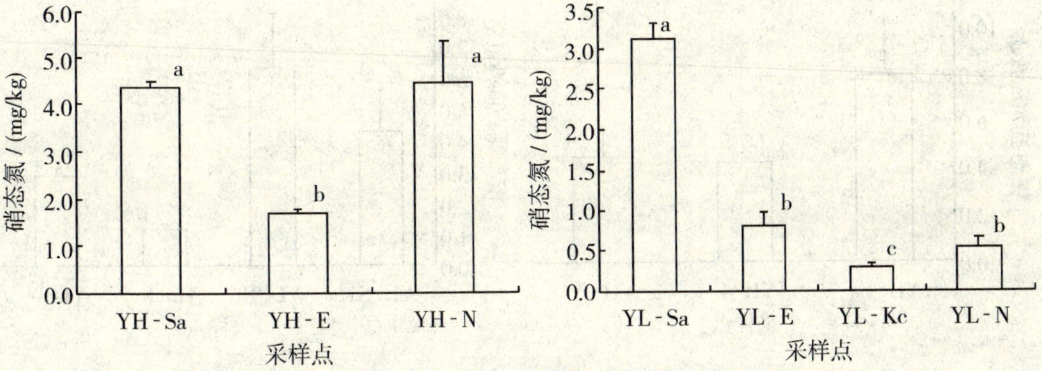

图5-7 义丰溪高潮位潮滩（左）和低潮位潮滩（右）的表层沉积物 NO_x^--N 的含量

5.4.2.2 红树林恢复对沉积物 NH_4^+-N 的影响

与 NO_x^--N 相比，NH_4^+-N 在沉积物中容易被胶体吸附，部分进入2∶1型的黏土矿物晶层固定，因此，NH_4^+-N 在沉积物中的移动性相对较小。然而，由于海水中含有大量的 K^+ 离子，而 K^+ 与 NH_4^+ 的直径相当，所以，当黏土矿物的层间被 K^+ 所饱和后，就会影响 NH_4^+ 的进入，甚至可以将 NH_4^+ 从黏土矿物中置换出来，因而使 NH_4^+ 的移动性大大增强；另外，红树林沉积物较低的pH值使 NH_4^+ 的移动性也趋向于略微增加。再者，由于红树林沉积物环境的还原性较强，所以 NH_4^+ 的含量要高于 NO_x^--N。因此，研究红树林表层沉积物与上覆水体之间的关系时，NH_4^+-N 是一种非常重要的形态。

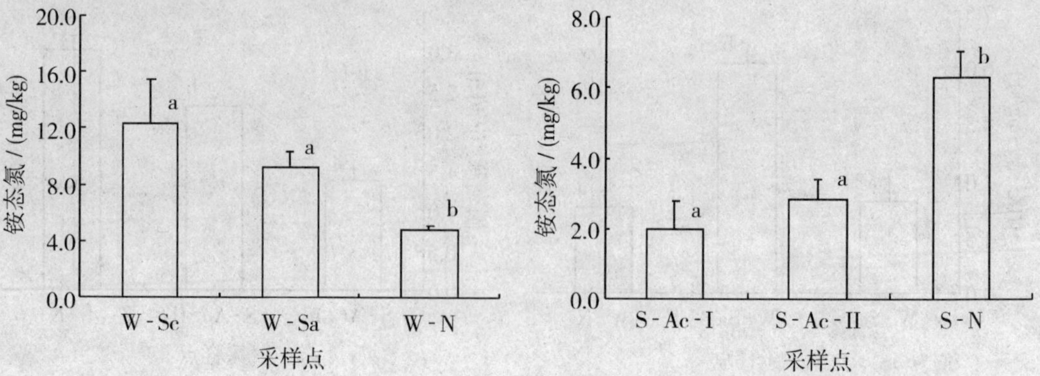

图 5－8　外砂河口（左）和苏埃湾（右）的红树林湿地土壤 NH_4^+-N 的含量

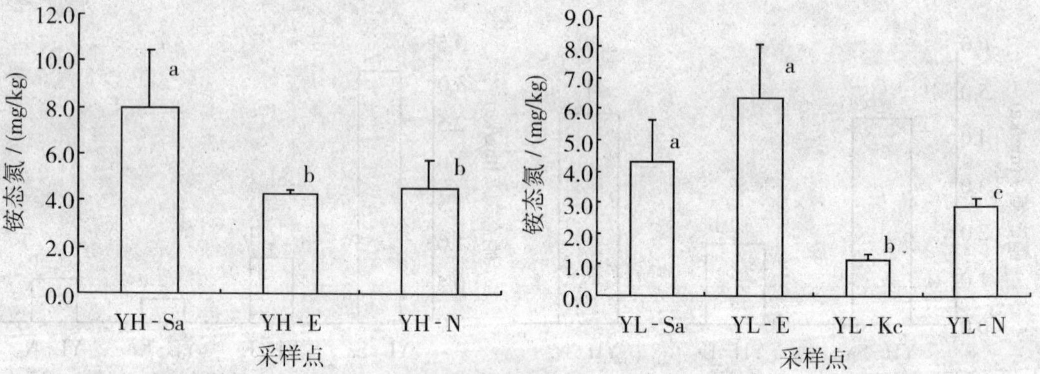

图 5－9　义丰溪高潮位潮滩（左）和低潮位潮滩（右）的红树林湿地土壤 NH_4^+-N 的含量

由图 5－8 和图 5－9 可知，在外砂河口，海桑（W-Sc）和无瓣海桑（W-Sa）的 NH_4^+-N 含量均高于光滩（W-N），都呈显著性差异（$p < 0.05$），但树种之间差异不显著；在苏埃湾，桐花树林内（S-Ac-I）的 NH_4^+-N 含量显著低于光滩（S-N）（$p < 0.05$），林内 I（S-Ac-I）和林内 II（S-Ac-II）差异不显著；在义丰溪高潮滩，无瓣海桑林内（YH-Sa）的 NH_4^+-N 含量显著高于边缘（YH-E）和光滩（YH-N），边缘和光滩差异不显著；在义丰溪低潮滩，无瓣海桑林内（YL-Sa）和林缘（YL-E）的 NH_4^+-N 含量显著高于光滩，光滩的 NH_4^+-N 含量显著高于秋茄林（$p < 0.05$）。曹知勉等（2004）对福建厦门人工恢复的秋茄幼林进行研究，发现无机 N 含量比光滩沉积物含量低，其中以 NH_4^+-N 最为显著，并认为这是由于植物强烈吸收无机氮所造成的。这与本研究中的桐花树林和秋茄林的结果一致。

5.4.2.3　小结

由上述可知，以光滩为对照，外来树种（Sa，Sc）和乡土树种（Ac，Kc）的恢复使表层沉积物中的IEF-N分别朝着相反的方向发展。这具有两方面的生态意义：第一，对植物而言，这是有利的改变。IEF-N能够被植物根系直接吸收，其含量的提高是营养状况改善的标志。从总体上看，无瓣海桑和海桑林的恢复提高了IEF-N的含量，这与这两种外来种速生的特性一致。无瓣海桑和海桑的生长速度快，因而需要吸收更多的营养，可利用养分的增加也是这两种外来种适应环境的体现。研究者多从光照、化感、盐度和水淹等角度来研究外来树种（Sa，Sc）与乡土树种的种间竞争关系（Chen L Z et al.，2008），本研究的结果将为解释这两种外来种在种间竞争中占优势提供新的依据和思路。第二，对近岸水体的富营养化而言，这是不利的改变。IEF-N能够以孔隙水为介质，在浓度梯度的驱动下在沉积物—海水界面发生物质迁移。因此，IEF-N含量的升高将有可能使其从潮滩沉积物向近岸水体迁移扩散。从红树林沉积物与近岸水体中N元素的物质交换关系来看，速生的外来种（Sa，Sc）所起的环境效应将可能不如乡土树种（Ac，Kc），甚至有可能是近岸水体中生源氮素的来源之一。外来树种（Sa，Sc）在这方面体现出来的差异值得引起研究者的注意。

5.4.3　表层沉积物中可交换态无机氮的主要影响因素

经分析可知，NH_4^+-N与TN之间具有较好的相关性（$r=0.512$，$p=0.074$，$n=13$），而有机氮是潮滩沉积物中TN的主要赋存形态，结合前面所提到的OM含量与TN之间的显著相关关系，可以推测，在其他环境因素相近的情况下，凋落物通过塑造OM的空间分布，造成了TN在不同样点间的差别，并通过TN中有机氮的氨化作用最终引起IEF-N的空间分布出现差异。然而，值得注意的是，OM与TN显著相关，TN与NH_4^+-N显著相关，但是OM与NH_4^+-N的相关性较差，同时，NH_4^+-N与其他因素的相关性也较差，这与其他在潮滩上的研究结论不一致（刘敏等，2007；Dai et al.，2007），从而进一步说明了与一般潮滩对比，红树林生态系统更加复杂。红树林沉积物除了受到海陆交接带来的环境因子的复杂性之外，还面临植物吸收、凋落物回归、底栖动物扰动和人为干扰等因素的影响。因此，可交换态无机氮（IEF-N）的空间差异是受多因素共同控制的结果。其中，蟹类的扰动是一个不可忽视的因素。蟹类通过掘穴增加了沉积物中氧气的含量，加剧了氮的氨化作用与硝化作用之间的耦合，促进了沉积物中有机氮向NH_4^+-N转化，NH_4^+-N向NO_x^--N转化（侯立军等，2004）。外砂河口的无瓣海桑和海桑林的平均蟹洞为28 ind./m^2，义丰溪口的无瓣海桑林内的平均蟹洞为76 ind/m^2，而义丰溪口的秋茄林中蟹洞的数量很少，苏埃湾的桐花树林内并未发现蟹洞（彭逸生，2008）。此外，pH 值的变化也是一个可能的因素。从前面的研究结果可知，红树林恢复能够降低沉积物的 pH 值，且乡土树种（Ac，Kc）与外来树种（Sa，Sc）在此体现出差异：苏埃湾的桐花树林降低的比例最大，其次是义丰溪的秋茄林，无瓣海桑林和海桑林降低的幅度较小。因此，桐花树林和秋茄林表层沉积物中较低的 pH 值，可能抑制了微生物的活性，进而降低了氨化速率，阻碍了有机氮向 NH_4^+-N 的转化。

综上可知：在其他环境条件相近的情况下，凋落物量的差异是造成 IEF-N 空间分布差异的根本因素，沉积物中有机氮的氨化速率对 IEF-N 空间分布差异具有直接影响。蟹洞密度的不同和 pH 值差异都对氨化速率带来影响，进而加剧了这个过程的复杂性。

数据还表明，NH_4^+-N 和 NO_x^--N 呈显著性相关，反映出部分 NH_4^+-N 的硝化反应可能是控制 NO_x^--N 空间变化差异的直接因素（见图 5－10）。

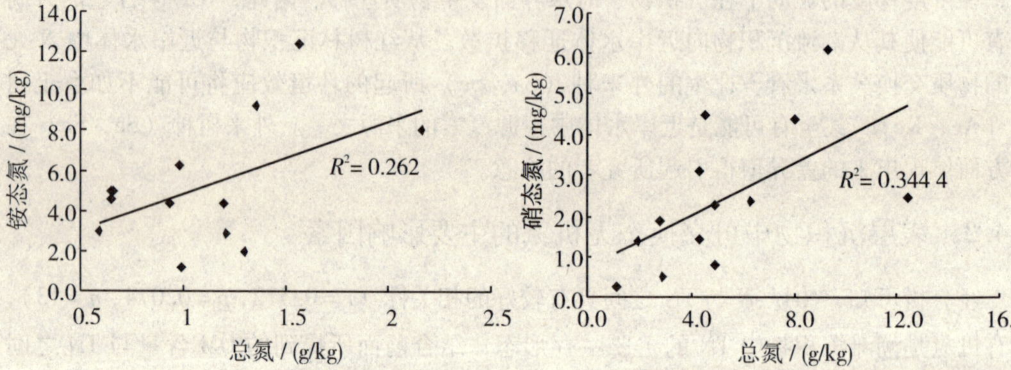

图 5－10　表层沉积物总氮与铵态氮和铵态氮与硝态氮的相关性分析

5.5　红树林恢复对滩涂表层沉积物磷元素的影响

磷是生态系统中必不可少的营养元素之一，是海洋浮游植物生长和繁殖所必需的成分，也是海洋初级生产力和食物链的基础元素。沉积物是包括磷在内的各类营养物质重要的蓄积库，对上覆水体起着环境净化的作用。然而，在适宜的条件下，沉积物中的磷也可以通过间隙水向上覆水体释放，从而在一定程度上发挥着源的作用，进而影响到海域的富营养化程度（侯立军等，2004；Fang et al.，2000）。沉积物作为环境演变较为完备的信息载体，系统地记录了生态系统中生物、物理及化学作用过程，保存了自然因素和人为因素对环境的影响记录（戴纪翠等，2006）。

磷在沉积物中可以与铁、钙、铝等元素以晶体或无定形的形式结合，依据其结合强度的不同，可将沉积物中的磷分为不同的形态（李悦等，1998），因此研究沉积物中磷的形态及不同形态磷在沉积过程中的迁移转化，将有助于认识沉积物磷的行为特征及沉积物－水界面的交换机制。目前，磷的分级浸取程序已经广泛应用于河口、海岸、湖泊等沉积物的研究中，而对磷的形态与沉积物中的机械组成、主要化学元素等之间关系的研究可以用来推断沉积磷的来源（Ostrofsky，1987）。本章研究红树林恢复后表层沉积物磷素的形态与分布情况，以了解其对近岸水体富营养化的影响。

5.5.1 总磷的空间分布特征以及影响因素

5.5.1.1 总磷的空间分布特征

由分析结果（图5－11和图5－12）可知，沉积物中总磷（TP）的含量范围为0.40～0.70 g/kg。对比其他研究区域（见表5－5），该值与珠江口潮滩沉积物的TP含量较为接近，但明显小于长江口和国外其他滨岸带。其中，最大峰值出现在外砂河口的海桑林（W-Sc）。

如图5－11所示，在外砂河口，TP的空间分布呈现出海桑（W-Sc）＞无瓣海桑（W-Sa）＞光滩（W-N）的特征，其主要可能是由于大量凋落物的回归造成的；其中海桑林（W-Sc）的TP值更高，主要可能是海桑受寒害影响最大，凋落物产生量最大。在苏埃湾桐花树林，TP的空间呈现出光滩（S-N）＞林内Ⅰ（S-Ac-Ⅰ）＞林内Ⅱ（S-Ac-Ⅱ），其原因有两方面：第一，红树植物对磷的吸收效应明显；第二，凋落物的归还量少。在义丰溪高潮滩，TP含量比外砂河口低，但空间分布与之类似，也呈林内（YH-Sa）＞光滩（YH-N）分布。图5－12中，义丰溪低潮滩，秋茄林（YL-Kc）的空间分布差异与苏埃湾的桐花树林（S-Ac-Ⅰ和S-Ac-Ⅱ）类似，呈光滩（YL-N）＞林内（YL-Kc）分布，但义丰溪低潮滩无瓣海桑林内（YL-Sa）的分布比较特殊，低于光滩（YL-N）和秋茄林（YL-Kc），与义丰溪高潮滩和外砂河口的无瓣海桑林有明显差别，其原因有待进一步探讨。从潮位上看，义丰溪高潮滩的TP含量并没有显著高于低潮滩，这与一般的研究结果不同（高效江等，2003），可能是由于潮滩的高程差不大，加上红树林根系的滞污效应，使潮位所形成的水动力条件的变化对TP的空间分布的影响减弱。

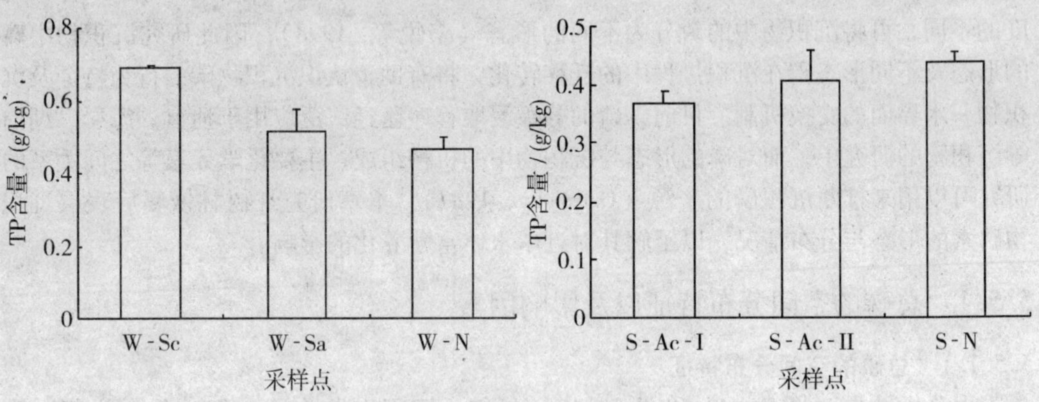

图 5 – 11　外砂河口（左）和苏埃湾（右）的表层沉积物 TP 含量

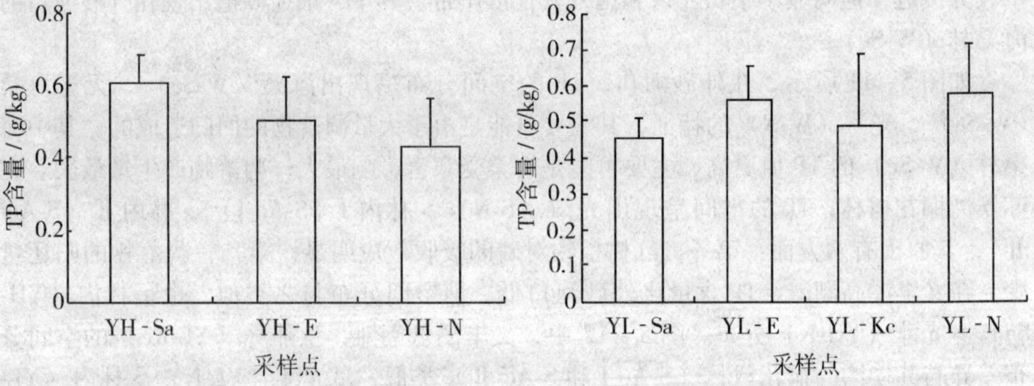

图 5 – 12　义丰溪高潮位潮滩（左）和低潮位潮滩（右）的表层沉积物 TP 含量

表 5 – 5　研究区与其他地区表层沉积物的 TP 含量比较

研究区	沉积物预处理方式	TP 含量 / (mg/kg)
汕头潮滩（本研究）	自然风干、研磨	400 ~ 700
长江口	自然风干、研磨、过 200 目筛	692. 80 ~ 1 444. 96
珠江口	60 ℃烘干、研磨、过 80 目筛	501. 31
塞纳湾	冷冻干燥	155 ~ 651
St Laurent 海峡	自然风干、研磨	1 627. 5 ±93. 0
奥胡斯湾	湿沉积物、自然粒度	1 178 ~ 1 860

注：数据来源于文献（戴纪翠等，2006），经整理。

总体上看，外来树种与乡土树种体现出来的差异明显：外来树种（无瓣海桑和海桑）人工林的表层沉积物中 TP 的含量高于光滩对照点，而乡土树种（秋茄和桐花树）低于光滩对照点。其主要原因可能是树种之间凋落物量的明显差异，这在前面也作了分析。

5.5.1.2　总磷空间分布的影响因素

统计分析表明，TP 与 OM、粒度、pH 和 Eh 等环境因子的相关性均较差（$p > 0.05$），说明表层沉积物的 TP 含量受多因素影响，这与采样点的环境地理特征较为复杂有关。TP 与 S 含量呈极显著性负相关（$r = -0.713$，$p = 0.006$，$n = 13$）（见图 5－13），其主要原因可能是：红树林沉积物为酸性硫酸盐土，硫酸根和磷酸根均较容易与金属离子结合而形成难溶物质，在结合金属离子时两者具有竞争关系，硫酸盐的存在使磷酸盐被大量解析出来。

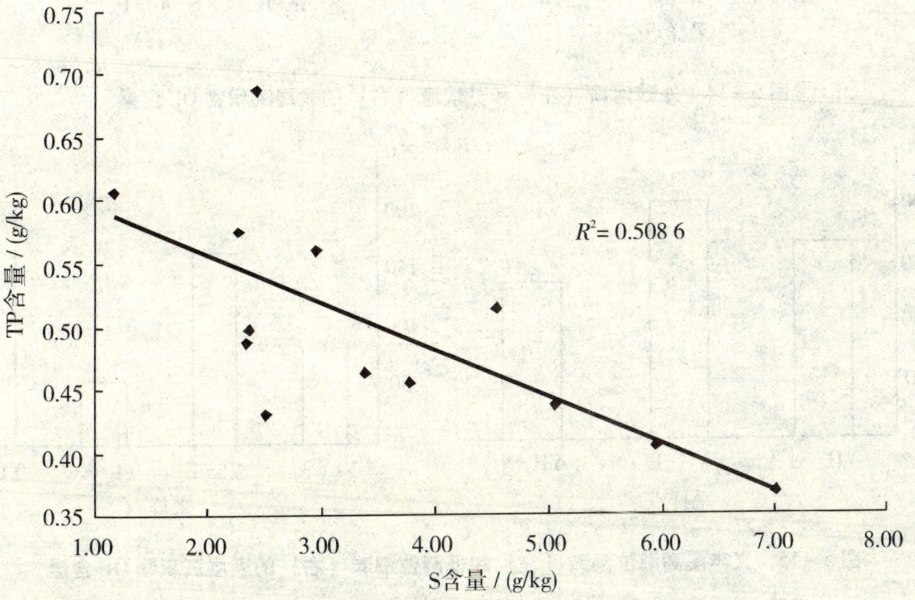

图 5－13　表层沉积物 S 含量与 TP 含量的关系

5.5.2　磷的赋存形态特征

5.5.2.1　有机磷和无机磷的含量分布

1. 有机磷（OP）

有机磷主要来源于陆源输入和食物链等生物过程，其含量大小会直接影响初级生产力的溶解性磷的可利用水平。有机磷能够部分矿化而成为磷酸盐进而被生物利用，是生物有效磷的重要组成部分。有机磷可以用来粗略估计有机质的生成和降解，是一种优于总磷的可指示富营养化程度的指标（Vaalgamaa，2004）。

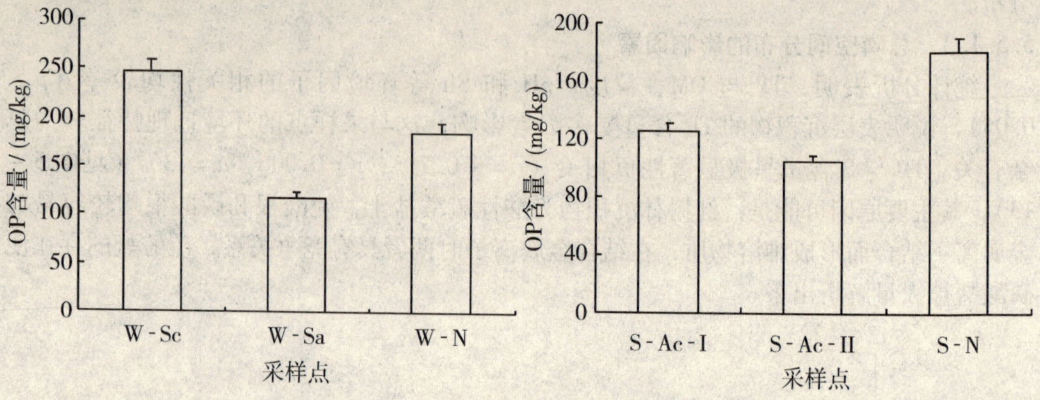

图5-14 外砂河口（左）和苏埃湾（右）的表层沉积物OP含量

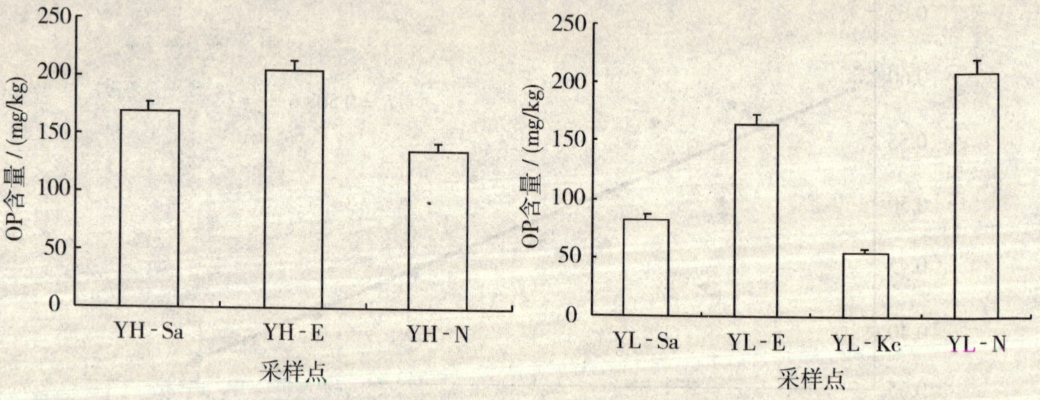

图5-15 义丰溪高潮位潮滩（左）和低潮位潮滩（右）的表层沉积物OP含量

如图5-14和图5-15所示，本研究样品中有机磷的含量范围为55.32～246.10 mg/kg，占总磷含量的11.34%～41.36%（平均为30.46%），与其他研究相比，本研究的有机磷所占的比例较高，这主要是由于植物富集以及红树林对陆源污染的滞留。有机磷在空间上呈多峰值分布，最高值为外砂河口的海桑林（W-Sc），最低值为义丰溪低潮滩的秋茄林（YL-Kc），未呈现出明显的规律。一般而言，高的黏土含量以及高的沉积速率是有机磷含量丰富的原因；另外，陆源污染物的大量输入也使沉积物中有机磷的含量升高。关于有机磷的来源，一般认为由陆源排放和海洋浮游生物这两大部分组成。在红树林沉积物中，凋落物也是沉积磷的一个重要来源（Silva et al.，2007），这部分磷最开始以有机磷的形式存在，在早期的成岩过程中会随着有机质的分解而释放，甚至可能向其他结合态磷转化。有机磷的降解是影响沉积物中磷的含量和组成的一个重要过程（岳维忠等，2005）。

2. 无机磷（IP）

如图 5－16 和图 5－17 所示，本研究样品中无机磷的含量为 243.93～440.72 mg/kg，占总磷含量的 58.64%～88.65%（平均为 69.54%），尽管有机磷的含量比较高，但是无机磷在沉积磷中仍然占有明显的优势。

沉积物中无机磷的形态比较复杂，一般可分为弱吸附态磷（Ads-P）、铝结合态磷（Al-P）、铁结合态磷（Fe-P）、钙结合态磷（CFAP＋Ca-P）和闭蓄态磷（Oc-P）等（李悦等，1998）。为进一步剖析其环境意义和生物有效性，探讨与近岸水体之间营养物质交换关系，下面对无机磷进行分级研究。

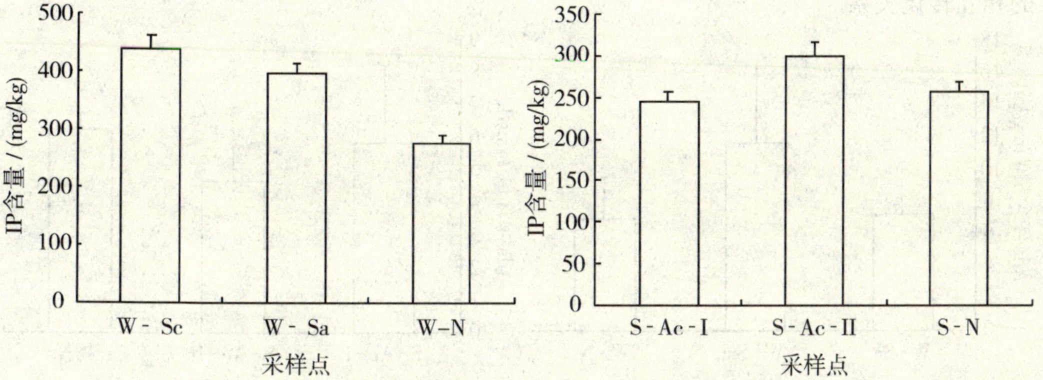

图 5－16　外砂河口（左）和苏埃湾（右）的表层沉积物 IP 含量

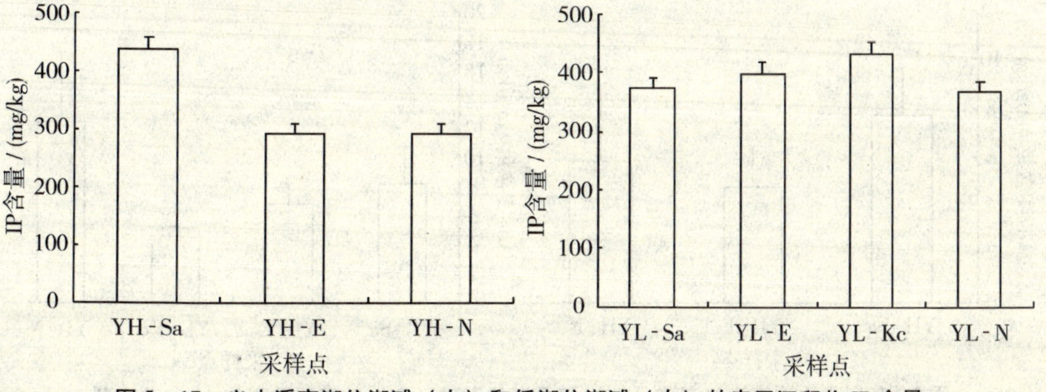

图 5－17　义丰溪高潮位潮滩（左）和低潮位潮滩（右）的表层沉积物 IP 含量

5.5.2.2 各形态无机磷的含量分布特征

1. 弱吸附态磷（Ads-P）

弱结合态磷是与沉积物胶体、黏土矿物以及碳酸钙等通过配位交换形式发生专属性吸附的磷酸根（王雨春等，2004），受沉积氧化还原环境的影响较大。沉积物的物理化学特征（如温度、pH、水动力条件和生物扰动等因素）都会影响 Ads-P 的吸附和释放，最终影响到水体中营养盐的结构特征和含量变化。因此，表层沉积物中 Ads-P 是最具生物有效性的磷，当上覆水体中磷酸盐含量较低时，Ads-P 通过离子交换会很容易释放到上覆水体，进而被浮游生物利用。

从图 5－18 和图 5－19 可知，Ads-P 的含量在 4.619～11.529 mg/kg 之间，占总磷的 0.925%～2.254%，仅仅是沉积磷库中的一小部分。最高峰值出现在义丰溪低潮滩的光滩（YL-N），最低值出现在苏埃湾的桐花树林内Ⅱ（S-Ac-Ⅱ）。其空间分布没有体现出明显的规律，其原因可能是 Ads-P 在一定程度上与其他形态的磷均存在着不同程度的相互转化关系。

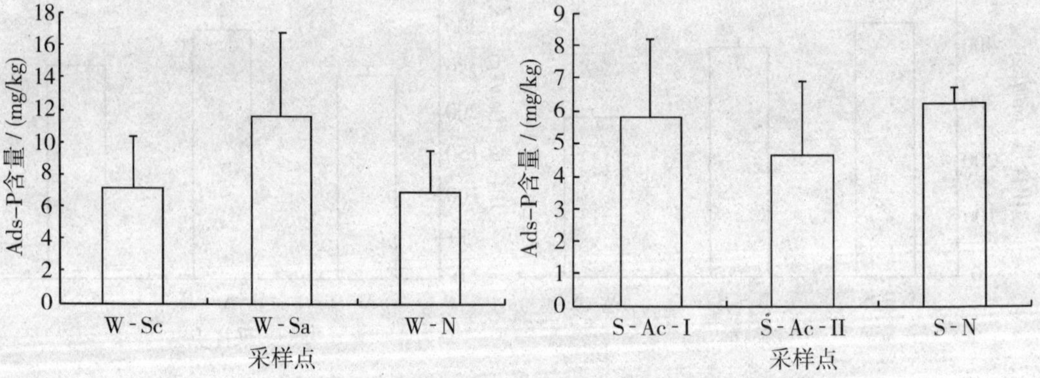

图 5－18　外砂河口（左）和苏埃湾（右）的表层沉积物 Ads－P 含量

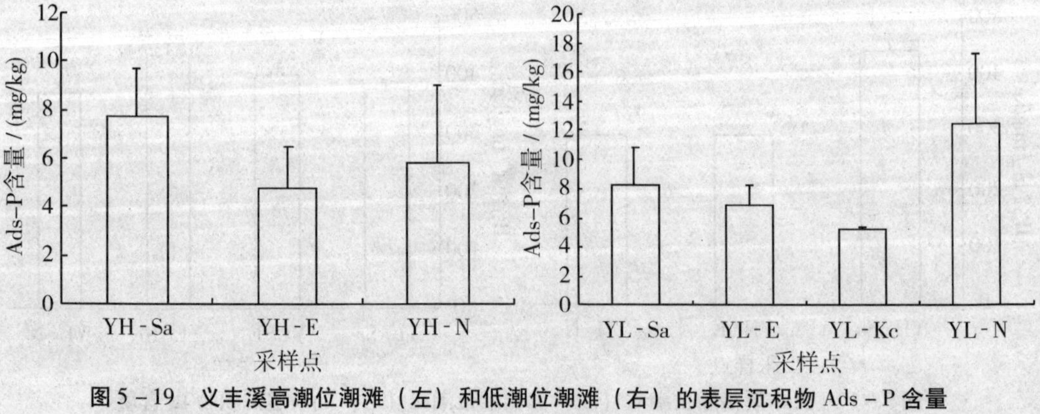

图 5－19　义丰溪高潮位潮滩（左）和低潮位潮滩（右）的表层沉积物 Ads－P 含量

2. 铝结合态磷（Al-P）

铝结合态磷是藻类等浮游植物对沉积物磷优先吸收的主要形态之一（岳维忠等，2005）。研究表明，Al-P受人为活动和陆源输入的影响较大，表明Al-P可以作为沉积环境质量的一个判别标志（戴纪翠等，2006）。通过对沉积物中Al-P的含量和分布的研究，可以推测污染物种类、沉积底质类型、沉积环境的氧化还原度等重要信息。

从图5－20可知，Al-P的含量在16.81～83.41mg/kg之间，占总磷的3.368%～16.725%，是磷的主要赋存方式。最高峰值出现在外砂河口的无瓣海桑林内（W-Sa），最低值出现在义丰溪低潮滩的无瓣海桑林内（YL-Sa）。造成这种分布特征的主要原因可能是距河口距离的远近不同。在外砂河口，外砂河携带着大量的陆源污染，直接流经红树林，同时，该红树林的面积较少，因此，Al-P在无瓣海桑林内沉积物的富集程度较高，其含量显著高于光滩对照点。而在义丰溪低潮滩（YL-Sa），该点位于较低潮位，受义丰溪影响相对较小，同时，该群落面积较大，采样点（YL-Sa）位于中间，周围是高潮滩的无瓣海桑林和同潮位的秋茄林，义丰溪流经该点前，大量污染物已经被截留下来，所以该点（YL-Sa）的Al-P含量较低。在苏埃湾，Al-P含量呈光滩（S-N）＞林内（S-Ac-I和S-Ac-Ⅱ）分布。其原因可能是：光滩处于样地的边缘，受周围养殖塘的面源污染影响较大，而桐花树林与养殖塘距离较远，同时，Al-P的生物活性较大，植物的吸收也能使其含量降低。在义丰溪高潮滩无瓣海桑林，林内和林外Al-P的含量差别不大，未显示出明显的规律。

Al-P受人为活动和陆源输入的影响较大，其在红树林沉积物的富集现象体现了红树林能够较有效地滞留陆源污染，对近岸水体起到保护作用。

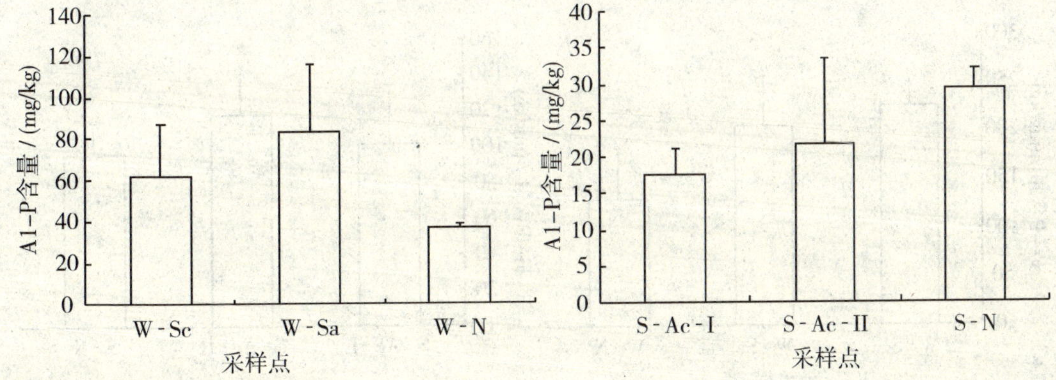

图5－20 外砂河口（左）和苏埃湾（右）的表层沉积物Al-P含量

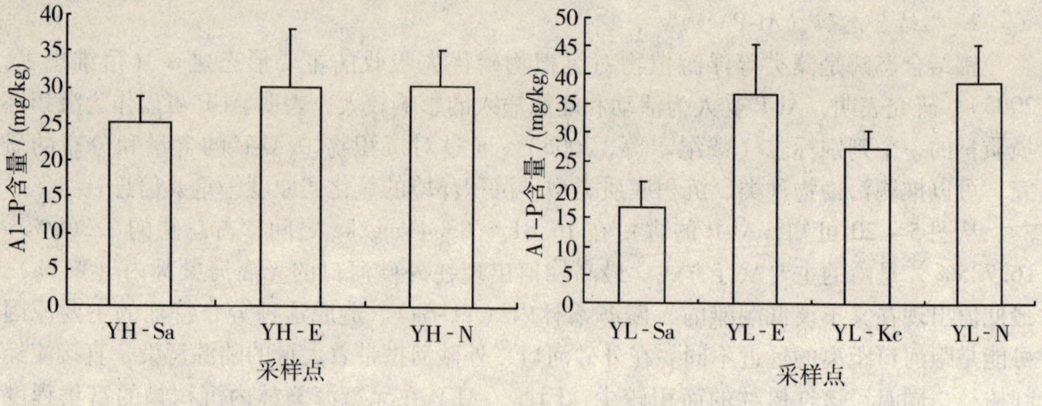

图 5-21　义丰溪高潮位潮滩（左）和低潮位潮滩（右）的表层沉积物 Al-P 含量

3. 铁结合态磷（Fe-P）

在磷的各种形态中，铁结合态磷经常被认为是沉积物中最易变的部分，因为它会随氧化还原环境的变化而改变，从而改变磷在沉积物中各种形态的分配比例。当 Eh 降低时，Fe^{3+}被还原并溶解，同时 Fe-P 就会被活化而进入水体；而 Eh 较高时，Fe^{2+}氧化为Fe^{3+}并沉淀，Fe-P 也随之沉淀。活泼的铁氧化物对磷的快速吸附和释放控制着间隙水中 PO_4^{3-} 的浓度，从而直接影响沉积物－水界面交换（刘敏等，2007）。

从图 5-22 和图 5-23 可知，Fe-P 的含量在 95.60～225.16 mg/kg 之间，占总磷的 19.16%～45.12%，是表层沉积物中磷的主要赋存形态之一，且由分析可知，Fe-P 与 TP 之间呈极显著相关（$r=0.799$，$p=0.001$，$n=13$）（见图 5-24 左）。

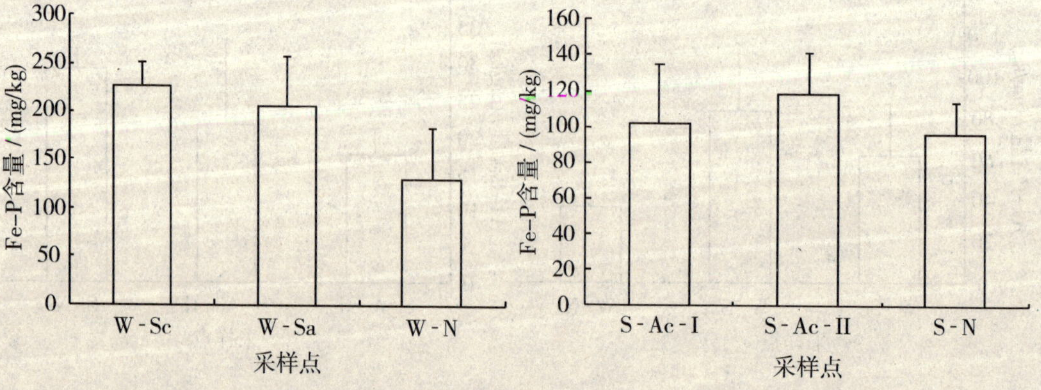

图 5-22　外砂河口（左）和苏埃湾（右）的表层沉积物 Fe-P 含量

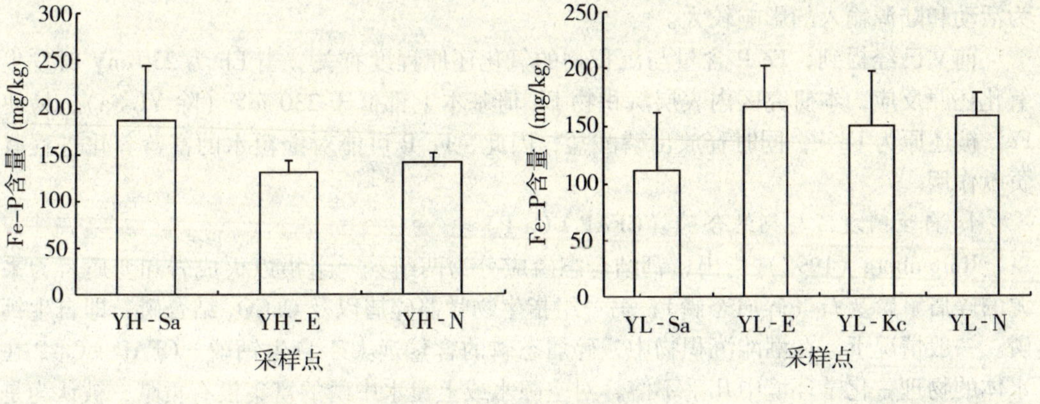

图 5-23　义丰溪高潮位潮滩（左）和低潮位潮滩（右）的表层沉积物 Fe-P 含量

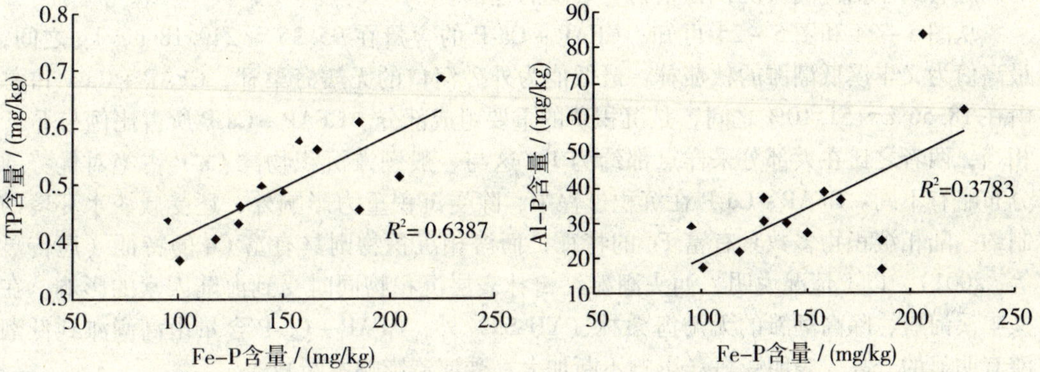

图 5-24　表层沉积物 Fe-P 与 TP（左）、Al-P（右）的相关关系

综上可以推断，Fe-P 是红树林表层沉积物中 TP 空间分布的主要控制因素之一。由分析可知，Fe-P 和 Al-P 之间呈显著性相关（$r=0.615$，$p=0.025$，$n=13$）（见图 5-24 右），这与它们两者都受人为活动和陆源输入的影响较大有关。其中，外砂河口和义丰溪都带来了较多陆源污染，而苏埃湾的桐花树林毗邻水产养殖区，其水位甚至为人工控制，因此，这三片红树林均受到较大的人为干扰，这与上述的分析一致。在本研究中，Fe-P 含量更占优势，因此，Fe-P 相比 Al-P 更适合用于表征汕头红树林潮滩表层沉积物的环境质量。

在 Fe-P 空间分布上，尽管各样点存在差异，但总体上呈现出明显的林内 > 光滩的分布特征（见图 5-22 和图 5-23），反映了红树林对陆源污染的滞留作用，为近岸水域提供了天然的保护屏障；同时，由内陆朝外海递减的特征，进一步反映了 Fe-P 受人为活动和陆源输入的影响较大。

前文已经提到，Fe-P 含量与沉积物的氧化还原程度有关。当 Eh 为 230 mV 时发生氧化还原反应，本研究区内表层沉积物 Eh 值基本上都低于 230 mV（除 YL-Sa），易使 Fe^{3+} 被还原为 Fe^{2+}，同时释放出磷酸盐，因此，Fe-P 可能对上覆水的富营养化进程有贡献作用。

4. 自生磷灰石与钙结合磷（CFAP + Ca-P）

Ruttenberg（1992）指出，钙结合态磷应分为两组：一组指以火成岩和变质岩为来源的碎屑氟磷灰石（碎屑态磷）；另一组指生物骨骼碎屑以及 $CaCO_3$ 结合磷，即自生钙磷。一般情况下，在潮滩沉积物中，碎屑态磷的含量远大于自生钙磷。CFAP + Ca-P 在水体的物理－化学环境中几乎不溶，对空隙水或上覆水中磷的富集没有贡献，被认为是活性磷的汇。但是，CFAP + Ca-P 又是无机磷的主要形式，因此，对 CFAP + Ca-P 含量的确定有助于估计潮滩沉积物生物有效磷的含量。

从图 5－24 和图 5－25 可知，CFAP + Ca-P 的含量在 95. 35 ～ 249. 18 mg/kg 之间，最高值为义丰溪低潮滩的秋茄林，最低值为外砂河口的无瓣海桑林，CFAP + Ca-P 占总磷在 18. 56% ～ 51. 10% 之间，是沉积磷的重要组成部分。CFAP + Ca-P 所占比例与 Fe-P 相当，两者之比在大部分采样点都约为 1，这与一般潮滩沉积物的 Ca-P 占绝对优势的分布略有不同。CFAP + Ca-P 在沉积过程中，除受沉积重力影响外，还受咸淡水环境的制约。陆相沉积物多数具有富 Fe 的特征，而海相沉积物则具有富 Ca 的特征（扈传昱等，2001）。以上情况说明，汕头潮滩红树林表层沉积物同时受到海陆因素的影响。在义丰溪河口，除高潮滩的无瓣海桑林（YH-Sa）外，CFAP + Ca-P 含量由高潮滩到低潮滩有明显的升高，表明受海洋影响不断加大，受河流影响不断减弱。

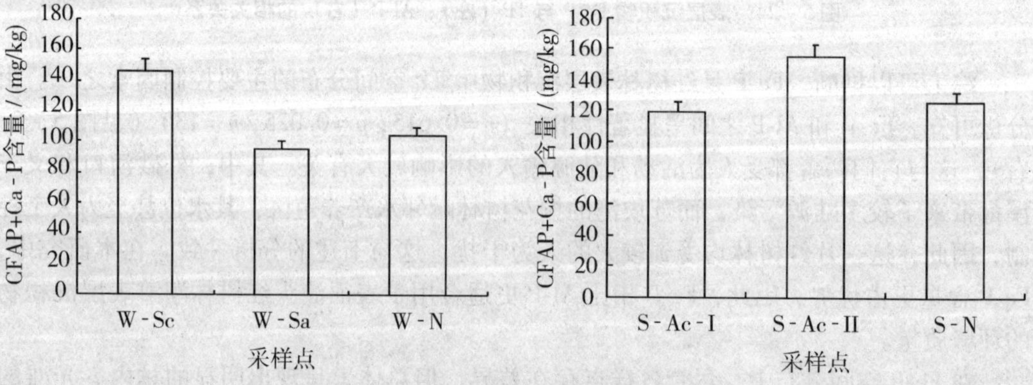

图 5－25 外砂河口（左）和苏埃湾（右）的表层沉积物 CFAP + Ca-P 含量

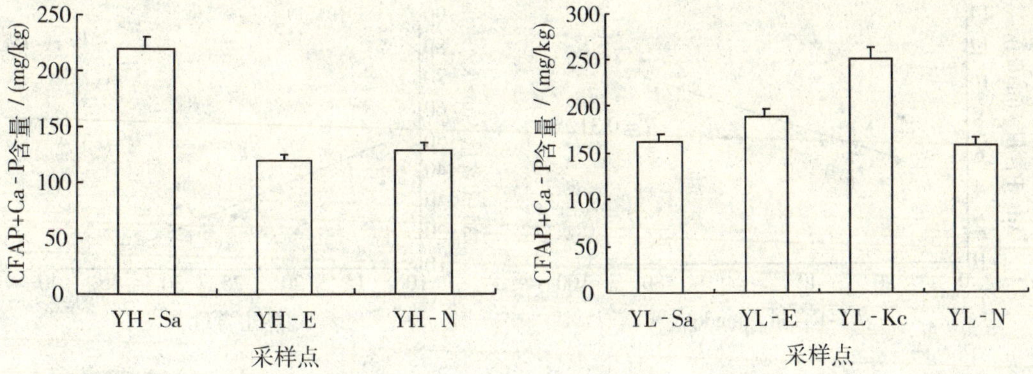

图5-26 义丰溪高潮位潮滩（左）低潮位潮滩（右）表层沉积物CFAP+Ca-P含量

5. 闭蓄态磷（Oc-P）

闭蓄态磷是指紧密包裹在Fe_2O_3胶膜内部的还原溶性磷酸铁和磷酸铝，它的形成与沉积物物理和化学风化的强度显著相关，地质意义明显，并且很难释放和被生物利用（吴峰炜等，2009）。

本研究中闭蓄态磷的含量很低，出现较多样点的测定含量低于空白值的情况。初步推断的原因是：红树林沉积物还原性较强，Fe_2O_3胶膜被还原而使内部的闭蓄态磷释放出来。另外，红树林沉积物的pH值较低，这也不利于Fe_2O_3胶膜的存在。

5.5.2.3 各种形态磷的影响因素及其相互关系

由于各种形态磷的含量与沉积物中Ca，Al和Fe的含量以及其他环境因子相关，所以当沉积物中Ca，Al和Fe的含量或者其他环境因素发生变化时，磷就会在不同形态之间发生一系列的解析释放和重新结合过程，从而实现在不同形态间磷的转化。通过分析，可以得出以下几点：

（1）Al-P与Ads-P具有显著相关关系（$r=0.559$，$p=0.047$，$n=13$）（见图5-27 a），说明两者之间存在一定转化关系，即沉积物中的Ads-P可能被沉积物中的活性Al^{3+}结合，进而转化为Al-P；或者Al-P可能释放出磷酸根而成为Ads-P。此外，Al-P与黏土含量呈显著负相关（$r=-0.612$，$p=0.035$，$n=12$）（见图5-27 b），这与一般情况不符，可能与汕头潮滩沉积物粒度的原始分布比较复杂有关，其原因有待进一步的研究。

（2）Fe-P和Al-P之间呈显著性相关（$r=0.615$，$p=0.025$，$n=13$）（见图5-24右），这与它们两者都受人为活动和陆源输入的影响较大有关，两者都可以作为沉积物环境质量的标志。

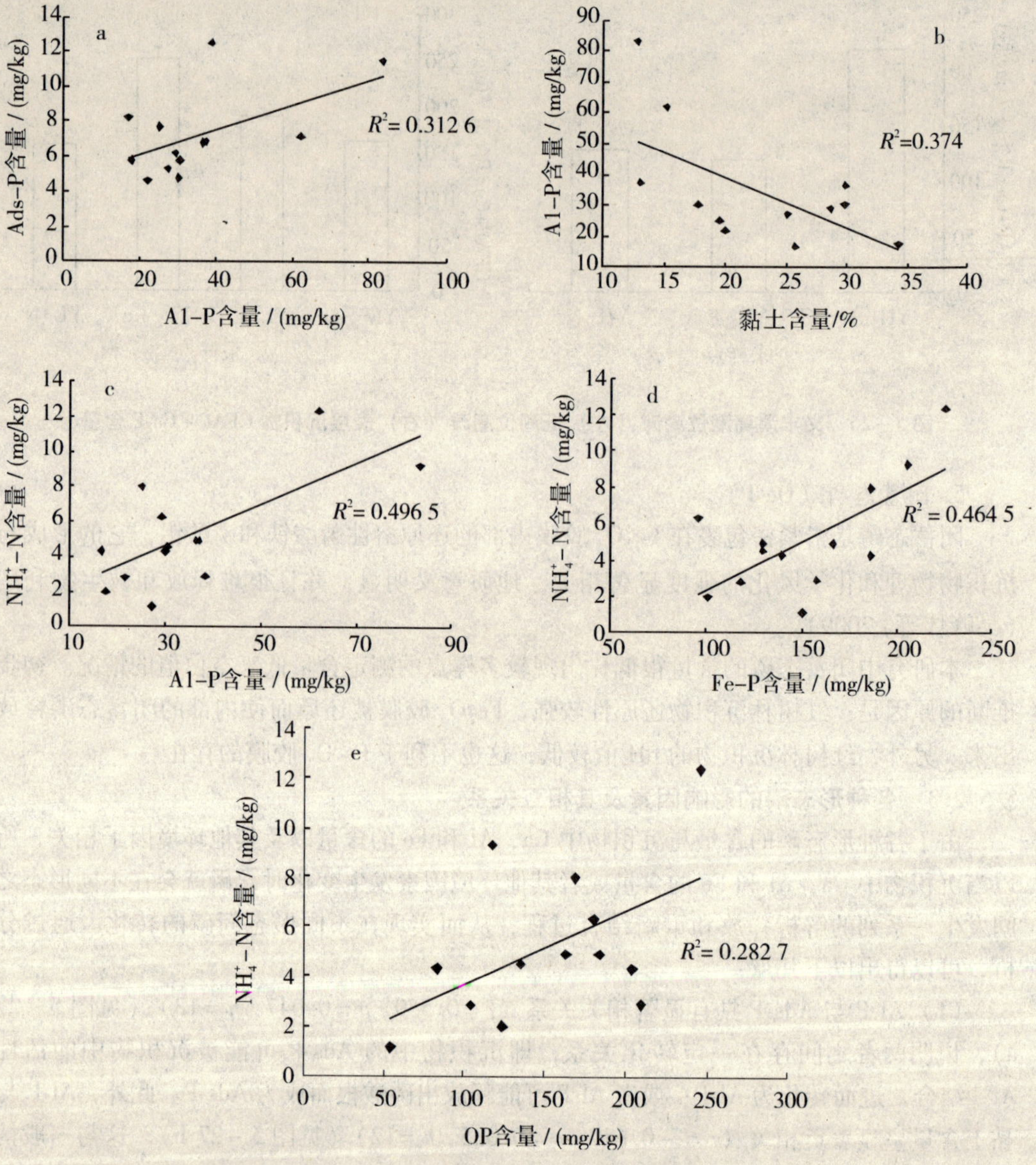

图5-27　各种形态磷的影响因素及其相关关系

（3）CFAP + Ca-P 与其他磷的形态以及其他环境因子的相关性都较差（$p > 0.05$），这也从另一个侧面反映了其来源明显不同于其他形态的磷以及其较差的生物有效性。

（4）NH_4^+-N 与 Al-P 呈极显著相关（$r=0.670$，$p=0.012$，$n=13$）（见图 5－27 c），与 Fe-P 呈显著相关（$r=0.682$，$p=0.010$，$n=13$）（见图 5－27 d），与有机磷也具有较好的相关性，但明显不如前两者（$r=0.532$，$p=0.062$，$n=13$）（见图 5－27 e）。如前所述，NH_4^+-N 的含量在一定程度上体现了微生物对有机质的矿化速率，因此，上述关系更进一步证明了 Al-P 和 Fe-P 具有很强的生物有效性；而有机磷也具有较好的生物有效性，但不如前两者，因为有机磷必须经过矿化才能被生物所利用。因此，在进行生物有效磷评价时，可将全部的 Al-P 和 Fe-P 和部分的 OP 列为生物有效磷。

5.5.3　生物可利用磷

由于不同形态特征的磷的生物可利用程度不同，所以，生物可利用磷（BAP）这一概念的提出在预测潮滩潜在生态环境风险时具有重要的指导意义（宋金明，2000）。由于 BAP 可通过化学和生物的作用转化为溶解态活性磷进入水体而被藻类所吸收利用，并影响磷酸盐在水土界面间的释放速率，因此 BAP 的含量可以用于表征沉积物中潜在可供生物利用的活性磷的含量。有学者认为，沉积物中除残留磷以外的其他形态磷在一定条件下都可以相互转化而被生物所利用，如《湖泊富营养化调查规范》就把可交换态磷、铁铝结合态磷、钙结合态磷作为生物可利用磷。更多的研究者，如 Rydin 等（2000）认为钙结合态磷和闭蓄态磷原则上是被束缚的，在水体的物理－化学环境中几乎不溶，对空隙水或上覆水中磷的富集没有贡献。可提取的 OP 部分约有 60% 是生物可以利用的，Andriedx 等（1997）则把可交换态磷和全部 OP 之和看成是潜在的 BAP。

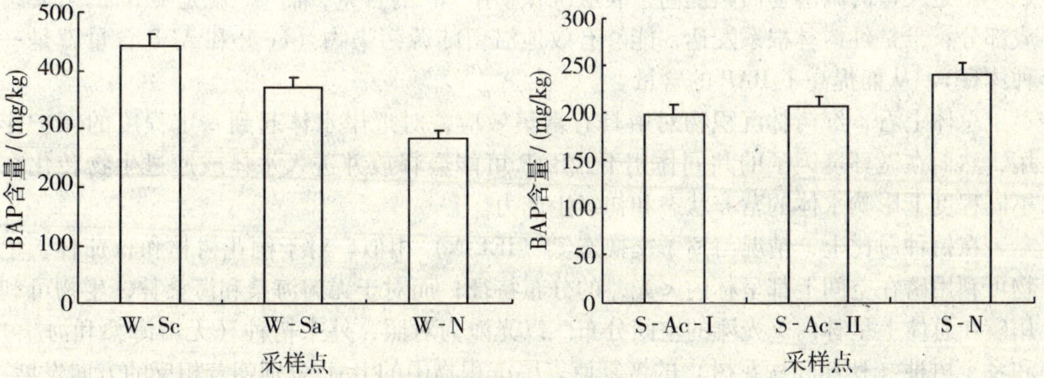

图 5－28　外砂河口（左）和苏埃湾（右）的表层沉积物 BAP 的分布特征

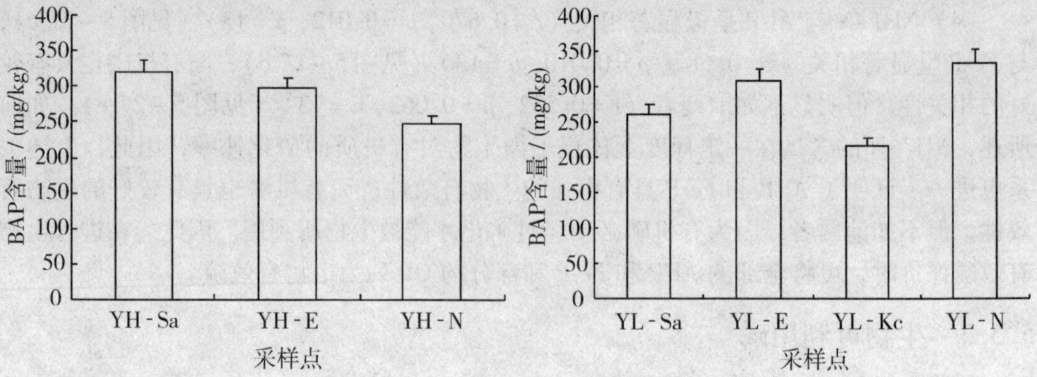

图5-29 义丰溪高潮位潮滩（左）低潮位潮滩（右）表层沉积物BAP的分布特征

综合以上考虑，本文将形态分级提取中的可交换态磷、铁结合态磷、铝结合态磷和60%的有机磷之和估算为生物可利用磷（BAP）（见图5-27和图5-28），汕头红树林潮滩表层沉积物中的潜在生物有效磷含量为199.12～442.12 mg/kg，平均含量为286.92 mg/kg，占总磷含量的44.36%～72.24%（平均仅为57.15%）。扣除BAP，剩下的约42.75%的沉积磷，即钙结合态磷和闭蓄态磷不能被生物所利用，将被埋藏在河口附近或运移到外海沉积，因此可估计有将近一半的磷不能为生物所利用。在长江口潮滩表层沉积物中，潜在生物可利用磷约占TP的30.72%（刘敏等，2007）。与之相比，本研究的BAP/TP较高，这是红树林恢复对沉积磷影响的体现，其作用机制有以下两点：一是大量的凋落物回归提高了表层沉积物中OP的含量，而OP就是BAP的重要组成部分；二是红树林根系发达，能够有效地滞留陆源污染物（Fe-P和Al-P含量就是一种体现），从而提高了BAP的含量。

总体上看，红树林沉积物对磷具有富集效应，对近岸水体起到一定程度的保护作用，然而在微环境因子的共同作用下，BAP可能会释放并进入水体或通过生物转化在不同程度上影响水体的营养状态和初级生产力。

在树种对比上，情况与离子交换态氮（IEF-N）相似。对于桐花树林和秋茄林，生物可利用磷在空间上都呈林内<光滩的分布特征；而对于无瓣海桑和海桑林，生物可利用磷在总体上呈林内>光滩的空间分布。以光滩为对照，外来树种（无瓣海桑和海桑）和乡土树种（秋茄和桐花树）的恢复使表层沉积物中的BAP分别朝着相反的方向发展：外来树种恢复使BAP升高，乡土树种恢复使其降低。

红树林恢复显著影响了潮滩表层沉积物磷的环境生物地球化学过程。通过塑造各种形态磷的空间分布，最终对TP和BAP带来显著的影响。总体上看，外来树种和乡土树种的差异明显：以光滩为对照，外来树种（无瓣海桑和海桑）提高了沉积物中TP和

BAP 的含量，而乡土树种（秋茄和桐花树）使其含量下降。从植物的角度来看，这是外来树种对环境适应的体现；从近岸水体与沉积物之间的营养物质交换关系的角度来看，乡土树种恢复使表层沉积物趋向于成为磷汇，而外来树种恢复使其趋向于成为磷源。

参考文献

曹长青，叶勇，邹俊毅，等. 2008. 九龙江口秋茄红树林恢复对底质磷的影响［J］. 台湾海峡，27（2）：208－213.

曹启民. 2009. 汕头红树林湿地 PAHs 分布特征、迁移和来源［D］. 广州：中山大学.

曹知勉，叶勇，卢昌义，等. 2004. 红树林恢复对海岸湿地土壤影响的初步研究［J］. 生态科学，23（2）：110－113.

陈桂珠，陈桂葵. 2004. 污水排放对白骨壤凋落叶的影响［J］. 生态学杂志，23（4）：69－71.

陈雪清. 2001. 对红树林的生态功能和生物多样性的全面认识及维护［J］. 林业资源管理，21（6）：65－69.

戴纪翠，宋金明，李学刚，等. 2006. 胶州湾沉积物中的磷及其环境指示意义［J］. 环境科学，27（10）：1953－1962.

高效江，陈振楼，许世远，等. 2003. 长江口滨岸潮滩沉积物中磷的环境地球化学特征［J］. 环境科学学报，23（6）：711－715.

韩维栋，高秀梅，卢昌义. 2000. 红树林生态系统及其生态价值［J］. 福建林业科技，27（2）：9－13.

扈传昱，潘建明，刘小涯. 2001. 珠江口沉积物中磷的赋存形态. 海洋环境科学，20（4）：21－25.

侯立军，刘敏，许世远，等. 2004. 潮滩生态系统中生源要素氮的生物地球化学过程研究综述［J］. 地球科学进展，19（5）：774－781.

黄月琼，吴小凤，韩维栋，等. 2002. 无瓣海桑人工林林分生物量的研究［J］. 江西农业大学学报（自然科学版），24（4）：533－536.

靖元孝，任延丽，陈桂珠. 2005. 人工湿地污水处理系统 3 种红树植物生理生态特性［J］. 生态学报，20（3）：528－532.

李玫，廖宝文，郑松发. 2003. 无瓣海桑海滩人工林的生态影响［J］. 上海环境科学，22（8）：540－543.

李悦，乌金斯. 1998. 沉积物中不同形态磷的提取方法的改进及其环境地球化学意义［J］. 海洋环境科学，17（1）：15－20.

廖宝文，郑德璋，郑松发，等. 1996. 我国华南沿海红树林造林现状及其进展［J］. 防护林科技，29：30－34.

林鹏. 1997. 中国红树林生态系统［M］. 北京：科学出版社.

林鹏. 2003. 中国红树林湿地与生态工程的几个问题［J］. 中国工程科学，5（6）：33－38.

林益明，林鹏. 2001. 中国红树林生态系统的植物种类、多样性、功能及其保护［J］. 海洋湖沼通报，3：8－16.

刘敏，许世远，侯立军. 2007. 绪论［M］//刘敏. 长江口潮滩沉积物－水界面营养盐环境生物地球化学过程. 北京：科学出版社.

牛文元. 1990. 生态环境脆弱带的基础判定［M］//马世骏. 现代生态学透视. 北京：科学出版社，46－53.

彭逸生. 2008. 红树林恢复的环境效应研究［D］. 广州：中山大学.

彭逸生，周炎武，陈桂珠. 2008. 红树林湿地恢复研究进展［J］. 生态学报，28（2）：786－797.

彭友贵，陈桂珠，武鹏飞，等. 2005. 人工生境条件下几种红树植物的净初级生产力比较研究［J］. 应用生态学报，16（8）：1383－1388.

汕头市农业普查办公室. 1999. 广东省第一次全国农业普查汕头市资料汇编.

宋金明. 2000. 海洋沉积物中的生物种群在生源物质循环中的功能［J］. 海洋科学，24（4）：22－26.

陶思明. 1999. 红树林生态系统服务功能及其保护［J］. 上海环境科学，18（10）：439－441.

王雨春，马梅，万国江，等. 2004. 贵州红枫湖沉积物磷赋存形态及沉积历史［J］. 湖泊科学，9（1）：22－26.

吴丰昌，万国江，蔡玉蓉. 1996. 沉积物－水界面的生物地球化学作用［J］. 地球科学进展，11（2）：191－197.

吴峰炜，汪福顺，吴明红，等. 2009. 滇池、红枫湖沉积物中总磷、分态磷及生物硅形态与分布特征［J］. 生态学杂志，28（1）：88－94.

吴世捷，高力行. 2002. 不受欢迎的生物多样性：香港的外来植物物种［J］. 生物多样性，10（1）：109－118.

叶勇，翁劲，卢昌义，等. 2006. 红树林生物多样性恢复［J］. 生态学报，26（4）：1243－1250.

岳维忠，黄小平. 2005. 珠江口柱状沉积物中磷的分布特征及其环境意义［J］. 热带海洋学报，24（1）：21－27.

昝启杰，王勇军，廖宝文，等. 2001. 无瓣海桑、海桑人工林的生物量及生产力研究［J］. 武汉植物学研究，19（5）：391－396.

昝启杰，王勇军，王伯荪. 2001. 深圳福田无瓣海桑＋海桑人工林的生态影响［J］. 中山大学学报（自然科学版），40（6）：72－76.

郑德璋，李玫，郑松发，等. 2003. 中国红树林恢复和发展研究进展［J］. 广东林业科技，19（1）：10－14.

钟继洪. 2003. 酸性硫酸盐土中的硫及其形态演变探讨［J］. 生态学杂志，22（5）：98－101.

Akamatsu Y，Ikeda S，Toda Y. 2009. Transport of nutrients and organic matter in a mangrove swamp［J］. Estuarine，Coastal and Shelf Science，82：233－242.

Andriedx F，Aminot A. 1997. A two－year survey of phosphorus speciation in the sediments of the Bay of Seine（France）［J］. Continental Shelf Research，17（10）：1229－1245.

Ashton E C，Macintosh D J. 2002. Preliminary assessment of the plant diversity and community ecology of the Sematan mangrove forest，Sarawak，Malaysia［J］. Forest Ecology and Management，166（1－3）：111－129.

Boonsong K, Piyatiratitivorakul S, Patanaponpaiboon P. 2003. Potential use of mangrove plantation as constructed wetland for municipal wastewater treatment [J]. Water Science and Technology, 48: 257 – 266.

Chen G Z, Miao S Y, Tam N F Y, et al. 1995. Effect of synthetic wastewater on young Kandelia candel plants growing under greenhouse conditions [J]. Hydrobiologia, 295: 263 – 273.

Chen L Z, Tam N F Y, Huang J H, et al. 2008. Comparison of ecophysiological characteristics between introduced and indigenous mangrove species in China [J]. Estuarine, Coastal and Shelf Science, 79 (4): 644 – 652.

Chen Q H, Xu R L, Tam N F Y, et al. 2008. Use of ciliates (Protozoa: Ciliophora) as bioindicator to assess sediment quality of two constructed mangrove sewage treatment belts in Southern China [J]. Marine Pollution Bulletin, 57: 689 – 694.

Christopher T P, Andrew B. 2008. Intertidal substrate modification as a result of mangrove planting: impacts of introduced mangrove species on sediment microfacies characteristics [J]. Estuarine, Coastal and Shelf Science, 81 (2): 225 – 237.

Costanza R, d'Arge R, Groot R, et al. 1997. The value of the world's ecosystem services and natural capital [J]. Nature, (387): 253 – 260.

Dai J C, Song J M, Zheng G X, et al. 2007. Environmental biogeochemical significance of nitrogen in Jiaozhou bay sediments [J]. Environmental Science, 28 (9): 1924 – 1928.

Davis S E, Molina C C, Childers D L, et al. 2003. Temporally dependent C, N, and P dynamics associated with he decay of *Rhizophora mangle* L. leaf litter in oligotrophic mangrove wetlands of the Southern Everglades [J]. Aquatic Botany, 73: 199 – 215.

Dittmar T, Lara R J. 2001. Driving forces behind nutrient and organic matter dynamics in a mangrove tidal creek in north Brazil [J]. Estuarine, Coastal and Shelf Science, 52: 249 – 259.

Dittmar T, Hertkorn N, Kattner G, et al. 2006. Mangroves, a major source of dissolved organic carbon to the oceans [J]. Global Biogeochemical Cycles, 20: 1012 – 1017.

Fang T H. 2000. Partitioning and behavior of different forms of phosphorus in the Tanshui estuary and one of its tributaries, Northern Taiwan [J]. Estuarine, Coastal and Shelf Science, 50: 689 – 701.

Field C D. 1999. Mangrove rehabilitation: choice and necessity [J]. Hydrobiologia, 413: 47 – 52.

Kuwae T, Kibe E, Nakamura Y. 2003. Effect of emersion and immersion on the porewater nutrient dynamics of an intertidal sandflat in Tokyo Bay [J]. Estuarine, Coastal and Shelf Science, 57 (5 – 6): 929 – 940.

Li M S. 1997. Nutrient dynamics of a Futian mangrove forest in Shenzhen, South China [J]. Estuarine, Coastal and Shelf Science, 45 (4): 463 – 472.

Miao S Y, Chen G Z, Delaune R D, et al. 2007. Partitioning and removal of Cd and Mn using a simulated mangrove wastewater treatment system [J]. Journal of Environmental Science and Health, 42: 405 – 411.

Monroy R, Day V H, Twilley J W, et al. 1995. Flux of nitrogen and sediment in a fringe mangrove forest in Terminos Lagoon, Mexico [J]. Estuarine, Coastal and Shelf Science, 40: 139 – 160.

Nedwell D B. 1974. Sewage treatment and discharge into tropical coastal waters [J]. Search, 5: 187-190.

Ostrofsky M L. 1987. Phosphorus species in the surficial sediments of Lakes of Eastern North America [J]. Canadian Journal of Fisheries and Aquatic Sciences, 44: 960-966.

Perry C T, Berkeley A. 2009. Intertidal substrate modification as a result of mangrove planting: impacts of introduced mangrove species on sediment microfacies characteristics. Estuarine, Coastal and Shelf Science, 81 (2): 225-237.

Petersen N R, Jensen K. 1997. Nitrification and denitrification in the rhizosphere of the aquatic macrophyte *Lobelia dortmanna* [J]. Limnology and oceanography, 42: 529-537.

Prasa M B K, Ramanathan A L. 2008. Sedimentary nutrient dynamics in a tropical estuarine mangrove ecosystem [J]. Estuarine, Coastal and Shelf Science, 80: 60-66.

Ruttenberg K C. 1992. Development of a sequential extractionmethod for different forms of phosphorus in marine sediments [J]. Limnol Oceanogr, 37: 1460-1482.

Rydin E. 2000. Potentially mobile phosphorus in Lake Erken sediment [J]. Water Research, 34 (7): 2037-2042.

Saenger P. 2002. Mangrove ecology, silviculture and conservation [M]. Dordrecht: Kluwer Academic Publishers.

Santschi P, Hohener P, Benoit G, et al. 1990. Chemical process at the sediment-water interface [J]. Marine Chemistry, 30: 269-315.

Shaifullah K M, Mezbahuddin M, Sujauddin M, et al. 2008. Effect of coastal afforestation on some soil properties in Lakshmipur coast of Bangladesh [J]. Journal of Forestry Research, 19 (1): 32-36.

Silva C A R, Oliveira S R, Ronaldo D P R, et al. 2007. Dynamics of phosphorus and nitrogen through litter fall and decomposition in a tropical mangrove forest [J]. Marine Environmental Research, (64): 524-534.

Silva C A R., Silva A P, Oliveira S R. 2006. Concentration, stock and transport rate of heavy metals in a tropical red mangrove, Natal, Brazil [J]. Marine Chemistry, 99 (1-4): 2-11.

Simpson J H, Gong W K, Ong J E. 1997. The determination of the net fluxes from a mangrove estuary system. Estuaries, 20: 103-109.

Vaalgamaa S. 2004. The effect of urbanization on Laajalahti Bay, Helsinki City, as reflected by sediment geochemistry [J]. Marine pollution bulletin, 2004 (48): 650-662.

Wattayakorn G, Wolanski E, Kjerfve B. 1990. Mixing, trapping and outwelling in the Klong Ngao mangrove swamp, Thailand [J]. Estuarine, Coastal and Shelf Science, 31: 667-688.

Wong Y S, Tam N F Y, Chen G Z, et al. 1997a. Response of *Aegiceras corniculatum* to synthetic sewage under simulated tidal conditions. Hydrobiologia, 352: 89-96.

Wong Y S, Tam N F Y, Lan C Y. 1997b. Mangrove wetlands as wastewater treatment facility: a field trial [J]. Hydrobiologia, 352: 49-59.

Wu Y, Chung A, Tam N F Y, et al. 2008. Constructed mangrove wetland as secondary treatment system for municipal wastewater. Ecological Engineering, 34: 137 – 146.

Yang Q, Tam N F Y, Wong Y S, et al. 2008. Potential use of mangroves as constructed wetland for municipal sewage treatment in Futian, Shenzhen, China [J]. Marine Pollution Bulletin, 57: 735 – 743.

Ye Y, Tam N F Y, Wong Y S. 2001. Livestock wastewater treatment by a mangrove pot-cultivation system and the effect of salinity on the nutrient removal efficiency [J]. Marine Pollution Bulletin, 42: 513 – 521.

第6章　汕头滨海湿地红树林恢复对沉积物中重金属分布、累积及形态影响

【内容导读】　选择汕头滨海两个具有代表性的人工红树林（义丰溪口无瓣海桑林、外砂河口无瓣海桑和海桑混交林）作为研究对象，通过对比分析，研究林内和林外光滩沉积物主要理化性质，重金属的含量、分布状况、形态分布特征，探讨红树林恢复对沉积物中重金属分布、累积及形态的影响。结果表明，红树林恢复产生的作用有：①促进了表层沉积物中细颗粒（小于63 μm）、有机质和可溶性盐的累积，提高了沉积物的氧化还原电位，降低了pH；②促进Zn，Pb，Cr，Cu和Ni在林内表层沉积物中的累积，降低了林内表层沉积物中Mn的含量，显著改变了重金属在潮滩沉积物中的水平和垂直分布模式；③明显降低了林内表层沉积物中重金属酸可溶解态的含量，普遍提高了林内表层沉积物中重金属铁锰氧化物结合态和有机质/硫化物结合态的含量，对沉积物中非残渣态重金属垂直分布产生显著影响。

【关键词】　红树林恢复；沉积物；重金属；累积；分布；形态；生物有效性

近年来，随着人们对红树林生态功能价值认识的加深，世界各地纷纷采取措施保护和恢复红树林湿地。红树林恢复不但会影响河口滨海区域的水动力特征，而且会改变沉积物的物理化学性质，进而对潮间带沉积物中各种污染物质，特别是重金属的生物地球化学循环产生显著的影响。

目前，红树林恢复工作只注重植被恢复，对红树林恢复所产生的环境生态效应的重视远远不够（彭逸生，2008）。无论是国内还是国外，有关红树林恢复对沉积物理化性质影响的研究还处于初步的探索阶段，研究成果相对较少（李旭林等，2010；Perry et al.，2009）。有关红树林恢复对沉积物中重金属迁移、累积和空间分布影响的研究也很少见。虽然不少研究已经指出：红树植物能够显著影响沉积物中重金属的活动能力（Defew et al.，2005；Silva et al.，2006），但是有关红树林恢复对沉积物中重金属形态分布和生物有效性影响的研究仍很少见（Zhou et al.，2010）。

选择汕头滨海两个具有代表性的人工红树林作为研究对象，通过对比分析林内和林外光滩沉积物主要理化性质，重金属的含量、分布状况、形态分布特征及其主要影响因素，探讨红树林恢复对沉积物中重金属分布、累积及形态的影响。本研究是对红树林恢

复环境生态效应研究的丰富和补充，可为红树林湿地的保护和恢复、红树林生物多样性的保护，以及合理利用人工恢复的红树林修复受重金属污染的海洋环境提供新的理论依据。

6.1 红树林湿地重金属污染研究

红树林作为一种滨海潮间带森林生态系统，对河口海湾区域的污染具有较高的承载能力和耐受性（戴纪翠等，2009）。但是，随着沿海地区城市化和工业化进程的加快，进入红树林湿地的各种污染物日益增多，对红树林生态系统造成很大的冲击（马丽等，2003）。重金属由于其固有的不可降解和累积特性，对红树林湿地的冲击则更加显著（林鹏，1997）。为了更好地保护和利用红树林湿地，国内外学者开展了大量有关红树林湿地重金属污染的研究，主要包括：红树林沉积物中重金属的含量、红树植物对重金属的耐受性、红树群落对重金属的吸收累积与循环，以及红树植物对重金属污染的净化作用等。

6.1.1 红树林湿地重金属分布累积和迁移

红树林沉积物因其厌氧还原、富含硫化物和有机质而成为重金属的易累积区（Silva et al.，1990）。在红树林湿地系统中，重金属主要累积在沉积物中，植物体内重金属含量所占比例相对较小（Tam et al.，1997；郑文教等，1996）。有关红树林沉积物中重金属含量的研究已经开展得比较多（Kruitwagen et al.，2008；Praveena et al.，2008；Machado et al.，2002），总体上重金属含量大小表现为：Fe > Mn > Zn > Cu > Pb > Cr > Ni > Cd > Hg。红树林沉积物对重金属具有很好的截留累积效果（Tam et al.，1993，1995；Machado et al.，2008）。Lacerda等（1987）研究发现，涨潮时来源于海水的悬浮颗粒重金属含量远高于退潮时来源于红树林的悬浮颗粒。Harbison（1986）研究发现，红树林沉积物累积重金属的能力超过了潮间带的光滩、海草场及河口底质。Lacerda等（1984）的研究也表明，红树林沉积物对重金属的累积效果好于附近的大米草盐沼。

红树林湿地具有较高的空间异质性，受水动力条件、人类活动和植物群落等的影响，不同断面沉积物理化性质往往存在很大差异，重金属含量差异也很大（Marini et al.，2008；Tam et al.，2000），但林内沉积物重金属含量通常高于林外光滩，上层沉积物重金属含量通常高于下层沉积物。刘景春等（2006）的研究表明，在垂岸方向上，表层沉积物中Fe，Pb和Cd的含量表现出从林内到林外降低的趋势；在垂直梯度上，Fe，Pb，Ni和Cd的含量表现出随深度增加而降低的趋势。Tam等（1996）的研究也表明，重金属主要累积在红树林沉积物的表层，只有在表层沉积物饱和以后，重金属才会发生明显的向下迁移。

6.1.2 红树林沉积物中重金属生物有效性

重金属的生物有效性是指重金属能对生物体产生毒性效应或被生物吸收的性质，包括毒性和生物可利用性，由间接的毒性数据或生物体浓度数据来评价（Nelson，1993）。沉积物中重金属的生物有效性受多种因素的影响，如酸碱度、氧化还原电位、有机质含量、黏粒含量、植物根系活动以及微生物活性等。

目前，有关红树林沉积物中重金属生物有效性的研究还比较少。Lacerda 等（1993）研究了红树林沉积物中可交换态重金属的含量，发现白骨壤（*Avicennia schaueriana*）沉积物中的含量明显高于大红树（*Rhizophora mangle*）、互花米草（*Spartina alterniflora*）和林外光滩沉积物，指出 *Avicennia schaueriana* 沉积物氧化还原电位变化较大，重金属形态变化活跃，导致可交换态重金属含量较高，生物有效性较强。Clark 等（1998）研究了红树林沉积物中重金属的形态分布，发现不同氧化还原状况的沉积层重金属生物有效性明显不同。Man 等（2004）研究了红树林沉积物和孔隙水中重金属的季节动态，发现夏季沉积物中重金属生物有效性较高而冬季较低。

Mackey 等（1996）研究了红树林沉积物中酸可挥发性硫化物（AVS）的含量和重金属的生物有效性，发现红树林沉积物中 AVS 的空间差异显著，不同断面重金属生物有效性差异很大。Liu 等（2007）的研究也表明，AVS 和重金属（SEM）的空间差异很大，林下沉积物 AVS 并不比林外光滩高，并认为外源重金属污染物的输入可能是导致表层沉积物 SEM 含量较高的主要原因。Clark 等（1998）指出，红树植物根系渗氧可能将硫化物转化成硫酸，因此根系密集层 AVS 的含量可能会比较低。红树林沉积物中 AVS/SEM 可能不能充分反映出重金属的生物有效性和毒性。

6.1.3 红树林湿地对重金属污染的净化作用

研究表明，红树林沉积物能有效去除地表径流、潮汐海水和暴雨径流中所携带的重金属，通常扮演重金属污染物的汇（Tam et al.，1995，1993）。很多专家提出了应用红树林湿地净化重金属污染的建议，并开展了一系列的模拟试验来验证其可行性。陈桂珠等（2000）研究表明，白骨壤模拟湿地系统对污水中重金属的去除效果非常好，Cd，Ni，Pb 和 Zn 的平均去除率分别为94.9%，93.6%，98.0%和89.5%，所去除的重金属95%以上存留在土壤中。马骅（1996）的研究也表明，进入桐花树模拟湿地系统的重金属95%以上存留在土壤中。缪绅裕等（1999）在模拟秋茄湿地系统中 Ni 和 Cu 分布积累与迁移的研究中发现，88%～94%的 Cu 和 Ni 累积在土壤中，植物所吸收累积的量只占0.10%～0.34%。缪绅裕等（1999）在模拟秋茄湿地系统中 Zn 的分配与土壤容量的研究中也发现，大部分的 Zn 存留在土壤中，他们还根据物质平衡模型，得出秋茄模拟湿地系统处理含 Zn 污水的使用寿命至少为 24 年。

可见，红树林湿地对污水中重金属的去除效果非常显著，土壤子系统是去除累积重金属污染物的主要场所，而红树植物对重金属的吸收和累积非常有限。从重金属植物修复的角度来说，红树林所扮演的是植物固定的角色。未来应加强红树植物对沉积物中重金属生物有效性影响的研究，筛选出对沉积物中重金属稳定效果较好、植物吸收量较大且通过凋落物输出较少的红树植物。

6.2 样品采集与分析

选择汕头市义丰溪口和外砂河口两个人工红树林作为研究样地（见图 5-1）。义丰溪口人工林总面积约 54 hm^2，主要树种为无瓣海桑，伴有少量海桑、秋茄和红海榄。外砂河口人工林面积约 8 hm^2，主要树种为无瓣海桑和海桑。

2007 年 10 月和 2008 年 10 月分别在义丰溪口和外砂河口人工红树林设置 6 个和 4 个采样站位（见图 5-1），每个站位于 5 m×5 m 范围内分别采集 3 个表层沉积物（0～20 cm）和 3 个柱状沉积物（0～60 cm），采样工具为 PVC 管（长 60 cm，内径 8 cm；用前用 10% HNO_3 浸泡）。表层沉积物样品现场装入封口袋中，柱状样品取样后用塑料薄膜将 PVC 管两端封住，样品于 0 ℃冷藏保存。在实验室中用塑料刀分割柱状样品（于氮氛围中操作），获取 0～2 cm，4～6 cm，9～11 cm，19～21 cm，29～31 cm，39～41 cm，49～51 cm 和 59～61 cm 沉积物。表层沉积物和柱状样品各层沉积物均分成两部分：一部分冷冻干燥并过 0.25 mm 筛，用于重金属分析；另一部分风干，用于理化性质分析。待冻干后，柱状样品于 -20 ℃保存。

采用混合酸（$HNO_3 + H_2O_2 + HF$）结合微波消解仪对沉积物样品进行全量消解。重金属形态分析采用最优化的“BCR 三步连续提取法”（Rauret et al.，1999）。待测液中重金属含量采用电感耦合等离子体发射光谱仪进行测定。全量消解和分步提取过程中分别用标准沉积物样品 SRM GWB07310 和 SRM BCR701 进行质量控制，仪器分析结果表明分析方法准确、可行。沉积物有机质、细颗粒（粉粒+黏粒）、可溶性盐、pH 和氧化还原电位参照鲁如坤（1999）主编的《土壤农业化学分析方法》进行测定，硫参照蒋天成等的方法（2007）进行测定。

6.3 红树林恢复对沉积物主要理化性质的影响

6.3.1 粒径组成

图6-1表明，义丰溪口和外砂河口人工红树林表层沉积物细颗粒（小于63 μm）百分含量大小均表现为：林内 > 林缘 > 光滩，暗示红树林的恢复显著促进了细颗粒在林下表层沉积物中的累积。这与 Perry 等（2009）以及 Shaifullah 等（2008）的研究结果一致。红树林区表层沉积物中细颗粒的累积应归因于红树植物枝干及大量根系对水流的缓冲效应，这种缓冲效应促进了细颗粒的沉积和固定（Furukawa et al.，1997；Alongi et al.，2005）。与外砂河口红树林区相比，义丰溪口红树林区林内表层沉积物细颗粒含量明显较高，这可能与义丰溪口红树林种植密度较高且面积较大有关。

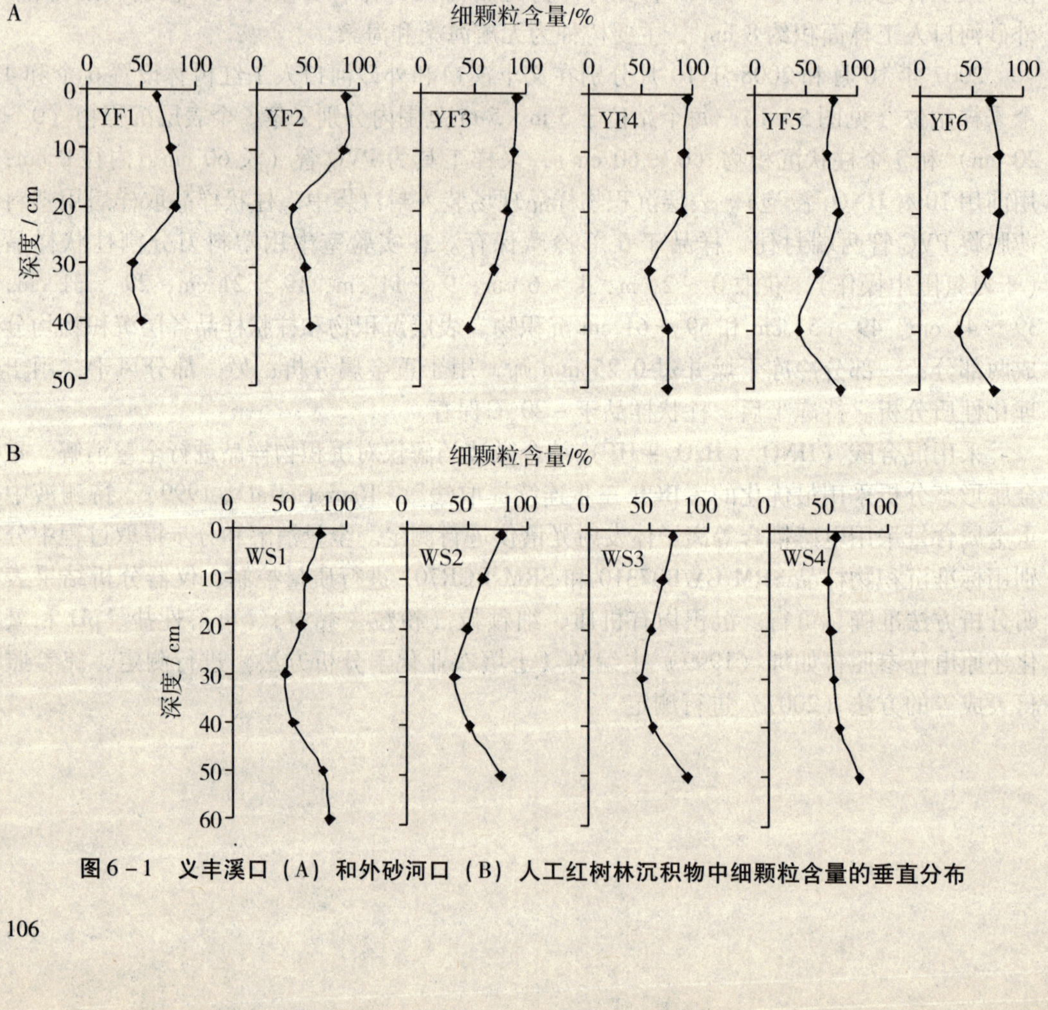

图6-1 义丰溪口（A）和外砂河口（B）人工红树林沉积物中细颗粒含量的垂直分布

6.3.2　有机质含量

图 6－2 表明，义丰溪口和外砂河口人工林林内各站位表层沉积物有机质含量均明显高于林外光滩，林缘各站位表层沉积物有机质含量也不同程度地高于林外光滩，暗示红树林恢复显著促进了林下表层沉积物有机质的累积。这与韩维栋等（2003）以及 Perry 等（2009）的研究结果一致。红树林区有机质的累积主要来源于红树植物枯枝落叶及死根的分解产物。义丰溪口林内和外砂河口林内各站位上层 20 cm 沉积物中有机质含量随深度增加呈现降低的趋势，暗示随着红树林的发展，林下沉积物有机质的累积呈加速的趋势。两个人工红树林林外光滩沉积物在垂直剖面上有机质含量变化不明显，这可能与潮汐水频繁的再悬浮作用有关。

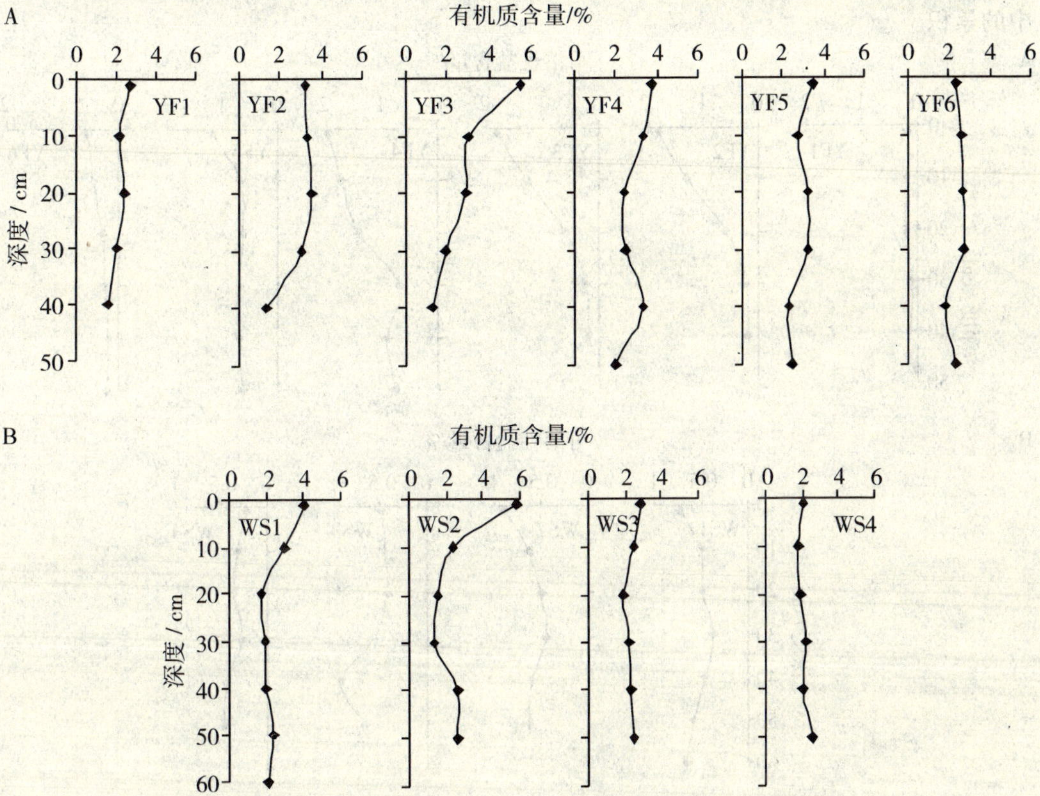

图 6－2　义丰溪口（A）和外砂河口（B）人工红树林沉积物中有机质含量的垂直分布

6.3.3 可溶性盐含量

图6-3表明，义丰溪口人工林林内YF3和YF4以及林缘YF2三个站位表层0～20 cm沉积物可溶性盐含量明显高于林外光滩。在0～20 cm沉积物中，YF2，YF3和YF4三个站位可溶性盐含量随深度的增加明显降低。外砂河口人工林林内两个站位各层沉积物可溶性盐的含量均明显高于林外光滩。这些结果暗示红树林恢复显著促进了可溶性盐在红树林区的累积。可溶性盐在红树林沉积物中的累积可能是由以下几个原因所引起：首先，随着红树林的发育，沉积物中细颗粒和有机质的含量逐渐升高，为盐离子增加了更多的吸附点位；其次，红树林巨大的蒸腾作用加速了林区水体的蒸发，一定程度上造成可溶性盐的浓缩和累积；最后，红树植物的吸收与归还也会增加盐离子在沉积物中的累积。

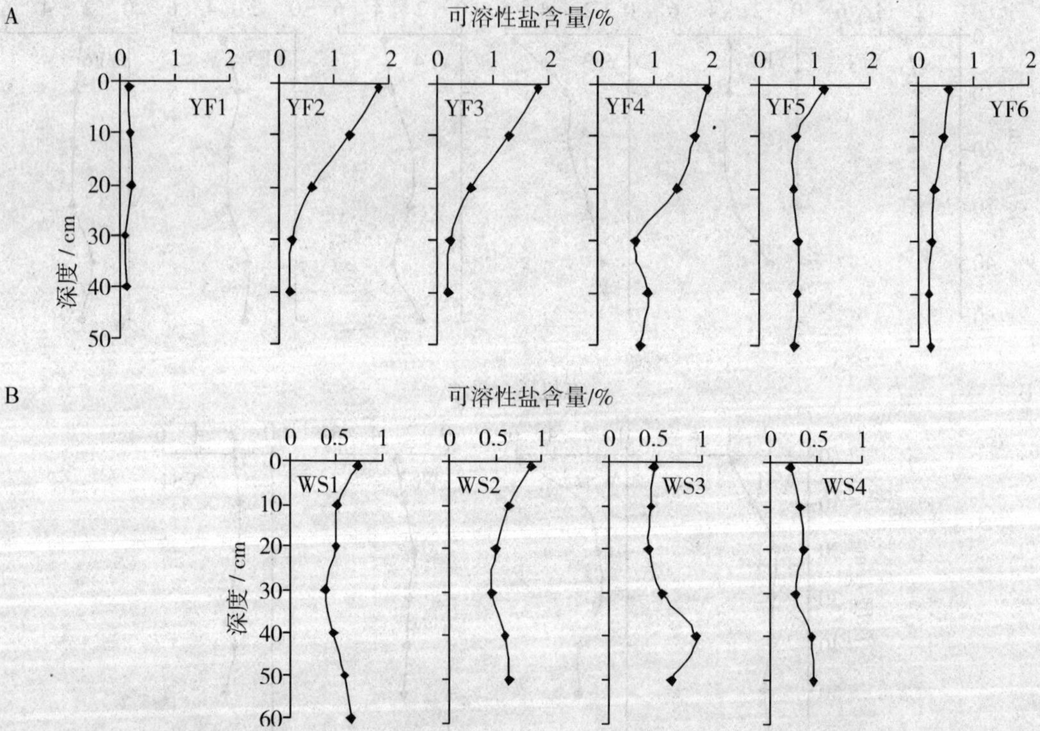

图6-3 义丰溪口（A）和外砂河口（B）人工红树林沉积物中可溶性盐含量的垂直分布

6.3.4 pH 值

图6-4显示，义丰溪口和外砂河口人工红树林林内各站位沉积物的pH值显著低于林外光滩，两个人工林林内部分沉积物层的pH值低于4.5，已具备强酸性潮滩土的基本特征（张希然，1991），暗示红树林恢复导致沉积物的pH值显著降低。沉积物pH值的显著降低可能有以下几方面的原因：一是凋落物的微生物分解和植物单宁的水解会产生多种有机酸（Tam et al.，1998；Lacerda et al.，1995；廖金凤，1990）；二是退潮时空气中的氧气渗入表层沉积物，引起黄铁矿和硫化亚铁的氧化（Holmer et al.，1994）；三是红树植物根系渗氧可能引起黄铁矿和硫化亚铁的部分氧化（Thibodeau et al.，1986）。

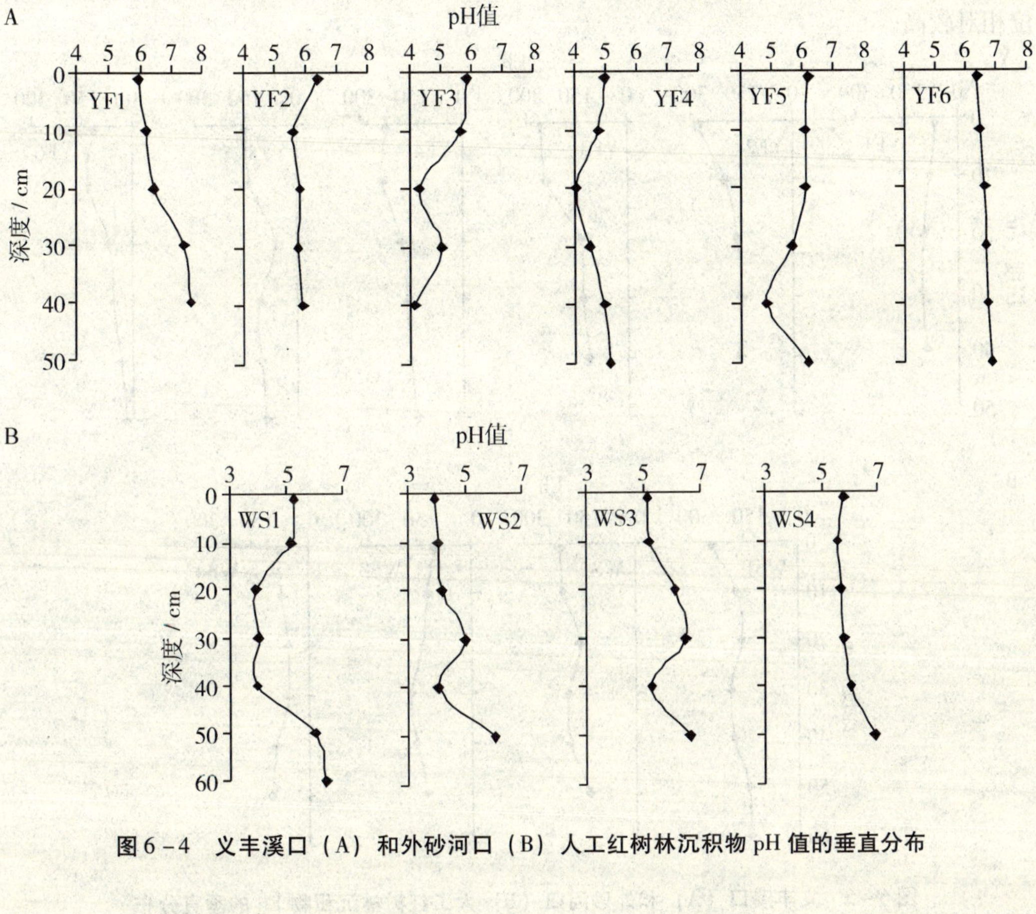

图6-4　义丰溪口（A）和外砂河口（B）人工红树林沉积物pH值的垂直分布

6.3.5 氧化还原电位

图6－5表明，义丰溪口和外砂河口人工林林内沉积物的氧化还原电位（Eh）明显高于林外光滩，林缘各站位沉积物的Eh也都不同程度地高于林外光滩，暗示红树林恢复明显提高了沉积物的氧化还原电位。在本研究中，两个人工林植物根系主要分布在表层20 cm，而这一层Eh明显较高，根系渗氧可能是氧化还原电位升高的主要原因（Koch，1997；Youssef et al.，1996）。Boto等（1984）在研究红树林土壤特征时发现，红树植物地上部生物量与沉积物的氧化还原电位显著正相关，并且沉积物的氧化还原电位存在明显的季节差异，在植物生长旺盛的季节，沉积物的氧化还原电位较高。他们指出，红树植物地上部生物量高的区域，根系渗氧量可能较大，导致沉积物的氧化还原电位相对较高。

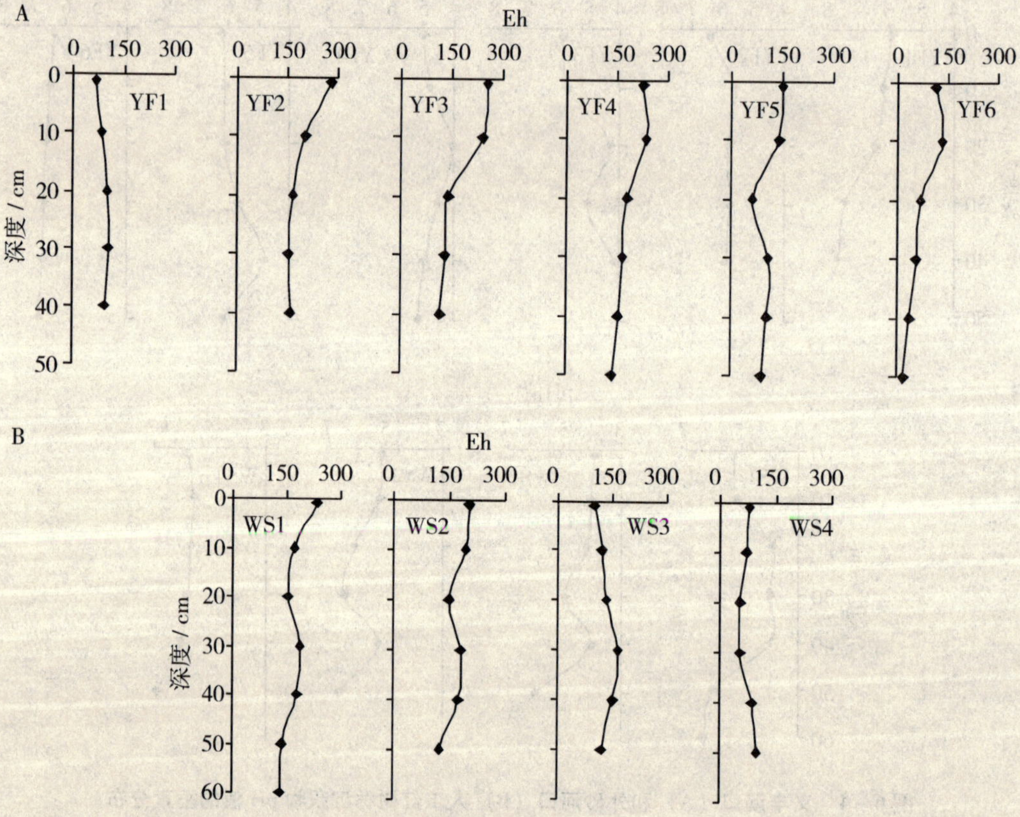

图6－5 义丰溪口（A）和外砂河口（B）人工红树林沉积物Eh的垂直分布

6.4　红树林恢复对沉积物中重金属分布和累积的影响

6.4.1　红树林恢复对沉积物中重金属水平分布和累积的影响

义丰溪口和外砂河口人工红树林表层沉积物（0～20 cm）中重金属含量如表 6-1 所示。两个林区重金属含量均表现为：Mn > Zn > Pb > Cr > Cu > Ni，这与粤东近岸海域沉积物的重金属背景值大小顺序一致（乔永民，2004），但各重金属的平均含量均不同程度地高于背景值。

表 6-1　义丰溪口和外砂河口人工红树林表层沉积物中六种重金属含量

单位：μg/g

元素	Cr	Cu	Mn	Ni	Pb	Zn
义丰溪口						
平均值	39.09	32.19	617.22	19.34	72.78	122.39
最小值	31.52	27.89	307.73	15.65	57.51	102.13
最大值	46.77	39.66	869.18	21.27	81.48	142.79
外砂河口						
平均值	33.16	28.46	415.03	15.07	62.46	105.10
最小值	26.51	22.94	297.27	13.57	51.78	89.71
最大值	37.39	34.16	536.62	17.02	75.24	122.67
背景值*	28.39	19.22	343.14	14.91	32.87	58.58

*粤东近岸海域沉积物重金属的背景值（乔永民，2004）。

大量研究表明，重金属从高潮滩到低潮滩含量逐渐降低，水动力以及粒径对潮滩重金属的分布起控制作用（王永红等，2002；陈振楼等，2000；许世远等，1997）。图 6-6A显示，义丰溪口红树林区表层沉积物中 Zn，Pb，Cr，Cu 和 Ni 五种重金属的含量从高潮滩向低潮滩呈现先升高后降低的变化趋势，暗示红树林恢复促进了重金属在林内沉积物中的累积，改变了重金属在潮滩沉积物中的分布模式。下缘光滩表层沉积物中重金属的含量不同程度地高于上缘光滩，这可能是由下缘光滩接受了林内重金属污染物的输出所引起的。相关分析表明，表层沉积物中 Zn（$r = 0.68$，$p < 0.01$），Pb（$r = 0.82$，$p < 0.01$），Cr（$r = 0.65$，$p < 0.01$），Cu（$r = 0.53$，$p < 0.05$）和 Ni（$r = 0.80$，$p <$

0.01）五种重金属的含量与有机质的含量显著正相关，与细颗粒的含量相关性不显著，暗示有机质对重金属在林区表层沉积物中的分布具有重要影响。

从图6-6B可以看出，Zn，Pb，Cr，Cu和Ni在外砂河口红树林区表层沉积物中具有相似的分布模式，即：林内（WS1，WS2）>林缘（WS3）>光滩（WS4），这与五种重金属在义丰溪口红树林区表层沉积物中的分布模式基本一致。相关分析表明，表层沉积物中Zn（$r=0.86$，$p<0.01$），Pb（$r=0.63$，$p<0.05$），Cr（$r=0.80$，$p<0.01$）和Ni（$r=0.88$，$p<0.01$）与细颗粒的含量显著正相关，暗示细颗粒对这四种金属的水平分布具有重要的影响；Cu（$r=0.67$，$p<0.05$）与有机质的含量显著正相关，说明有机质影响Cu在表层沉积物中的分布。林内WS1站位五种重金属的含量均不同程度地高于WS2站位，这可能是因为WS1站位距离湾口较远，水动力作用相对较弱，更有利于重金属的累积。

图6-6A表明，在义丰溪口人工林区，Mn含量从上缘光滩到下缘光滩呈现先降低后升高的变化趋势，暗示红树林恢复显著降低了表层沉积物中Mn的含量，改变了Mn在潮间带表层沉积物中的分布模式。相关分析表明，表层沉积物中Mn含量与有机质含量显著负相关（$r=-0.71$，$p<0.01$），与pH值显著正相关（$r=0.79$，$p<0.01$），暗示pH值和有机质对Mn的水平分布具有重要影响。Mn在外砂河口林内WS2站位也出现明显耗损，这与该站位表层沉积物有机质的含量较高且pH值较低密切相关。研究表明，沉积物中有机质的微生物分解可利用铁锰氧化物作为电子受体引起铁锰氧化物的还原溶解（Hulth et al.，1999），而酸度是影响重金属吸附过程的主要因素（Stcyr et al.，1989），pH值降低，沉积物中铁锰释放量显著增加（Thomas et al.，1994；Ponnamperuma，1972）。

6.4.2 红树林恢复对沉积物中重金属垂直分布和累积的影响

义丰溪口和外砂河口人工林沉积物中重金属的垂直分布如图6-7至图6-10所示。在两个林区林外光滩各站位沉积物中，Zn，Cu，Pb，Cr和Ni五种重金属的含量垂直变化均比较小；在林内各站位上层沉积物（0～30 cm或0～40 cm）中，五种重金属的含量随着深度的增加而明显降低。这些结果表明，红树林恢复显著影响沉积物中重金属的垂直分布，引起沉积物中重金属的表层富集和累积。这种富集应归因于林内表层沉积物中细颗粒和有机质含量的升高。研究表明，细颗粒（特别是黏粒）和有机质具有巨大的比表面积（Marchand et al.，2006；Mayer et al.，2001；Horowitz et al.，1987）。富含细颗粒和有机质的表层沉积物不但能够有效地捕集上覆水中的重金属离子，还能有效地截取下层沉积物中向上扩散的重金属离子，引起表层沉积物中重金属的富集。此外，表层沉积物中细颗粒的累积会直接引起重金属含量的升高，这是因为在河口环境中，细颗粒中重金属的含量通常高于粗颗粒（大于63 μm）中重金属的含量（Deely et al.，1994）。

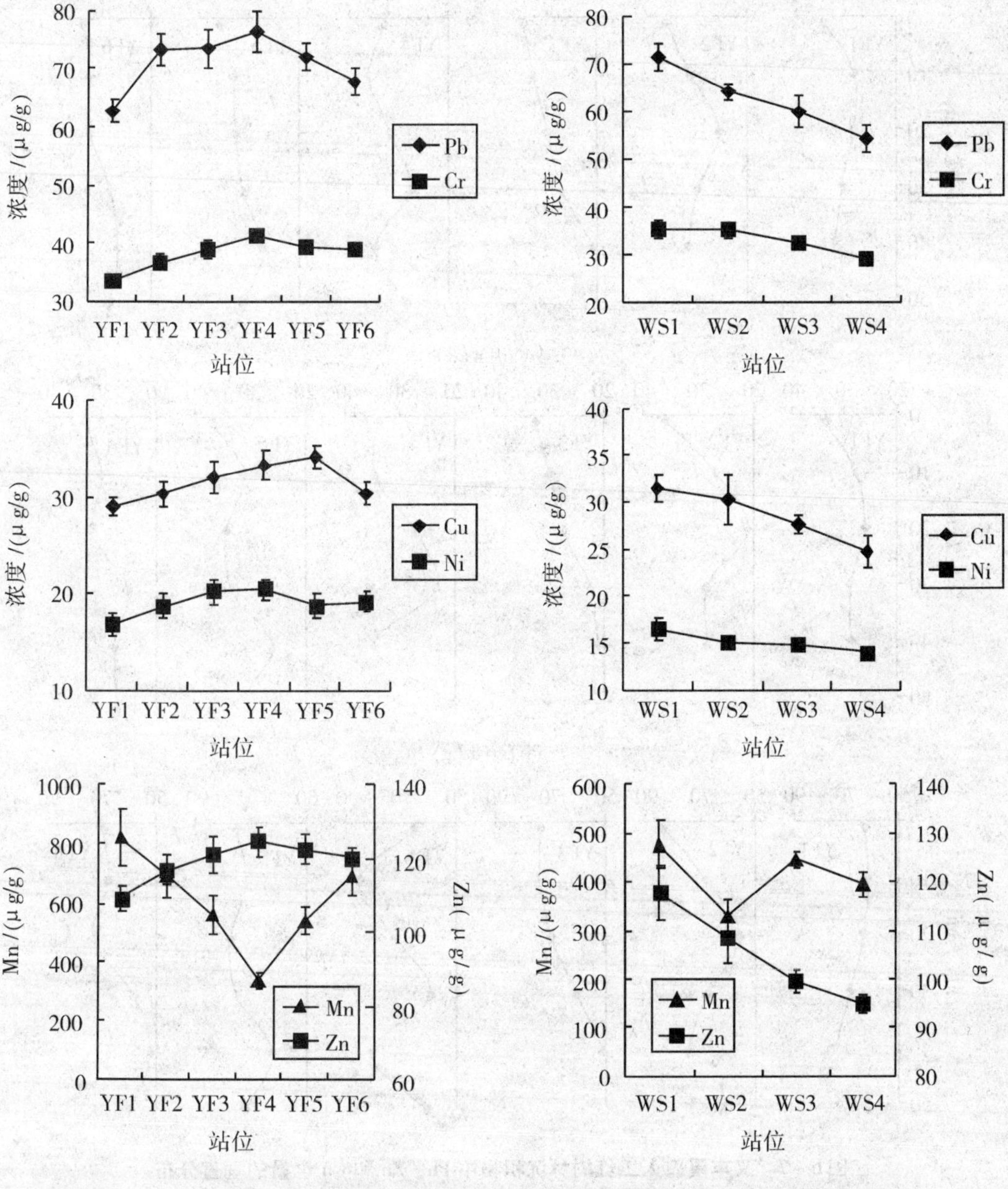

图6-6 义丰溪口（A）和外砂河口（B）人工红树林表层沉积物重金属的分布特征

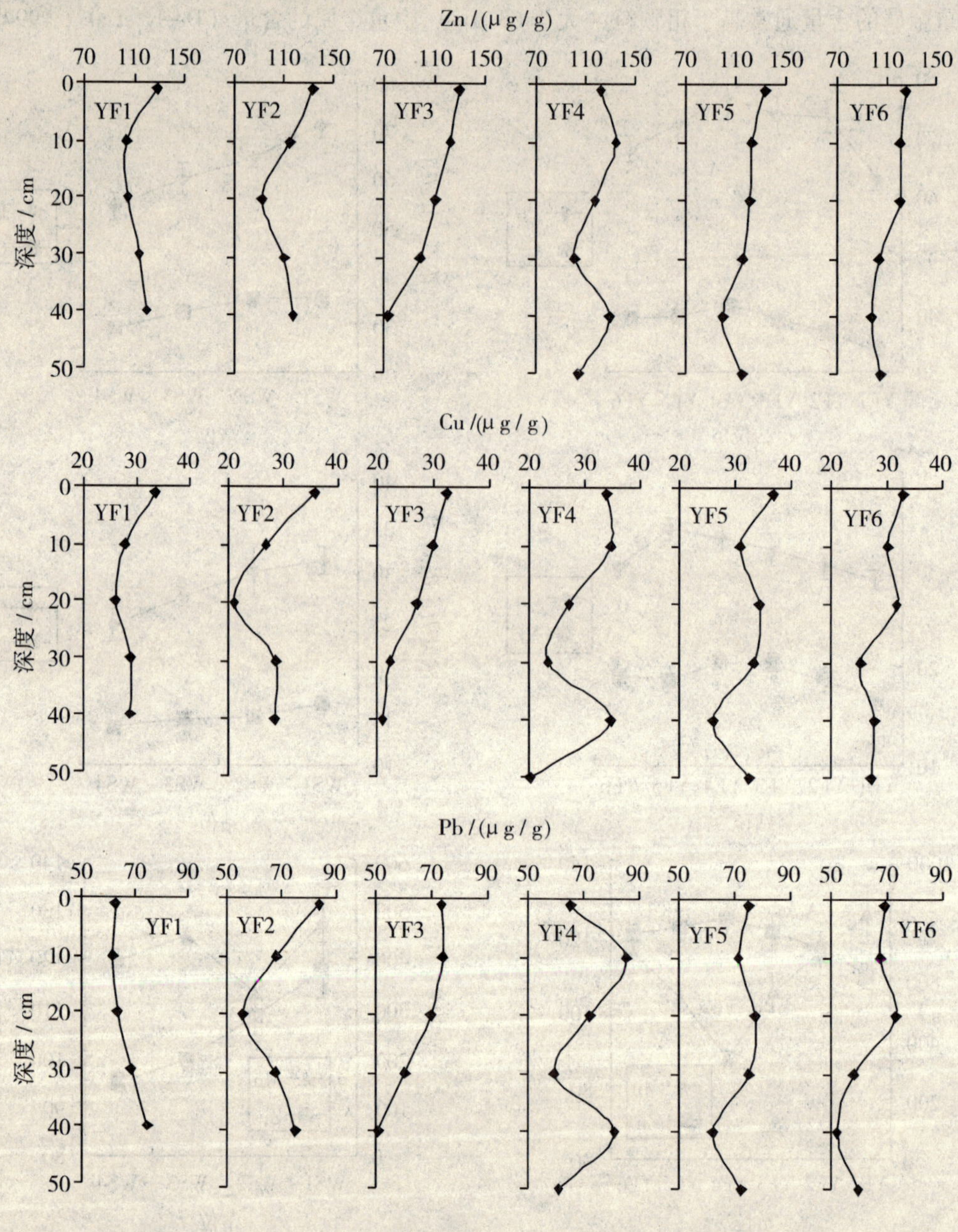

图 6－7　义丰溪口人工红树林沉积物中 Pb，Zn 和 Cu 含量的垂直分布

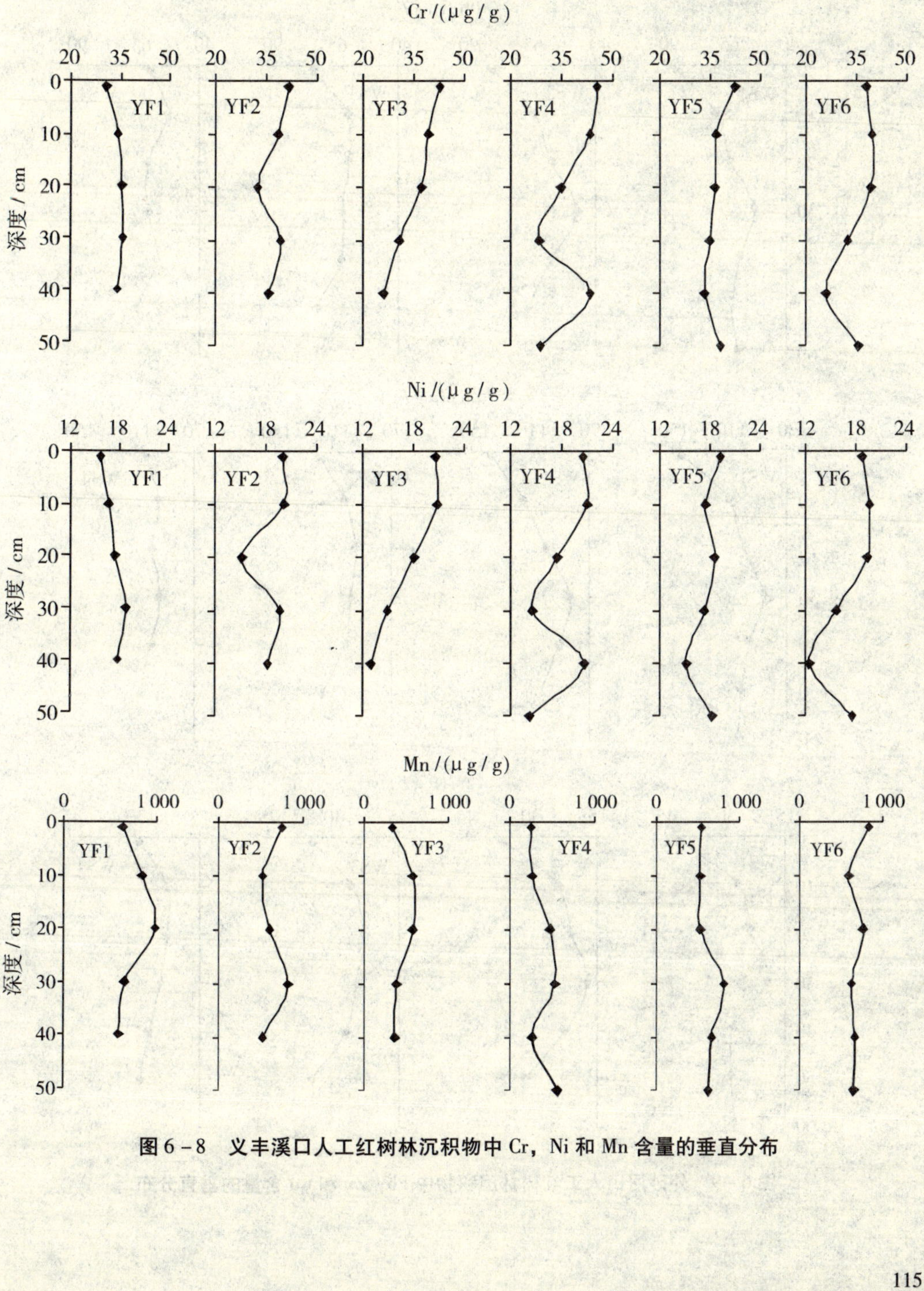

图6-8 义丰溪口人工红树林沉积物中Cr，Ni和Mn含量的垂直分布

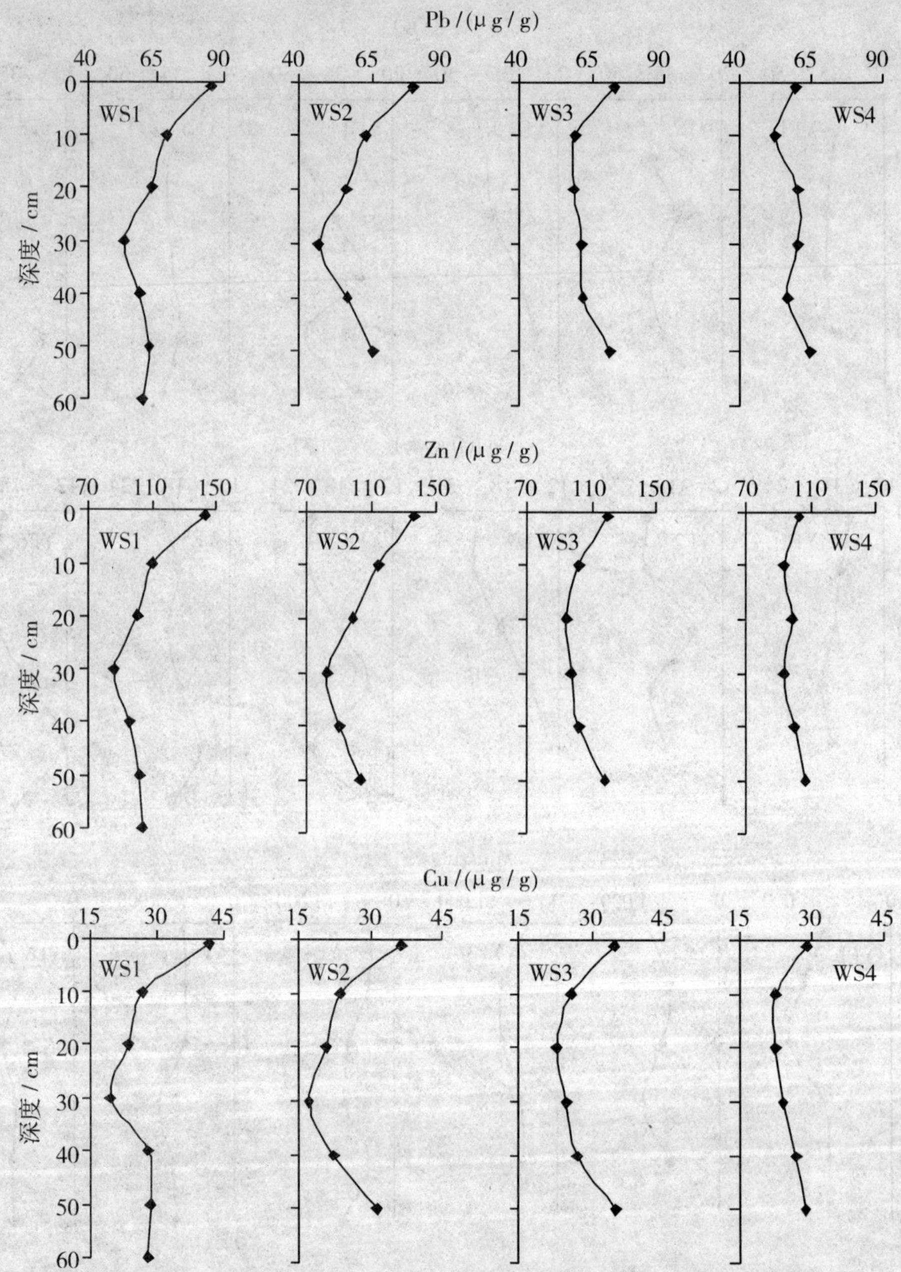

图 6-9　外砂河口人工红树林沉积物中 Pb，Zn 和 Cu 含量的垂直分布

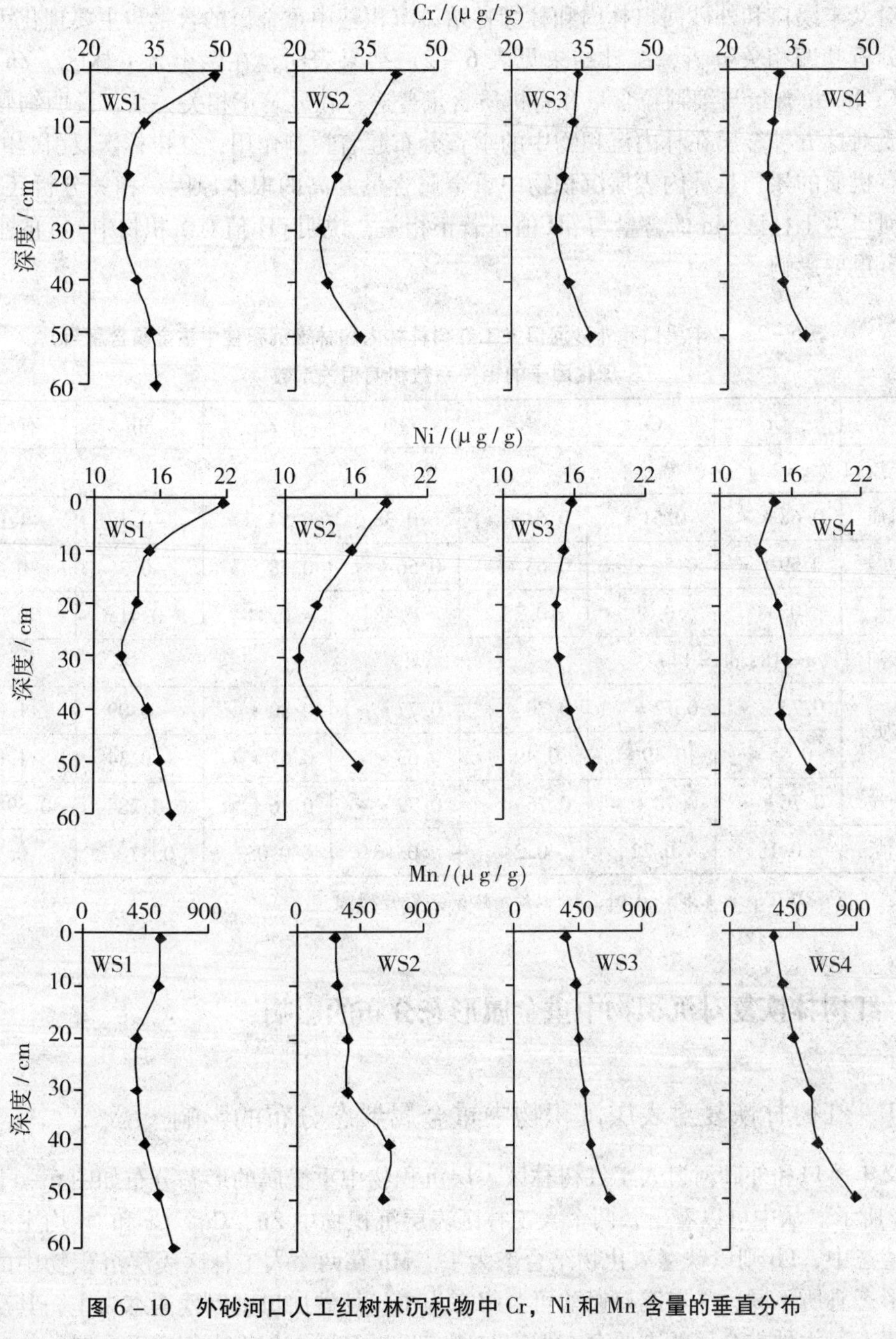

图 6-10 外砂河口人工红树林沉积物中 Cr，Ni 和 Mn 含量的垂直分布

对义丰溪口和外砂河口林内和林缘各站位沉积柱中重金属的含量与主要理化因子作相关分析和偏相关分析，统计结果见表6－2。结果表明，在两个人工林区，Zn，Pb，Cu，Cr和Ni含量与细颗粒含量和有机质含量普遍存在显著正相关关系，说明细颗粒和有机质对这五种金属在林内沉积物中的垂直分布起着控制作用，红树林恢复引起的细颗粒和有机质的累积是林内表层沉积物中重金属含量升高的根本原因。相关分析还表明，外砂河口人工林区Mn的含量与pH值显著正相关，说明pH值对沉积物中Mn的垂直分布具有重要影响。

表6－2　义丰溪口和外砂河口人工红树林林内和林缘沉积柱中重金属含量与理化因子的相关系数和偏相关系数

	Cr	Cu	Ni	Pb	Zn	Mn	有机质
义丰溪口（$n=22$）							
有机质	0.68 * *	0.51 *	0.64 * *	0.38	0.54 * *	−0.12	1.00
细颗粒	0.59 * *	0.54 * *	0.63 * *	0.56 * *	0.68 * *	−0.36	0.40
pH值	0.38	0.39	0.38	0.40	0.41	0.41	0.35
外砂河口（$n=18$；df ＝14）							
有机质#	0.73 * *	0.72 * *	0.70 * *	0.77 * *	0.80 * *	−0.09	1.00
	0.55 *	0.49 *	0.49 *	0.63 * *	0.67 * *	−0.34	1.00
细颗粒	0.76 * *	0.78 * *	0.76 * *	0.79 * *	0.76 * *	0.28	0.59 * *
pH值	0.18	0.22	0.24	0.16	0.05	0.57 *	0.18

注：*为$p<0.05$；* *为$p<0.01$；#为以细颗粒含量作为控制变量。

6.5　红树林恢复对沉积物中重金属形态分布的影响

6.5.1　红树林恢复对表层沉积物中重金属形态分布的影响

义丰溪口和外砂河口人工红树林区表层沉积物中重金属的形态分布如图6－11和图6－12所示。从中可以看出，两个人工林区表层沉积物中Zn，Cu，Cr和Ni均主要存在于残渣态中，Pb则以铁锰氧化物结合态为主。Mn在两个人工林区表层沉积物中的主要存在形态有所不同：义丰溪口以酸可溶解态为主；外砂河口则以残渣态为主，其次是酸可溶解态。六种重金属的主要存在形态与粤东近岸海域沉积物中相应重金属的一致，但相应重金属的赋存特征却存在较大的差别（乔永民，2004）。例如，本研究中 Pb 的铁锰氧化物结合态约占总量的 60%，远高于粤东近岸海域沉积物中 Pb 的铁锰氧化物结合态所占的比例（36%）。红树林恢复对沉积物中重金属形态分布的影响可能是引起这些差异的主要原因。

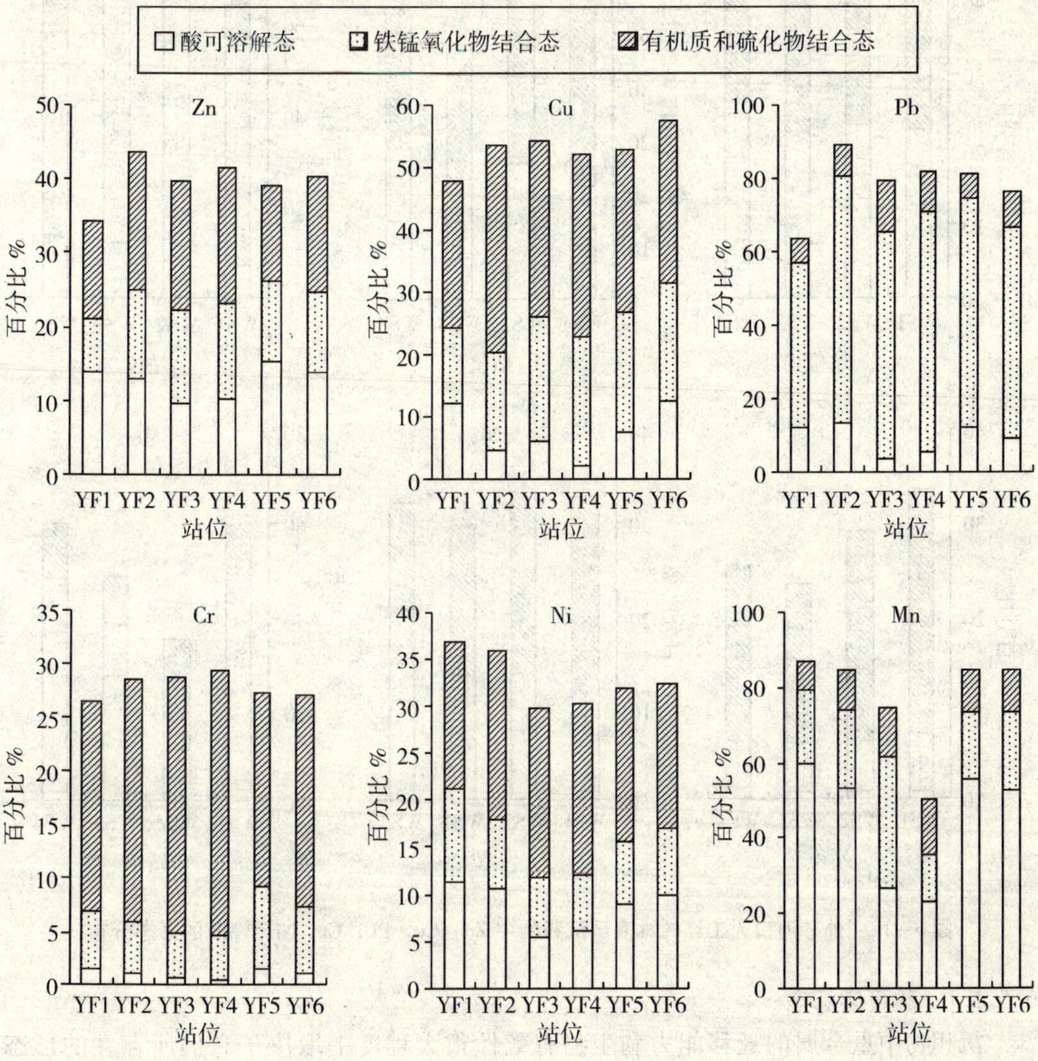

图 6-11　义丰溪口人工红树林表层沉积物中 Zn，Cu，Pb，Cr，Ni 和 Mn 的形态分布

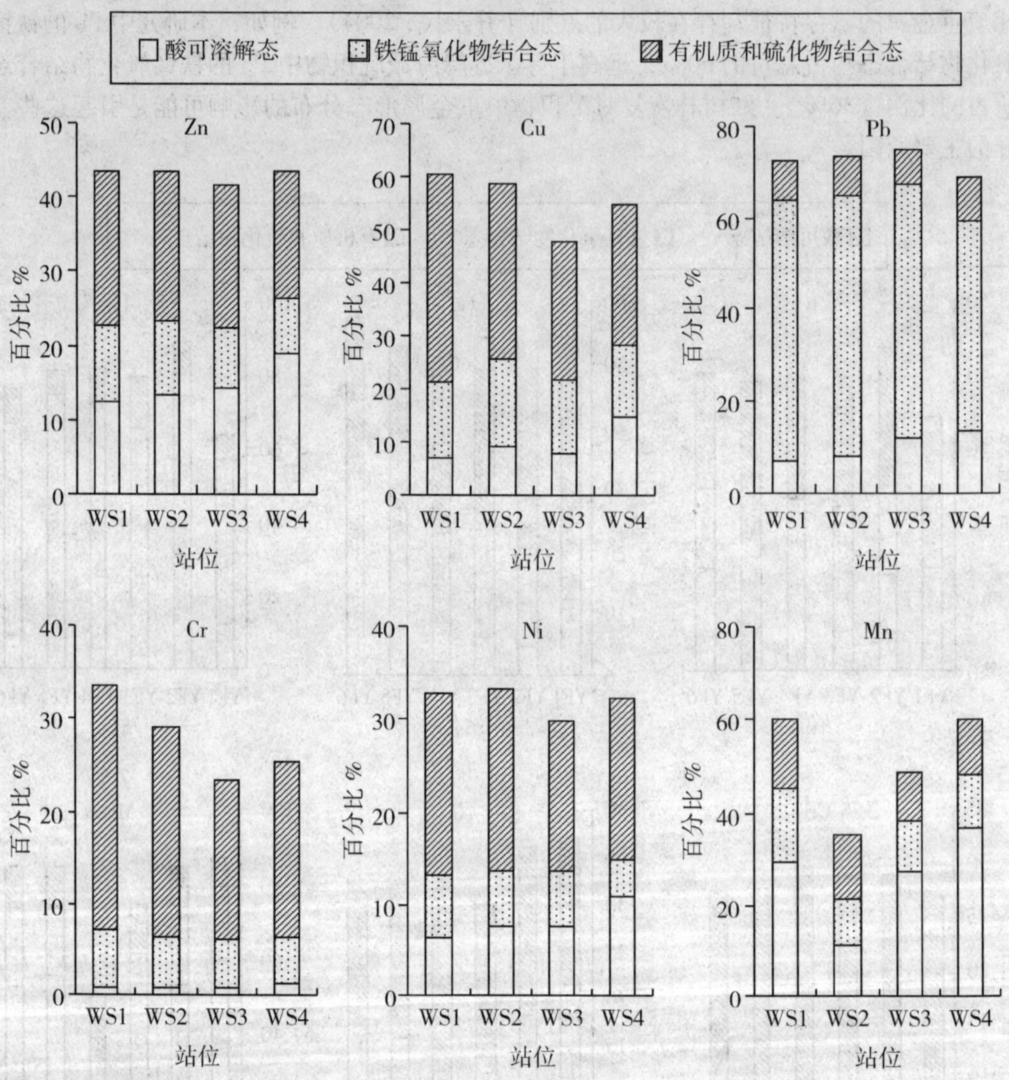

图 6－12　外砂河口人工红树林表层沉积物中 Zn，Cu，Pb，Cr，Ni 和 Mn 的形态分布

6. 5. 1. 1　酸可溶解态

沉积物中重金属的迁移能力和生物有效性很大程度上取决于它们所存在的形态（Yuan et al.，2004；Usero et al.，1998）。一般来说，酸可溶解态（水溶态＋可交换态＋碳酸盐结合态）代表了重金属中最易迁移、生物有效性最高的部分（Cuong et al.，2006；薛纪渝，1998）。从图 6－11 和图 6－12 中可以看出，两个人工林林内各站位表层沉积物中重金属酸可溶解态的含量均不同程度地低于林外光滩，说明林内表层沉积物中重金属易迁移部分的含量低于林外光滩，重金属生物有效性较低。Clark 等（1998）和 Lacerda 等（1991）报道了类似的结果，他们把这种现象归因于林内沉积物中金属硫化物和金属有机化合物的形成。本研究中，林内表层沉积物氧化还原电位显著高于林外光滩，表明林内表层沉积物有利于 Fe-Mn 氧化物的形成和沉淀，因此，Fe-Mn 氧化物的共沉淀作用可能是林内表层沉积物中重金属酸可溶解态含量降低的主要原因之一。此外，红树植物对水溶态重金属的主动或被动吸收也会引起重金属酸可溶解态含量的降低。

外砂河口林缘 WS3 站位表层沉积物中六种重金属的酸可溶解态含量也都不同程度地低于林外光滩 WS4 站位，但义丰溪口林缘两个站位表层沉积物中重金属的酸可溶解态含量与林外光滩两个站位没有显著差异。这可能是因为义丰溪口林缘红树植物的发育时间较短，对沉积物的改造作用仍然较弱；也可能是因为林缘处水动力的作用较强，表层沉积物经常发生再悬浮，导致林缘表层沉积物与林外光滩差异缩小。

6.5.1.2 铁锰氧化物结合态

铁锰氧化物结合态是重金属潜在的生物有效态。当沉积物的氧化还原电位降低时，重金属可重新释放进入孔隙水或上覆水体，迁移性和生物有效性大大增强（薛纪渝，1998；Turner，2000）。另外，结合在铁锰氧化物中的重金属在动物胃肠里可能发生部分的还原溶解或由于 H^+ 的竞争吸附而释放，因此对于滤食性动物和食腐屑底栖动物，铁锰氧化物结合态重金属具有一定的生物有效性（Langston et al.，1995；程晓东等，2001）。

从图 6－11 和图 6－12 可以看出，外砂河口林内表层沉积物中 Zn，Cu，Pb，Cr 和 Ni 铁锰氧化物结合态含量均不同程度地高于林外光滩；义丰溪口林内表层沉积物中 Pb，Zn 和 Cu 铁锰氧化物结合态含量也都明显地高于林外光滩；Mn 在义丰溪口林内 YF3 站位和外砂河口林内 WS1 站位表层沉积物中，铁锰氧化物结合态含量均高于对应的林外光滩；Pb 在两个林区林缘各站位表层沉积物中，铁锰氧化物含量也均高于林外光滩各站位。红树林恢复引起的林下表层沉积物氧化还原电位的升高可能是重金属铁锰氧化物结合态含量升高的根本原因。大量研究表明，红树植物根系能够向根际释放多余的氧气（根系渗氧），引起根系密集的表层或亚表层沉积物的氧化还原电位升高（Koch，1997；Youssef et al.，1996）。而氧化还原电位的升高将使沉积物中 Fe^{2+} 和 Mn^{2+} 氧化成 Fe^{3+} 和 Mn^{4+}，形成吸附性能很强的 Fe-Mn 氢氧化物或氧化物（Dong et al.，2000；Shaw et al.，1990；Singh et al.，1984），并和土壤溶液中的 Fe，Mn，Zn，Cu，Pb，Cr 和 Ni 等多种重金属离子发生共沉淀，导致重金属的铁锰氧化物结合态含量升高，水溶态含量降低，显著降低重金属的迁移性和生物有效性。

然而，Cr 和 Ni 在义丰溪口林内表层沉积物中，铁锰氧化物结合态的含量却低于上缘和下缘光滩表层沉积物；Cr 和 Ni 在林缘 YF2 站位表层沉积物中，铁锰氧化物结合态的含量也低于上缘光滩 YF1 站位表层沉积物（见图 6 - 6A）。在本研究中，林下表层沉积物中绝大部分的 Cr 和 Ni 结合于残渣态中，其次是有机质/硫化物结合态，铁锰氧化物结合态的含量均比较低。Lacerda 等（1991）研究了巴西东南部 Sepetiba 海湾红树林沉积物中 Cr 的形态分布，也得出类似的结果。因此可以推断，义丰溪口红树林区林下表层沉积物中 Cr 和 Ni 主要以残渣态（如难熔的金属有机复合物）和有机质/硫化物结合态累积起来，导致林下沉积物中 Cr 和 Ni 的铁锰氧化物结合态含量相对较低。

6.5.1.3　有机质/硫化物结合态

对于大多数重金属来说，有机质/硫化物结合态不易被生物体所吸收，是重金属相对稳定的一种结合态（林淑芬等，2006；薛纪渝，1998）。但是，当有机质发生分解或硫化物发生氧化时重金属可重新释放出来。图 6 - 11 和图 6 - 12 显示，在义丰溪口人工林区，Zn，Cu，Pb，Cr，Ni 和 Mn 六种重金属在林内表层沉积物中有机质/硫化物结合态的含量均高于上缘和下缘光滩；除 Pb 以外，外砂河口人工林区林内表层沉积物中其他五种重金属有机质/硫化物结合态的含量也均高于林外光滩。林下表层沉积物中有机质含量的升高可能是重金属有机质/硫化物结合态含量升高的根本原因。在本研究中，由于两个人工林林下表层沉积物的氧化还原电位相对较高（Eh > +100 mV），pH 值较低（pH <6），重金属硫化物结合态的含量可能相对较低（Clark et al.，1998）。相关分析表明，义丰溪口人工林表层沉积物中 Cr（$r=0.72$，$p<0.01$），Cu（$r=0.84$，$p<0.01$），Zn（$r=0.71$，$p<0.01$），Pb（$r=0.64$，$p<0.01$）和 Ni（$r=0.81$，$p<0.01$）的有机质/硫化物结合态含量与有机质含量显著正相关，暗示有机质对这五种重金属的空间分布具有重要影响。外砂河口人工林林内表层沉积物中 Pb 的有机质/硫化物结合态含量略低于林外光滩，这可能是因为 Pb 在沉积物（或土壤）中的分布主要受 Fe - Mn 氧化物控制（Li et al.，2001），林内表层沉积物的氧化还原电位和铁锰氧化物的含量较高，Pb 能够与 Fe-Mn 氧化物形成稳定的络合物（Ramos et al.，1994）。

6.5.2　红树林恢复对沉积物中非残渣态重金属垂直分布的影响

为研究红树林恢复对沉积物中非残渣态重金属垂直分布的影响，本研究从两个人工红树林区选取代表性站位作为研究对象。其中，义丰溪口选取林内 YF3，YF4 和光滩 YF1 站位；外砂河口选取林内 WS1，WS2 和光滩 WS4 站位。

6.5.2.1　酸可溶解态

义丰溪口和外砂河口人工红树林沉积物中重金属酸可溶解态含量的垂直变化如图 6 - 13 和图 6 - 14 所示。重金属酸可溶解态含量在两个人工林区林内和林外光滩各站位沉积物中没有明显的垂直变化趋势，但在义丰溪口人工林区林外光滩 YF1 站位沉积物中，六种重金属酸可溶解态含量表现为上层高于下层，其中 Zn 和 Cu 出现明显的表层富集。义丰溪口人工林区林外光滩上层沉积物中重金属较高的酸可溶解态含量可能与上层沉积物较低的 pH 和 Eh 有关，而近期外源污染物的输入可能是 Zn 和 Cu 出现表层富集的主要原因。对比林内和林外光滩可以发现，外砂河口林内沉积物中重金属酸可溶解态含量明显低于林外光滩，义丰溪口林内上层 0 ～ 20 cm 沉积物中重金属酸可溶解态含量也明显低于林外光滩，暗示红树林恢复降低了沉积物中重金属迁移能力最强的部分的含量。林内沉积物中重金属酸可溶解态含量的降低可能与林内沉积物较高的 Eh 和较高的有机质含量有关。

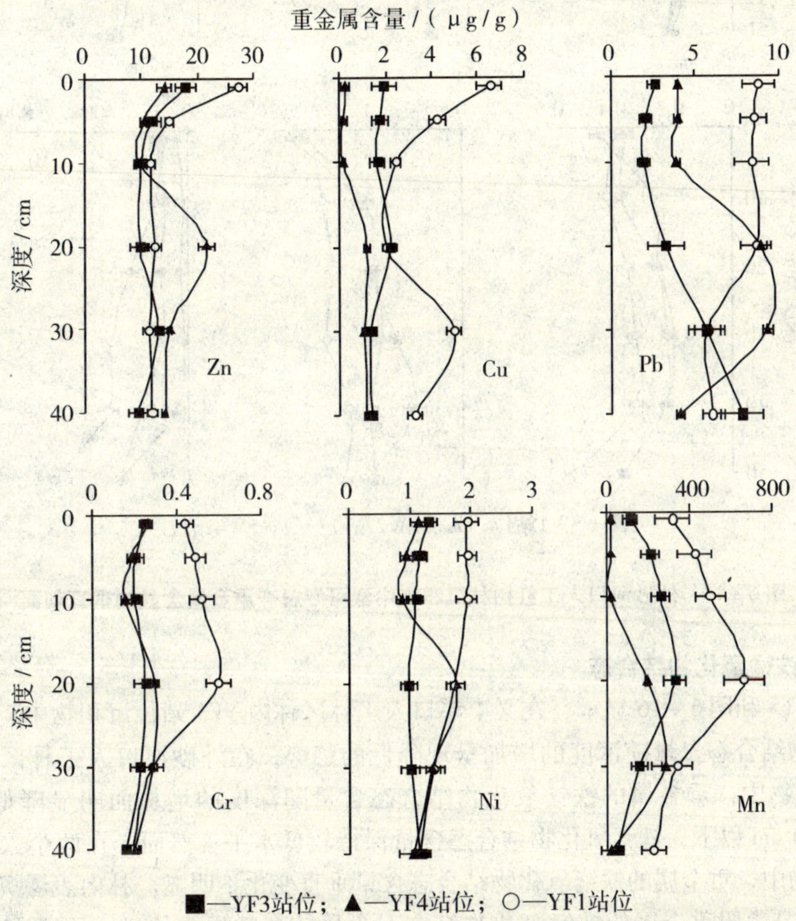

图 6 – 13　义丰溪口人工红树林沉积物中酸可溶解态重金属含量的垂直剖面

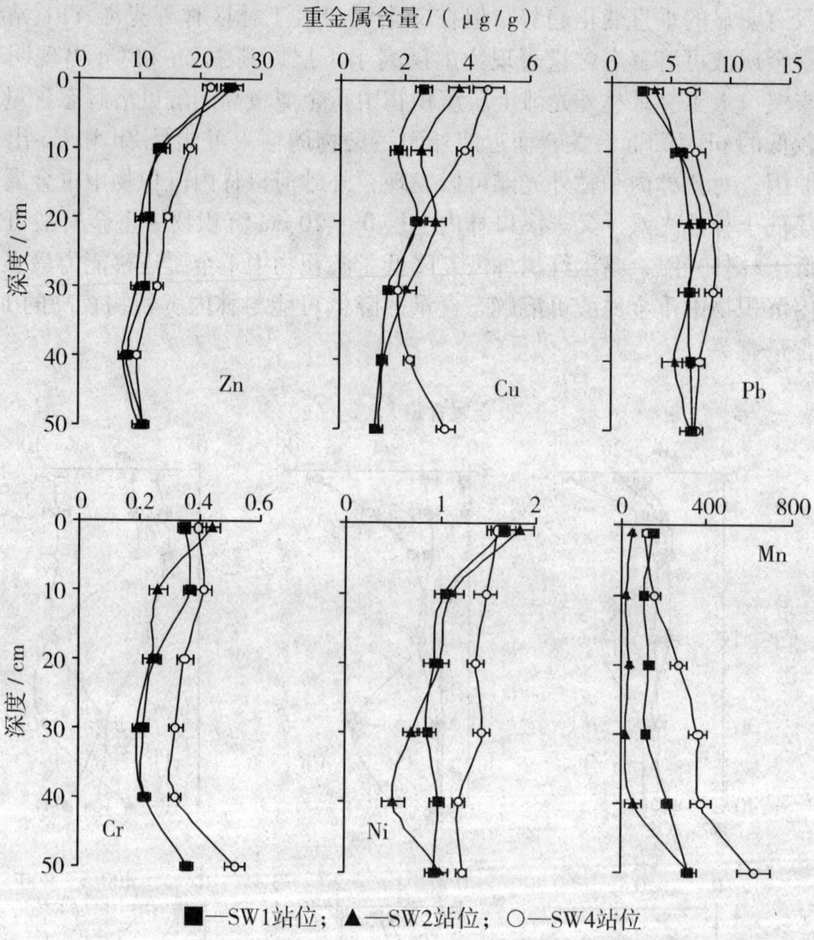

图 6－14　外砂河口人工红树林沉积物中酸可溶解态重金属含量的垂直剖面

6.5.2.2　铁锰氧化物结合态

图6－15和图6－16显示，在义丰溪口人工林区林内YF3站位沉积物中，重金属的铁锰氧化物结合态含量随深度的增加呈现降低的趋势；在外砂河口人工林区林内上层20 cm沉积物中，重金属的铁锰氧化物结合态含量随深度的增加而明显降低（Mn除外），在20 cm以下，铁锰氧化物结合态含量保持较低水平；然而，在两个人工林林外光滩沉积物中，重金属的铁锰氧化物结合态含量垂直变化不明显。林内表层沉积物较高的Eh可能是表层重金属的铁锰氧化物结合态含量较高的根本原因，而下层沉积物中Fe-Mn氧化物的还原溶解和酸溶解则使得铁锰氧化物结合态重金属的表层富集更加显

著。

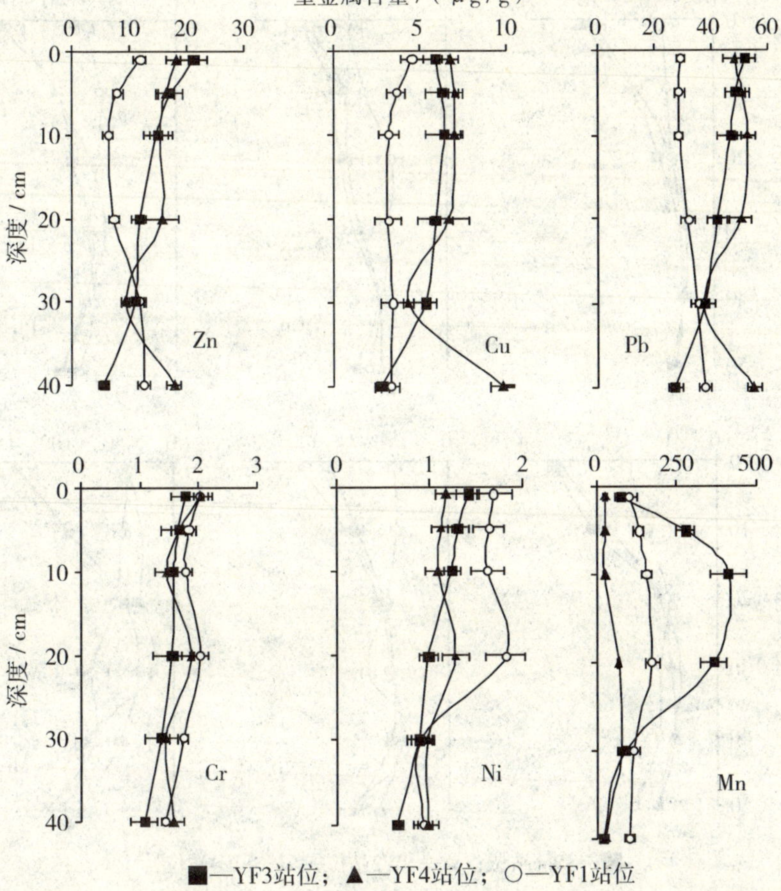

图6-15　义丰溪口人工红树林沉积物中铁锰氧化物态重金属含量的垂直剖面

Mn的铁锰氧化物结合态含量在外砂河口林内WS2站位表层沉积物中明显低于下层沉积物，而且低于林外光滩沉积物，这可能与该站位表层沉积物中较高的有机质含量和较低的pH值有关。在义丰溪口林内YF4站位沉积物中，六种重金属的铁锰氧化物结合态含量并没有像氧化还原电位的垂直变化趋势一样随深度的增加而逐渐降低。事实上，Mn的铁锰氧化物结合态含量在YF4站位沉积物中明显低于林外光滩。有机质的微生物分解以及低pH值引起的铁锰氧化物耗损可能是导致YF4站位沉积物中Mn的铁锰氧化物结合态含量较低并影响其他重金属的铁锰氧化物结合态垂直变化的主要原因。

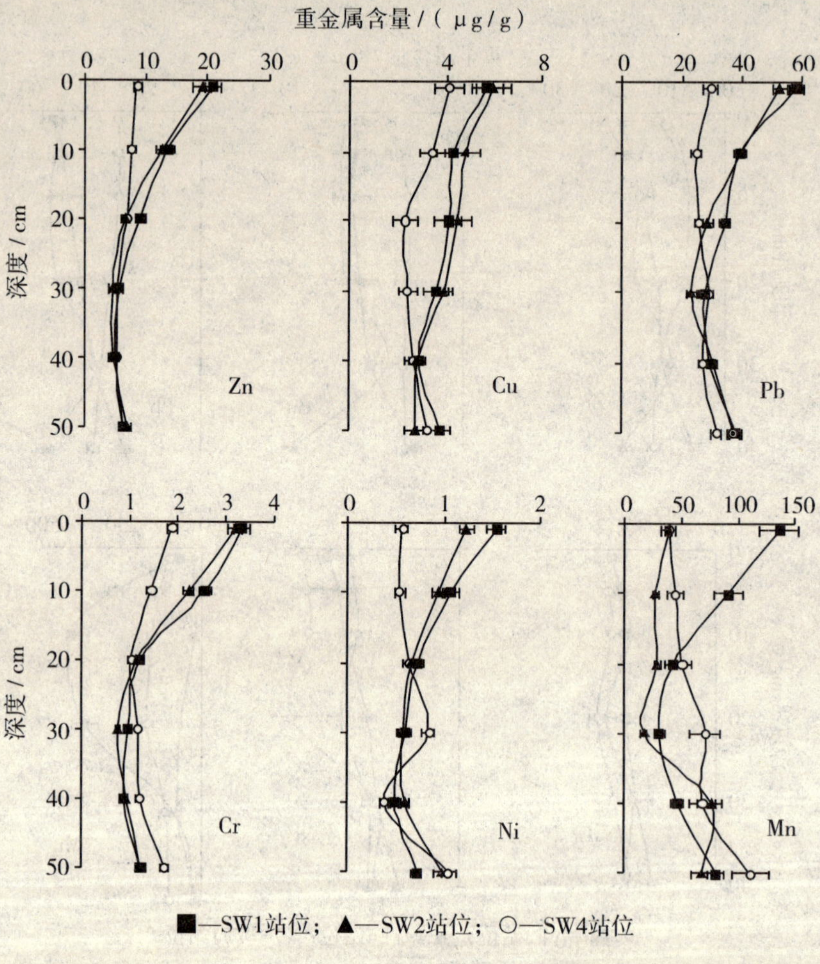

图6-16 外砂河口人工红树林沉积物中铁锰氧化物态重金属含量的垂直剖面

6.5.2.3 有机质/硫化物结合态

图6-17和图6-18显示，义丰溪口人工林区林内上层沉积物中重金属的有机质/硫化物结合态含量普遍高于下层沉积物，其中Zn，Cu，Cr和Ni在林内YF3站位出现明显的表层富集；在外砂河口人工林区林内上层20 cm沉积物中，重金属的有机质/硫化物结合态含量随深度的增加而明显降低，在20 cm以下，有机质/硫化物结合态含量保持较低水平；然而，在两个人工林林外光滩沉积物中，重金属的有机质/硫化物结合态含量垂直变化不明显。相关分析表明，义丰溪口林内沉积物中Cr（$r=0.75$，$p<0.01$），Cu（$r=0.84$，$p<0.01$），Zn（$r=0.90$，$p<0.01$）和Ni（$r=0.64$，$p<0.01$）

的有机质/硫化物结合态含量与沉积物中有机质含量显著正相关，外砂河口林内沉积物中 Cu（$r=0.93$，$p<0.01$），Cr（$r=0.84$，$p<0.01$），Ni（$r=0.84$，$p<0.01$），Zn（$r=0.79$，$p<0.01$）和 Pb（$r=0.76$，$p<0.01$）的有机质/硫化物结合态含量与沉积物中有机质含量显著正相关。这些结果暗示，人工林区林内沉积物中有机质含量对这几种重金属的有机质/硫化物结合态含量的垂直分布具有重要影响。因此，Zn，Cu，Cr 和 Ni 的有机质/硫化物结合态在义丰溪口林内 YF3 站位的表层富集应归因于表层沉积物中高的有机质含量。Mn 的有机质/硫化物结合态含量与有机质含量不存在显著的正相关性，这可能与沉积物中较低的 pH 值有关。前文分析表明，总 Mn 在红树林沉积物中的垂直分布主要受 pH 值的控制。

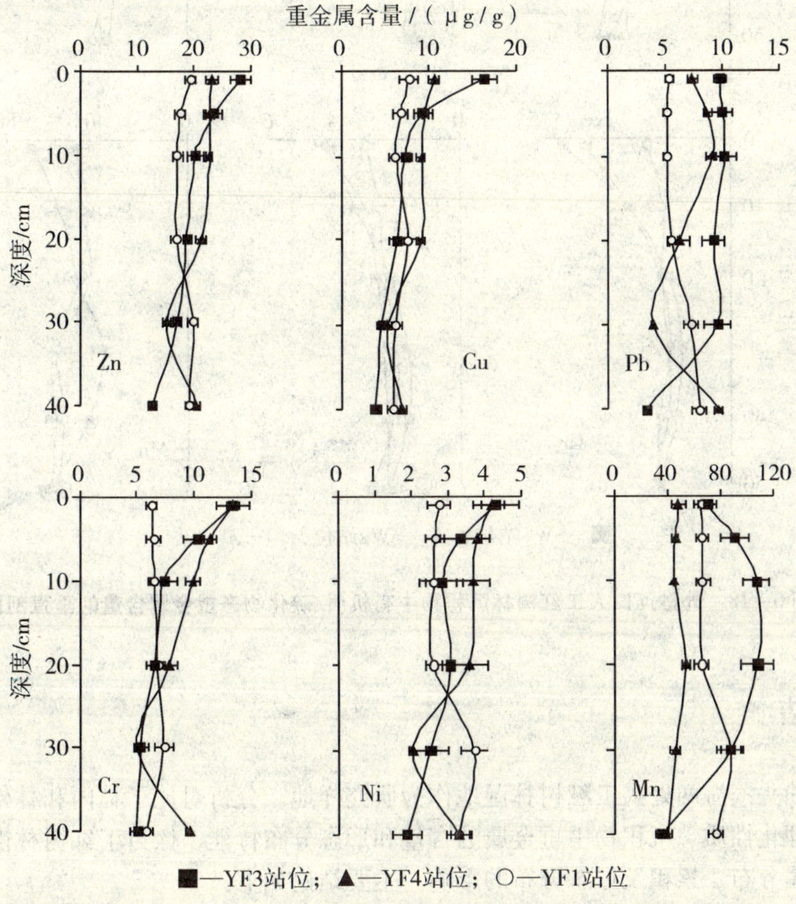

图6－17　义丰溪口人工红树林沉积物中有机质/硫化物态重金属含量的垂直剖面

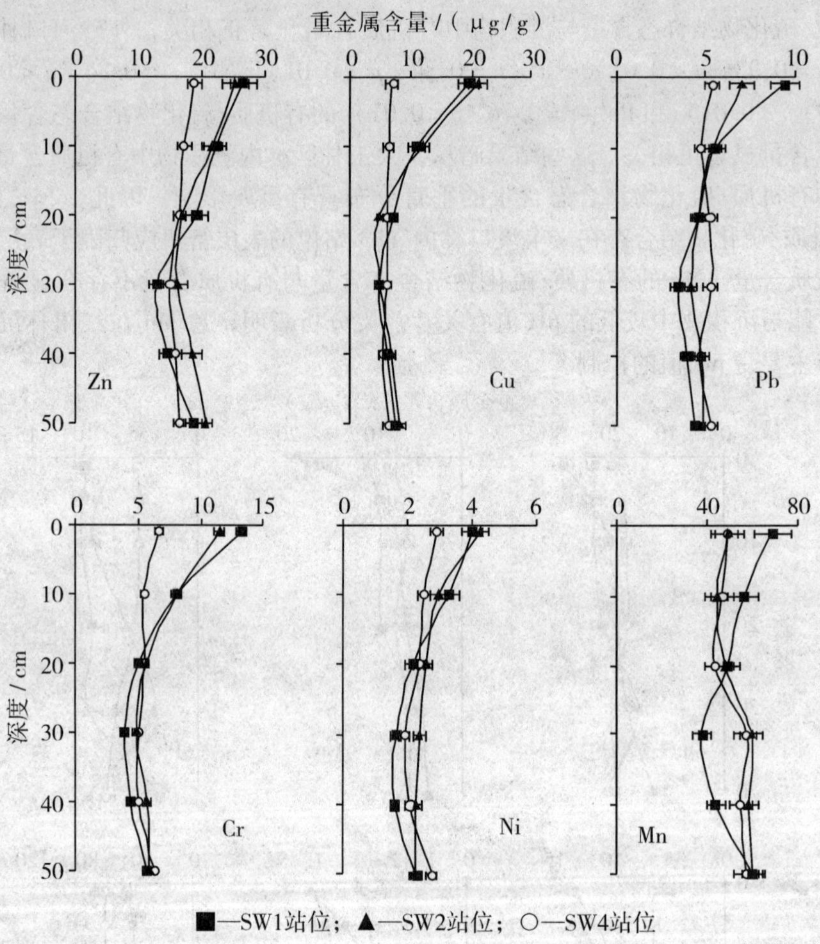

图 6-18　外砂河口人工红树林沉积物中有机质/硫化物态重金属含量的垂直剖面

6.6　小结

选择汕头滨海两处人工红树林湿地作为研究样地，分析对比了林内和林外光滩沉积物的主要理化性质、沉积物中重金属的含量和形态分布特征，探讨了红树林恢复对沉积物中重金属分布、累积及形态分布的影响。主要结论如下：

（1）红树林的恢复显著促进了表层沉积物中细颗粒、有机质和可溶性盐的累积，导致林内沉积物 pH 值显著降低，氧化还原电位显著升高。

（2）红树林恢复促进了Zn，Cu，Pb，Cr和Ni五种重金属在林下表层沉积物中的累积，显著改变了重金属在潮滩表层沉积物中的分布模式。五种重金属在人工林表层沉积物中的分布表现为：林内＞林缘＞光滩。Mn在两个人工林林内表层沉积物中出现不同程度的耗损。表层沉积物中Mn含量与有机质含量显著负相关，与pH值显著正相关。

（3）红树林恢复对沉积物中重金属的垂直分布产生显著的影响。Zn，Cu，Pb，Cr和Ni在林外光滩沉积物中没有明显的垂直变化趋势，而在林内0～30 cm沉积物中，五种重金属的含量随深度的增加而明显降低。

（4）红树林恢复明显降低了林内表层沉积物中重金属酸可溶解态的含量，普遍提高了林内表层沉积物中重金属的铁锰氧化物结合态和有机质/硫化物结合态的含量，在一定程度上降低了重金属的迁移性和生物有效性。

（5）红树林的恢复对沉积物中非残渣态重金属的垂直分布产生显著的影响。重金属酸可溶解态含量在林内沉积物中普遍没有明显的垂直变化趋势，而在义丰溪口林外光滩沉积物中则表现为上层（0～20 cm）高于下层。重金属的铁锰氧化物结合态和有机质/硫化物结合态含量在林内上层沉积物中普遍高于下层沉积物，而在林外光滩沉积物中垂直变化不明显。

参考文献

陈桂珠，陈桂奎，谭凤仪，等. 2000. 白骨壤模拟湿地系统对污水的净化效应［J］. 海洋环境科学，19（4）：23－26.

陈振楼，许世远，柳林，等. 2000. 上海滨岸潮滩沉积物重金属元素的空间分布与累积［J］. 地理学报，55（66）：41－651.

程晓东，郭明新. 2001. 河流底泥重金属不同形态的生物有效性［J］. 农业环境保护，20（1）：19－22.

戴纪翠，倪晋仁. 2009. 红树林湿地环境污染地球化学的研究评述［J］. 海洋环境科学，28：779－784.

韩维栋，凌大炯，李燕，等. 2003. 人工无瓣海桑林的土壤动态研究［J］. 南京林业大学学报：27：49－54.

蒋天成，刘守廷. 2007. ICP-AES快速测定土壤中硫含量［J］. 光谱实验室，24：99－102.

李旭林，郑康振，周炎武，等. 2010. 红树林恢复对潮滩表层沉积物氮素的影响［J］. 生态学报，30：3163－3172.

廖金凤. 1990. 海南岛东北部红树林盐土的化学性质［J］. 中山大学学报论丛，9：67－72.

林鹏. 1997. 中国红树林生态系［M］. 北京：科学出版社.

林淑芬，李辉信，胡锋. 2006. 蚓粪对黑麦草吸收污染土壤重金属铜的影响［J］. 土壤学报，43（6）：911－918.

景春，严重玲. 2006. 福建漳江口红树林湿地沉积物中四种重金属的空间分布特征［J］. 亚热带植物科学，35：1－5.
鲁如坤. 1999. 土壤农业化学分析方法［M］. 北京：中国农业科技出版社.
马骅. 1996. 人工合成污水对桐花树模拟湿地的影响及湿地净化效应研究［D］. 广州：中山大学.
马丽，蔡立哲，袁东星. 2003. 红树林区底栖动物污染生态学研究进展［J］. 台湾海峡，22（1）：113－119.
缪绅裕，陈桂珠，黄玉山，等. 1999. 模拟试验初探秋茄湿地系统中锌的分配与土壤容量［J］. 应用与环境生物学报，5（1）：8－10.
彭逸生. 2008. 红树林恢复的环境效应研究［D］. 广州：中山大学.
乔永民. 2004. 粤东近岸海域沉积物重金属环境地球化学研究［D］. 广州：暨南大学.
王永红，张经，沈焕庭. 2002. 潮滩沉积物重金属累积特征研究进展［J］. 地球科学进展，17：69－77.
许世远，陶静，陈振楼，等. 1997. 上海潮滩沉积物重金属的动力学累积特征［J］. 海洋与湖沼，28（5）：509－515.
薛纪渝. 1998. 环境中重金属研究文集［M］. 北京：科学出版社，161－165.
张希然，罗旋，陈研华. 1991. 红树林和酸性潮滩土［J］. 自然资源学报，6：55－61.
郑文教，林鹏. 1996. 深圳福田白骨壤红树林 Cu、Pb、Zn、Cd 的累积及分布［J］. 海洋与湖沼，27（4）：386－393.
Alongi D M, Pfitzner J, Trott L A, et al. 2005. Rapid sediment accumulation and microbial mineralization in forests of the mangrove Kandelia candel in the Jiulongjiang Estuary, China [J]. Estuarine, Costal and Shelf Science, 63: 605－618.
Boto K G, Wellington J T. 1984. Soil characteristics and nutrient status in a northern Australian mangrove forest [J]. Estuaries, 7 (1): 61－69.
Clark M W, McConchie D M, Lewis D W, et al. 1998. Redox stratification and heavy metal partitioning in Avicennia-dominated mangrove sediments: a geochemical model [J]. Chemical Geology, 149: 147－171.
Cuong D T, Obbard J P. 2006. Metal speciation in coastal marine sediments from Singapore using a modified BCR-sequential extraction procedure [J]. Applied Geochemistry, 21: 1335－1346.
Deely J M, Fergusson J E. 1994. Heavy metal and organic matter concentrations and distributions in dated sediments of a small estuary adjacent to a small urban area [J]. Science of the Total Environment, 153: 97－111.
Defew L H, Mair J M, Guzman H M. 2005. An assessment of metal contamination in mangrove sediments and leaves from Punta Mala Bay, Pacific Panama [J]. Marine Pollution Bulletin, 50: 547－552.
Dong D, Nelson Y M, Lion L W, et al. 2000. Adsorption of Pb and Cd onto metal oxides and organic material in natural surface coatings as determined by selective extractions: new evidence for the importance of Mn and Fe oxides [J]. Water Research, 34: 427－436.
Furukawa Y, Wolanski E, Mueller H. 1997. Currents and sediment transport in mangrove forests [J]. Estuarine, Coastal and Shelf Science, 44: 301－310.

Harbison P. 1986. Mangrove muds-a sink and a source for trace metals [J]. Marine Pollution Bulletin, 17: 246 - 250.

Holmer M, Kristensen E, Banta G, et al. 1994. Biogeochemical cycling of sulfur and iron in sediments of a southeast Asian mangrove, Phuket Island, Thailand [J]. Biogeochem, 26: 145 - 161.

Horowitz A J, Elrick K A. 1987. The relation of stream sediment surface area, grain size and composition of trace element chemistry [J]. Applied Geochemistry, 2: 437 - 452.

Hulth S, Aller R C, Gilbert F. 1999. Coupled anoxic nitrification/manganese reduction in marine sediments [J]. Geochimica et Cosmochimica Acta, 63: 49 - 66.

Koch M S. 1997. *Rhizophora mangle* L. seedling development into the sapling stage across resource and stress gradients in subtropical Florida [J]. Biotropica, 29: 427 - 439.

Kruitwagen G, Pratap H B, Covaci A, et al. 2008. Status of pollution in mangrove ecosystems along coast of Tanzania [J]. Marine Pollution Bulletin, 56 (5): 1022 - 1031.

Lacerda L D, Abrao J J. 1984. Heavy metal accumulation by mangrove and salt marsh intertidal sediments [J]. Brazilian Journal of Botany, 7: 49 - 52.

Lacerda L D, Carvalho C E V, Tanizaki K F, et al. 1993. The biogeochemistry and trace metals distribution of mangrove rhizosphere [J]. Biotropica, 25: 252 - 257.

Lacerda L D, Ittekkot V, Patchineelam S R. 1995. Biogeochemistry of mangrove soil organic matter: a comparison between Rhizophora and Avicennia soils in south-eastern Brazil [J]. Estuarine, Coastal and Shelf Science, 40: 713 - 720.

Lacerda L D, Pfeiffer W C, Fiszman M. 1987. Heavy metal distribution, availability and fate in Sepetiba Bay, S. E. Brazil [J]. Science of the Total Environment, 65: 163 - 167.

Lacerda L D, Rezende C E, Aragon G T, et al. 1991. Iron and chromium transport and accumulation in a mangrove ecosystem [J]. Water, Air and Soil Pollution, 57/58: 513 - 520.

Langston W J, Spence S K. 1995. Biological factors involved in metal concentrations observed in aquatic organisms [M] // Tessier A, Turner, D R. Metal Speciation and Bioavailability in Aquatic Systems. Chichester: John Wiley, 407 - 478.

Li X D, Shen Z G, Wai O W H, et al. 2001. Chemical forms of Pb, Zn and Cu in the sediment profiles of the Pearl River Estuary [J]. Marine Pollution Bulletin, 42: 215 - 223.

Machado W, Silva-Filho E V, Oliveira R R, et al. 2002. Trace metal retention in mangrove ecosystems in Guanabara Bay, SE Brazil [J]. Marine Pollution Bulletin, 44: 1277 - 1280.

Machado W, Santelli R E, Carvalho M F, et al. 2008. Relation of reactive sulfides with organic carbon, iron, and manganese in anaerobic mangrove sediments: implications for sediment suitability to trap trace metals [J]. Journal of Coastal Research, 24: 25 - 32.

Mackey A P, Mackay S. 1996. Spatial distribution of acid-volatile sulphide concentration and metal bioavailability in mangrove sediments from the Brisbane River, Australia [J]. Environmental Pollution, 93: 205 - 209.

Man K W, Zheng J, Leung A P K, et al. 2004. Distribution and behavior of trace metals in the sediment and porewater of a tropical coastal wetland [J]. Science of the Total Environment, 327: 295 - 314.

Marchand C, Lallier-Verges E, Baltzer F, et al. 2006. Heavy metals distribution in mangrove sediments along the mobile coastline of French Guiana [J]. Marine Chemistry, 98: 1 - 17.

Marini M E J, Jiménez M F S, Osuna F P. 2008. Trace metals accumulation patterns in a mangrove lagoon ecosystem, Mazatlán Harbor, southeast gulf of California [J]. Journal of Environmental Science and Health, 43 (9): 995 - 1005.

Mayer L M, Xing B S. 2001. Organic matter-surface area relationships in acid soils [J]. Soil Science Society of America Journal, 65: 250 - 258.

Nelson A T. 1993. Use of biomonitoring of control toxics in the US, EPA/600/R-3/157 [C] //Fish physiology, toxicology, and water quality management: processings of an international symposium sacramento. California: 18 - 19.

Perry C T, Berkeley A. 2009. Intertidal substrate modification as a result of mangrove planting: impacts of introduced mangrove species on sediment microfacies characteristics [J]. Estuarine, Coastal and Shelf Science, 81: 225 - 237.

Ponnamperuma P N. 1972. The chemistry of submerged soils [J]. Advances in Agronmy, 24: 29 - 96.

Praveena S M, Ahmed A, Radojevic M, et al. 2008. Heavy metals in mangrove surface sediment of Mengkabong lagoon, Sabah: multivariate and geo-accumulation index approaches [J]. International Journal of Environmental Research, 2 (2): 139 - 148.

Ramos L, Hernandez L M, Gonzalez M J. 1994. Sequential fractionation of copper, lead, cadmium and zinc in soils from or near Donana National Park [J]. Journal of Environmental Quality, 23: 50 - 57.

Rauret G, López-Sánchez J F, Sahuquillo A, et al. 1999. Improvement of the BCR three step sequential extraction procedure prior to the certification of new sediment and soil reference materials [J]. Journal of Environment Monitoring, 1: 57 - 61.

Shaifullah K M, Mezbahuddin M, Sujauddin M, et al. 2008. Effects of coastal afforestation on some soil properties in Lakshmipur coast of Bangladesh [J]. Journal of Forestry Research, 19: 32 - 36.

Shaw T J, Gieskes J M, Jahnke R A. 1990. Early diagenesis in differing depositional environments: the response of transition metals in porewater [J]. Geochimica et Cosmochimica Acta, 54: 1233 - 1246.

Silva C A R, Lacerda L D, Rezende C E. 1990. Heavy metal reservoirs in a red mangrove forest [J]. Biotropica, 22: 339 - 345.

Silva C A R, Silva A P, Oliveira S R. 2006. Concentration, stock and transport rate of heavy metals in a tropical red mangrove, Natal, Brazil [J]. Marine Chemistry, 99: 2 - 11.

Singh S K, Subramanian V, Gibbs R J. 1984. Hydrous FE and MN oxides-scavengers of heavy metals in the aquatic environment [J]. Critical Reviews in Environmental Science and Technology, 14: 33 - 90.

St-cyr L, Crowder A A. 1989. Factors affecting iron plaque on the roots of *Phragmites australis* (Cav.) Trin. ex Steudel [J]. Plant and Soil, 116: 85 - 93.

Tam N F Y, Wong Y S. 1997. Accumulation and distribution of heavy metals in a simulated mangrove system treated with sewage [J]. Hydrobiologia, 352: 67 – 75.

Tam N F Y, Wong Y S. 1996. Retention and distribution of heavy metals in mangrove soils receiving wastewater [J]. Environmental Pollution, 94: 283 – 291.

Tam N F Y, Wong Y S. 1995. Mangrove soils as sinks for wastewater-borne pollutants [J]. Hydrobiologia, 295: 231 – 242.

Tam N F Y, Wong Y S. 1993. Retention of nutrients and heavy metals in mangrove sediments receiving wastewater of different strengths [J]. Environmental Technology, 14: 719 – 729.

Tam N F Y, Wong Y S. 2000. Spatial variation of heavy metals in surface sediments of Hong Kong mangrove swamps [J]. Environmental Pollution, 110: 195 – 205.

Tam N F Y, Wong Y S. 1998. Variations of soil nutrient and organic matter content in a subtropical mangrove ecosystem [J]. Water, Air, and Soil Pollution, 103: 245 – 261.

Thibodeau F R, Nickerosn N H. 1986. Differential oxidation of mangrove substrate by *Avicennia gerninans* and *Rhizophora mangle* [J]. American Journal of Botany, 73 (4): 512 – 516.

Thomas R P, Ure A M, Davidson C M, et al. 1994. Three-stage sequential extraction procedure for the determination of metals in river sediments [J]. Analytica Chimica Acta, 286: 423 – 429.

Turner A. 2000. Trace metal contamination in sediments from U. K. estuaries: an empirical evaluation of the role of hydrous iron and manganese oxides [J]. Estuarine, Coastal and Shelf Science, 50: 355 – 371.

Usero J, Gamero M, Morillo J, et al. 1998. Comparative study of three sequential extraction procedures for metals in marine sediments [J]. Environment International, 24: 478 – 496.

Youssef T, Saenger P. 1996. Anatomical adaptive strategies to flooding and rhizosphere oxidation in mangrove seedlings [J]. Australian Journal of Botany, 44: 297 – 313.

Yuan C G, Shi J B, He B, et al. 2004. Speciation of heavy metals in marine sediments from the East China Sea by ICP-MS with sequential extraction [J]. Environment International, 30: 769 – 783.

Zhou Y W, Zhao B, Peng Y S, et al. 2010. Influence of mangrove reforestation on heavy metal accumulation and speciation in intertidal sediments [J]. Marine Pollution Bulletin, 60: 1319 – 1324.

第7章 汕头滨海湿地持久性有机污染物的研究

【内容导读】 持久性有机污染物一直是环境科学领域的热点问题，然而目前红树林中持久性有机污染物的研究依然少见报道。汕头红树林湿地是汕头国际湿地示范区的重要组成部分，有关该红树林湿地持久性有机污染物的污染研究尚未见报道。本研究通过对汕头红树林湿地生境的表层沉积物采样调查，分析并对比了多环芳烃和多氯联苯在不同红树林湿地的含量水平、与有机碳和黑炭等的相关性以及逸度。沉积物中多环芳烃的污染水平及分布特征结果显示，汕头红树林湿地表层沉积物多环芳烃的含量范围是56～238 ng/g，表明该地区的有机污染处于较低的水平。根据正矩阵因子分解法的源解析结果表明，汕头红树林湿地沉积物的多环芳烃来源有5种：煤和生物质燃烧、天然气的燃烧、煤焦油的燃烧、汽油或柴油的燃烧和石油及其制品的泄露。对沉积物中多环芳烃与多氯联苯的逸度分析发现，红树林同时显著改变了沉积物中多环芳烃与多氯联苯的迁移趋势。证明红树林可以净化其生境中沉积物以及海水和生物体内的持久性有机污染。

【关键词】 多环芳烃；汕头滨海湿地；红树林；沉积物

持久性有机污染物（Persistent Organic Pollutants，POPs）是指环境中很难通过物理、化学、生物过程降解的一类有机污染物。持久性有机污染物可以在环境中长期稳定地存在、长距离传输，在人类及动物体内累积并通过食物链的放大作用，最终对人类健康及环境造成显著的潜在影响。

历史上，持久性有机污染物曾经被长期用做农药和杀虫剂，并且在各种工业产品中广泛应用。此类污染物在环境中很少有天然来源，大多数来自人类有意或者无意的工业生产。联合国环境规划署理事会于2001年在斯德哥尔摩签署《关于持久性有机污染物的斯德哥尔摩公约》，规定了严格限制使用的12种有机污染物，包括艾氏剂、狄氏剂、异狄氏剂、氯丹、七氯、灭蚁灵、毒杀芬、六氯苯、滴滴涕、多氯联苯、多氯联苯并代二噁英、多氯联苯并代呋喃。其后，多环芳烃、溴系阻燃剂等也被相继补充到这份名单中。

持久性有机污染物由于其具有低水溶性、亲脂性的特点，可以被生物有机体在生长发育过程中直接从环境介质或从所消耗的食物中摄取并累积，因而具有生物累积性。持久性有机污染物具有远距离迁移的潜在能力，它们能在大气环境中长距离迁移并沉降回地球的偏远极地地区（任仁，2003）。

由于具有上述特征，持久性有机污染物一直是环境科学领域最热门的研究方向，并已有大量研究报道。

红树林沉积物的地球化学特性为沉积物与污染物的结合提供了良好的机会。疏水性有机污染物被吸附在沉积物中，可能的原因就是沉积物含有大量细小的颗粒，而这些大量细小的颗粒则具有巨大的表面积。红树林沉积物对重金属的截获是通过包括硫化物（Lacerda et al.，1991）、颗粒有机碳和离子羟基氧化物（Chapman et al.，1998）等错综复杂的结合过程而实现的。因此，人为源的污染物被水过滤而累积在红树林的沉积物中（Bayen et al.，2005；Bhattacharya et al.，2003；Tam et al.，2002；Tam et al.，1995），进而就有可能通过食物链的放大作用而被富集在生物组织中。这意味着红树林沉积物对污染物的累积存在对人类健康构成潜在威胁的巨大风险。

本研究选取两类持久性有机污染物：多环芳烃（Polycyclic Aromatic Hydrocarbons，PAHs）和多氯联苯（Polychlorinated Biphenyls，PCBs），研究其在汕头滨海湿地的污染状况和环境行为。PAHs 主要有两种来源方式：一种是人为源，包括各种垃圾的燃烧、煤炭的燃烧、原油生产和运输过程中的溢油事件等；另一种来源称为自然源，主要包括化石燃料和木柴等生物质的燃烧。而 PCBs 完全来自工业生产，由于其良好的绝缘性、抗热性和化学稳定性，20 世纪 30 年代开始美、英、日等发达国家大量生产，被广泛用做蓄电池、变压器、电力电容器的绝缘散热介质，以及绝缘油、油漆、墨水等产品的添加剂。

PAHs 有较强的疏水性、很低的溶解度和蒸汽压，倾向累积于沉积物和很多有机组分中（Kannan et al.，2003a，b，2005；Koh et al.，2004；Magi et al.，2002；Savinov et al.，2000；Yamashita et al.，2000）。PAHs 之所以受到研究者的关注，是因为其在环境中的持久性（Neff，1985）、生物累积能力（Landrum et al.，1991；Weston，1990）、毒性（Swartz et al.，1990；Varanasi，1989）和致癌性（Penning，1993；DeWitt et al.，1992）。不同单体 PAH 有不同的环境行为，基于此，美国国家环境保护署（USEPA）把 16 种母体 PAHs 列入优先控制的化合物名录；联合国欧洲经济委员会发布的长程越界空气污染公约中同样包括 PAHs 类物质（UNECE，1998）；PAHs 也是联合国环境规划署进行的持久性有机毒物区域评价中重点关注的污染物质（UNEP，2002）；其中有 7 种 PAHs 也被我国列入优先控制的黑名单。本研究主要探讨的就是被 USEPA 优先控制的 16 种母体 PAHs。

7.1 红树林湿地 PAHs 污染研究进展

相对于其他环境介质来说，对红树林湿地 PAHs 污染的研究并不多见且起步较晚。

卢昌义等（1990）用红树植物的叶片黏油量变化来监测海水石油污染，这是首次与 PAHs 污染有关的红树植物监测环境污染的报道。Klekowski 等（1994）对波多黎各岛西南海岸红树林研究的结果表明，红树林沉积物中 PAHs 的浓度范围为 500 ～ 6 000 ng/g，并认为红树植物的变异与沉积物 PAHs 的浓度显著正相关，这是红树林沉积物 PAHs 含量分布记录的最早文献。Bernard 等（1996）对加勒比海瓜德罗普岛海岸有红树林围绕的泻湖的沉积物进行了研究，结果表明，沉积物 PAHs 的浓度范围是 103 ～ 1 656.5 ng/g，并认为这些 PAHs 的来源是热解源，这是有关红树林沉积物 PAHs 源解析最早的研究工作。

中国香港的一些研究者先后对香港米埔沼泽及内后海湾拉姆萨尔国际重要湿地等的红树林开展了 PAHs 污染的研究。Zheng 等（2000）对米埔后海湾红树林湿地沉积物的 PAHs 浓度进行调查，15 种 PAHs 的总含量范围是 666 ～ 1 042 ng/g，并发现随红树林内向陆地方向泥滩沉积物总 PAHs 含量逐渐减少，认为靠近红树林边缘沉积物浓度较泥滩高是因为几种特定的 PAH 同系物含量较高的缘故。Tam 等（2001）对香港地区 4 个红树林湿地研究的结果表明，15 种 PAHs 的总浓度范围为 356 ～ 11 098 ng/g，高于香港港口海洋沉积物总 PAHs 的浓度，表明红树林湿地有累积 PAHs 的能力；同时，从不同环境 PAH 化合物的特征、与沉积物的理化性质的关系、与其他红树林湿地和不同环境介质中 PAHs 浓度的对比、毒性风险评价指标以及利用特征化合物比值判断 PAHs 来源等方面对沉积物中的 PAHs 污染进行了较为详细和全面的研究，认为这些红树林湿地沉积物中的 PAHs 含量处于相对不高的水平，也不会有生态风险，主要来源于人为的输入，不同区域 PAHs 的污染特征差别明显，沉积物中 PAHs 含量的高低更多地取决于直接的外源输入而不是沉积物的理化性质。但 Liang 等（2007）认为，洪季米埔红树林湿地沉积物中 PAHs 含量与沉积物有机碳含量显著正相关，并认为造成这一现象的主要原因是人为输入的有机物与 PAHs 结合而加强了 PAHs 在沉积物中存在的持久性。Zheng 等（2002）对米埔后海湾的泥滩和红树林内沉积物的 PAHs 进行了对比研究，结果显示总 PAHs（15 种）泥滩平均值是 360 ng/g，红树林内平均值是 770 ng/g，表明林内高于泥滩；总 PAHs 浓度在垂直深度上从上到下有逐渐减少的趋势，而且总 PAHs 浓度随季节的变化没有明显的改变，局部输入而不是长距离的大气迁移是 PAHs 的主要来源。然而，Ke 等（2005）的研究结果表明，香港湿地保护区内的红树林湿地表层 0 ～ 5 cm 的总 PAHs 浓度（16 种）要低于 15 ～ 20 cm 的总 PAHs 的浓度，表层 2 ～ 3 cm 的总 PAHs

浓度范围是 56～3 758 ng/g。

有关红树植物与 PAHs 污染相关的研究也不多。Ke 等（2003）研究了种植秋茄（*Kandelia candel*）和木榄（*Bruguiera gymnorrhiza*）的微观系统对 Pyr 的去除，发现种植秋茄的微观系统中 Pyr 的去除高于种植木榄的微观系统，表层和底层没有明显的差别，只有当植物根直接接触被 Pyr 污染的沉积物才表现出吸收并累积的行为。在此基础上，他们进一步研究了腐殖酸对种植秋茄的微观系统中芘的去除的影响，发现腐殖酸对 Pyr 的去除产生了严重的影响，并且影响了秋茄幼苗的正常生长。

红树植物是红树林湿地生态系统的关键因素，红树林湿地的特殊性和重要生态功能完全取决于这一因素。植物修复环境污染物是近年来各环境领域的研究热点，在 PAHs 污染土壤修复上已经作为一种应急措施而被广泛应用（Binet et al.，2000；Liste et al.，2000；Günther et al.，1996；Reilley et al.，1996；Qiu et al.，1994；Schwab & Banks，1994）。红树植物能够改变沉积物的 pH 值、盐度和氧化还原电位等理化性质，还能够增强沉积物中微生物的活性和矿物质的转化（Holguin et al.，2001）。红树植物的这些特性对 PAHs 污染的修复具有重要的现实意义，若与微生物修复联合作用，无疑是解决红树林湿地 PAHs 污染问题的一种重要的手段。

中国内地对红树林湿地 PAHs 污染的研究起步较晚，而且研究的区域局限性很大。到目前为止的研究大多集中在福建九龙江口红树林湿地（Tian et al.，2008a；陆志强等，2005，2007；蔡立哲等，2005；张军等，2003；陆志强，2002），少数在深圳福田红树林湿地（Zhang et al.，2004）、厦门凤林红树林湿地（Tian et al.，2008b）；在研究方向上，涉及沉积物浓度分布（Tian et al.，2008a；陆志强等，2007；Zhang et al.，2004；张军等，2003；陆志强，2002）、生物降解及降解菌筛选（Tian et al.，2008a；Tian et al.，2008b；Lin & Cai，2008；骆苑蓉等，2005；梁佩芝等，2003）、对藻类的毒性（洪有为等，2008；Hong et al.，2008）、对红树植物的影响（陆志强等，2005；陆志强，2002）、对底栖动物的影响（蔡立哲等，2005）等诸多领域。中国红树林分布较为广泛，而且大部分红树林都分布在广东、海南和广西沿海地区。红树林湿地是比较脆弱的生态系统，对环境污染较为敏感（Burns et al.，1993），加之 PAHs 相对于其他环境污染物，具有来源更为广泛（比如陆地交通和海洋运输的排放等）、不易降解（特别是高相对分子质量 PAH 化合物）、毒性（Swartz et al.，1990；Varanasi，1989）和持久性（Neff，1985）等特点，使得红树林日益面临污染的威胁。当然，解决环境污染的根本途径是彻底消除污染物的来源，但就目前情况以及可以预见的未来，完全断绝污染源是不现实的。正是在这个意义上，对我国红树林湿地进行全面的 PAHs 污染研究，应当是我国红树林领域研究者为保护红树林甚至整个地球生态系统所面临的艰难而重大的任务。

7.2 样品采集与样品分析

站位分布：根据汕头海岸红树林湿地地理位置、实际面积的大小、污染源分布状况以及水文地质等情况，选取有典型代表性的两处红树林湿地，分别是苏埃湾天然次生桐花树林、义丰溪口人工无瓣海桑林，详见第6章描述。

采集红树林中央、边缘及光滩的沉积物，用铝箔包好放入封口袋，现场立即用冰块保存。运回实验室后，立即于 -20 ℃冰箱内保存。分析前冷冻干燥，研磨后过100目金属筛。

样品采用超声波萃取、硅胶/碱性氧化铝层析柱纯化、GC-MS 分析。仪器检出限为 0.2～2.5 pg，方法检出限为 0.021～0.197 ng/g，加标空白 PAHs 的回收率均值是 73.99%～124.67%。

有机碳分析：取适量冻干后的沉积物样品，以3 mol/L 盐酸酸化处理，直到不再冒出气泡为止，去除碳酸盐。将处理后样品烘干待用，以 CHN 元素分析仪测定 OC 含量（Arfsten et al.，1996；Webster et al.，2003）。

黑炭：土壤沉积物中黑碳含量的测定采用 Song 等（2002）介绍的方法。其测定原理和基本过程是：① 称取 5 g 左右过 100 目筛的冻干土样；② 加入 25 mL 浓度为 3 mol/L的 HCl，反应 24 h 除去碳酸盐；③ 加入 25 mL 浓度为 10 mol/L 的 HF：1 mol/L 的 HCl，反应 24 h 除去硅酸盐；④ 加入 25 mL 浓度为 10 mol/L 的 HCl，反应 24 h 除去可能生成的 CaF_2；⑤ 加入 25 mL 浓度为 0.1 mol/L 的 $K_2Cr_2O_7$：2 mol · L^{-1}的 H_2SO_4，在（55 ±1）℃下除去有机碳，反应 72 h；⑥ 得到的剩余物即为黑碳样品，离心和烘干后直接用 CHN 元素分析仪测定黑碳含量。

7.3 不同红树林湿地表层沉积物中 PAHs 的分析

7.3.1 苏埃湾天然桐花树林湿地表层沉积物中的 PAHs

苏埃湾天然次生桐花树林湿地表层沉积物的总 PAHs 含量分布情况见图 7 - 1。由图可知，总 PAHs 含量随着林内、林边缘和低潮带光滩的方向呈线性（$R^2 = 0.999$）下降趋势。总 PAHs 在林内沉积物、林边缘沉积物以及低潮带光滩沉积物中的含量差异达显著水平（$p < 0.05$），林内沉积物的总 PAHs 含量与低潮带光滩的总 PAHs 含量差异达显著水平（$p < 0.01$），说明总 PAHs 在苏埃湾天然次生桐花树林湿地内的沉积物中产生了明显的积累现象。Wong 等（1997）、Huang 等（2000）和 Zhang 等（2004）的研究结果也表明污染物被累积在红树林内沉积物中。这些研究结果表明，污染物被积累在红树

林湿地内部沉积物中可能是红树林净化环境的重要功能。

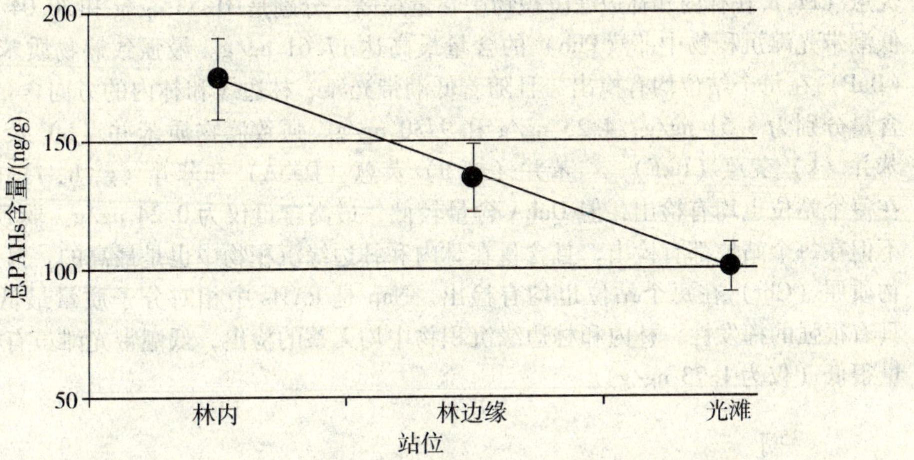

图 7-1 苏埃湾天然次生红树林湿地沉积物的总 PAHs 含量分布趋势

对苏埃湾天然桐花树林湿地表层沉积物中 PAHs 的组成特征进行分析，结果见图 7-2。3 环、4 环和 5 环 PAHs 是不同站位 PAH 化合物的主要组成成分。其中，4 环 PAH 化合物在不同站位都占据着最高的比例，在林内、林边缘和低潮带光滩分别为 44.7%，51.88% 和 40.99%。不过在林边缘和低潮带光滩沉积物中没有检测到 2 环的萘（Nap）。Nap 是原油和石油轻组分中重要的组成成分，是石油源 PAHs 污染的一个指示物（Sporstol et al.，1983），具有很强的挥发性。除去 2 环的 Nap，6 环 PAH 化合物所占比例在每个站位都是最小的。

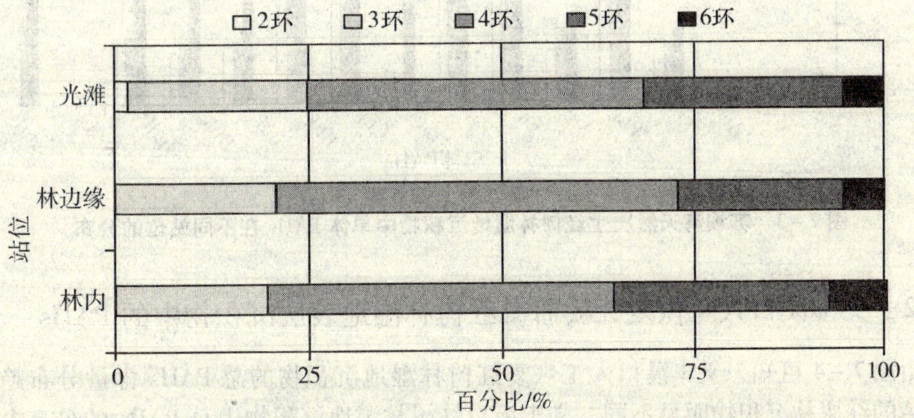

图 7-2 苏埃湾天然次生红树林湿地沉积物中不同环数 PAHs 所占的比例

对苏埃湾红树林湿地表层沉积物中的单体 PAH 化合物作进一步分析，结果见图7 - 3。荧蒽（Fla）在林内和林边缘沉积物中含量最高，分别是 31.55 ng/g 和 30.04 ng/g，而在低潮带光滩沉积物中菲（Phe）的含量最高达 17.61 ng/g。最强致癌物质苯并（a）芘（BaP）在每个站位均有检出，且随着低潮带光滩、林边缘和林内的方向含量逐步增高，含量分别为 3.51 ng/g，4.23 ng/g 和 9.30 ng/g。强致癌物质苯并（b）荧蒽（BbF）、苯并（k）荧蒽（BkF）、二苯并（a，h）荧蒽（DahA）和苯并（g，h，i）芘（BghiP）在每个站位也均有检出，但 DahA 含量较低，最高含量仅为 0.24 ng/g。弱致癌物质 Fla 不但在每个站位都有检出，且含量在林内和林边缘沉积物中也是最高的。另一个弱致癌物质屈（Chr）在每个站位也均有检出。Nap 是 PAHs 中相对分子质量最低的化合物，具有很强的挥发性，林内和林边缘沉积物中均无萘的检出，低潮带光滩虽有检出，但含量很低（仅为 1.73 ng/g）。

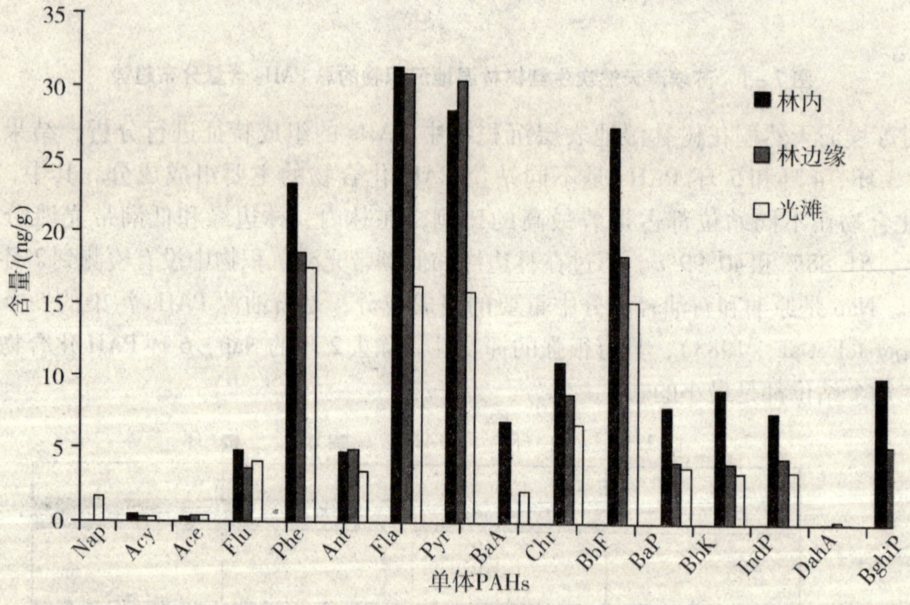

图 7 - 3　苏埃湾天然次生红树林湿地沉积物中单体 PAHs 在不同站位的分布

7.3.2　义丰溪口人工恢复无瓣海桑红树林湿地表层沉积物中的 PAHs

由图 7 - 4 可知，义丰溪口人工恢复红树林湿地沉积物的总 PAHs 含量分布趋势与苏埃湾的红树林沉积物明显不同。义丰溪口红树林湿地沉积物中总 PAHs 的最高含量在低潮带林边缘，而最低含量在林内。方差分析结果显示，林内、林边缘和低潮带光滩沉积物的总 PAHs 含量达显著差异水平（$p<0.05$），林边缘与林内沉积物的总 PAHs 含量达显著差异水平（$p<0.01$），林边缘与低潮带光滩沉积物的总 PAHs 含量也达显著差异水平（$p<0.01$）。这说明，总 PAHs 在义丰溪口人工恢复红树林湿地林边缘沉积物中产生了明显的累积现象。

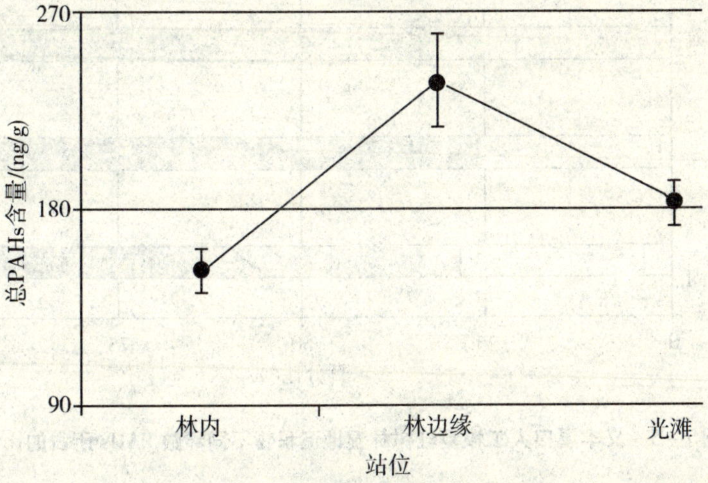

图7－4　义丰溪口人工恢复红树林湿地沉积物的总 PAHs 含量分布趋势

义丰溪口红树林湿地沉积物 PAHs 组成在每个站位都是以 3 环、4 环和 5 环的 PAH 化合物为主要特征，其中 4 环化合物占据最高比例（见图 7－5），这与苏埃湾和外砂河口红树林湿地沉积物中 PAHs 的组成特征相同。2 环 PAH 化合物在每个站位均有检出，这与其他两处红树林湿地不同。除了 2 环化合物，6 环化合物在每个站位都占据最少比例，这与其他两个红树林湿地相同。这说明，义丰溪口红树林湿地表层沉积物中 PAHs 的组成特征也是以 3 环、4 环和 5 环的 PAH 化合物为主，其中 4 环 PAH 化合物为优势组分。

义丰溪口红树林湿地表层沉积物中单体 PAH 化合物的分布状况见图 7－6。由图可知，Fla 是每个站位含量最高的化合物，分别是林内 27.56 ng/g、林边缘 46.28 ng/g 和低潮带光滩 35.49 ng/g。这与苏埃湾和外砂河口红树林湿地沉积物中的单体 PAH 组成不同，Phe 在它们的低潮带光滩中含量最高。最强致癌物 BaP 在每个站位都有检出，且与总 PAHs 含量分布趋势类似，也是林边缘含量最高；而林内最低，分别是 8.77 ng/g 和 6.04 ng/g。强致癌物质 BbF，BkF 和 BghiP 在每个站位也均有检出，而强致癌物质 DahA 仅在低潮带光滩沉积物中检出，且含量仅为 0.05 ng/g。弱致癌物质 Fla 不但在每个站位都有检出，且含量也是最高的。另一个弱致癌物质 Chr 在每个站位也均有检出。挥发性很高的 Nap 在每个站位也都有检出，且含量高于挥发性较弱而相对分子质量较高的 Acy 与 Ace。

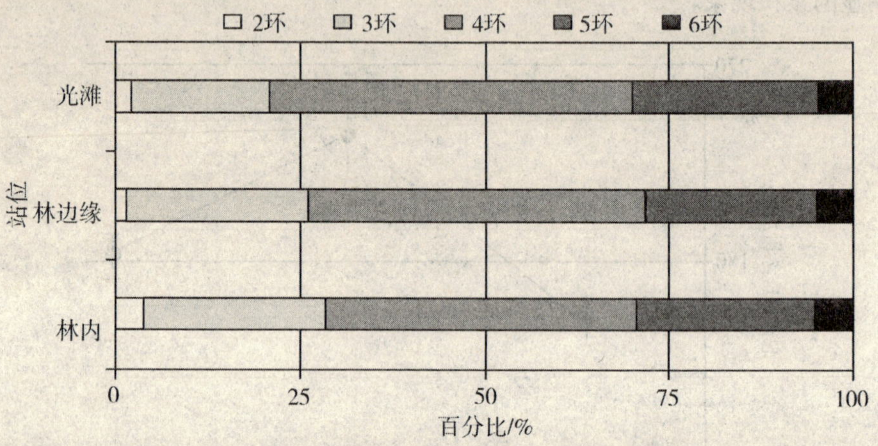

图 7-5 义丰溪口人工恢复红树林湿地沉积物不同环数 PAHs 所占的比例

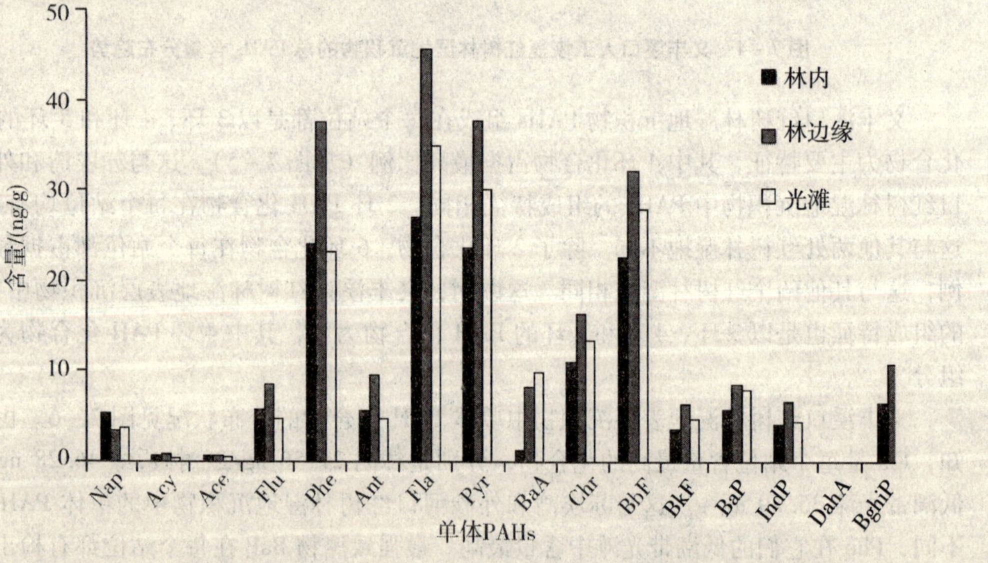

图 7-6 义丰溪口人工恢复红树林湿地沉积物中单体 PAHs 在不同站位的分布

7.3.3 两种红树林区表层沉积物的总PAHs与其他地区污染水平的比较

与其他地区红树林表层沉积物、海域沉积物以及本区域邻近土壤的总PAHs含量相比，本研究区红树林湿地表层沉积物的总PAHs污染处于较低水平（见表7-1）。与本研究最为接近的汕头港沉积物中总PAHs的污染水平范围是2 373～9 061 ng/g，平均达4 781 ng/g（黄宏等，2007）。朱文峰（2007）对汕头港PAHs的研究结果显示，汕头港内外沉积物的总PAHs含量范围是166～489 ng/g，平均值是327 ng/g，与本研究的差异不大，但高于本研究的浓度水平。张军等（2003）对福建九龙江口红树林的研究表明，总PAHs含量范围是193～271 ng/g，平均达226 ng/g，与本研究最为接近，但也高于本研究的浓度水平。张珞平等（1996）的研究结果表明，香港红树林区沉积物的总PAHs含量范围是356～11 098 ng/g，远高于本研究区的浓度范围。这说明，汕头红树林湿地沉积物的总PAHs污染水平相对是较低的。

表7-1 汕头红树林湿地表层沉积物的总PAHs含量与其他地区的比较

地区	站位数	均值/（ng/g）	范围/（ng/g）	参考文献
汕头红树林	14	146	57～238	本研究
波多黎各红树林	14	1820	500～6000	Klekowski et al.，1994
加勒比海诸岛红树林	13	502	103～1657	Berbard et al.，1996
香港红树林	20	1 992	356～11098	Tam et al.，2001
九龙江口红树林	7	226	193～271	张军等，2003
深圳红树林	12	409	237～726	Zhang et al.，2004
汕头市区和郊区土壤	nd	317	22～1256	Hao et al.，2004
贵屿土壤	18	372	94～593	Leung et al.，2006
汕头港	10	4 781	2373～9061	黄宏等，2007
汕头远海	2	119	109～129	朱文峰，2007

7.3.4 环境因子对PAHs分布的影响

对沉积物各理化性质（包括OC，BC，pH和粒径）进行测定，并对测定的数据进行K-S正态分布验证，结果见表7-2。K-S检验结果表明，沉积物理化性质各样本数据都服从正态分布。因此，对沉积物2～3环PAHs、4环PAHs、5～6环PAHs、总PAHs浓度以及沉积物的OC，BC和粒径的百分比组成、pH值等指标进行参数相关分析

(Pearson 积矩相关系数)，统计结果见表 7－3。结果表明，OC，BC 和黏粒（Clay）的含量与 PAHs 相关性比较显著，而 pH 值和粉粒（Silt）的含量与 PAHs 没有显著的相关性。

表 7－2　汕头红树林湿地表层沉积物各物化因子单样本 *K-S* 检验（$n=11$）

	OC	BC	pH	粉粒	黏粒	2～3 环	4 环	5～6 环	总 PAHs
K-S 正态分布系数	0.540	0.841	0.526	0.671	0.574	0.461	0.700 4	0.589 2	0.545 2
显著度（二尾检验）	0.933	0.479	0.945	0.758	0.896	0.984	0.710 6	0.878 3	0.927 6

表 7－3　汕头红树林湿地表层沉积物各环境因子及其与 PAHs 含量的相互关系矩阵（$n=11$）

	OC/%	BC/%	pH	粉粒/%	黏粒/%	2～3 环	4 环	5～6 环	总 PAHs
OC/%	1								
BC/%	0.825 **	1							
pH 值	−0.360	−0.356	1						
粉粒/%	0.398	0.344	−0.165	1					
黏粒/%	0.577	0.762 **	−0.221	0.420	1				
2～3 环	0.729 *	0.805 **	−0.113	0.731 *	0.642 *	1			
4 环	0.723 *	0.847 **	−0.088	0.384	0.784 **	0.781 **	1		
5～6 环	0.599	0.827 **	−0.312	0.317	0.804 **	0.640 *	0.928 **	1	
总 PAHs	0.733 *	0.884 **	−0.173	0.518	0.800 **	0.864 **	0.980 **	0.927 **	1

注：* 表示 $p<0.05$，显著相关；** 表示 $p<0.01$，显著相关。

7.4　汕头红树林湿地表层沉积物 PAHs 源解析

所谓源解析（Source Apportionment），就是利用各种源的特征，定性地识别污染物的来源类型，定量计算各种源的贡献率。由于燃料类型的不同和燃烧条件的差异，生成的 PAHs 种类及其相对含量也就各不相同，可根据不同 PAHs 种类和相对含量的差异区分各种来源类型。源解析的研究始于 20 世纪 60 年代的美国，环境科学中解析不同污染物来源，从数学模型来说主要分为两类：一类是以污染源为对象的扩散模型（Dispersion Model），另一类是以污染区域的环境受体为对象的受体模型（Receptor Model）。对 PAHs 的源解析受体模型研究又可分为定性和定量两种方法。定性方法包括分子标志物指数法（Index of Molecular Marker, IMM）（Yunker et al. , 2002; Pio et al. , 2001）、轮廓图解法（Ternary Plot, TP）（王静等, 2001; 祁士华等, 1999）、特征化合物法（Lim et al. , 1999; Ramdahl, 1983）等；定量方法包括化学质量平衡法（Chemical Mass Balance, CMB）（Li et al. , 2003; Watson et al. , 2001; Vega et al. , 2000; Duval et al. , 1981）、多变量统计法（Multivariable Statistics, MS）（主要包括因子分析、聚类分析、模式识别等）（Larsen et al. , 2003; Simcik et al. , 1999）和同位素法（Philip, 2007; Kumata et al. , 2006; Mandalakis et al. , 2005）等。

由于获得完整和准确的各种来源的 PAHs 轮廓图比较困难，所以轮廓图解法（TP）应用的不多。特征化合物法简单易用，一般只能给出 PAHs 主要来源的定性信息。化学质量平衡法（CMB）要求已知当地各类源的谱图特征，因此限制了 CMB 的应用进展。分子标志物指数法（IMM）又叫特征比值法，当 PAHs 来源只有一种或两种时，这种辨别方法会取得很好的结果（Marvin et al. , 2000; McCarry et al. , 1996）。多变量统计法（MS）需要对各个组分（一般为 5 个左右）对应的源类型作出判断，进而可以定量给出各种源的贡献比率，其中因子分析在判断和定量因子对污染源的贡献时并不需要事先知道源谱图特征（Guo et al. , 2004）；因子分析已应用于大气污染物包括有机污染物（Larsen et al. , 2003）和无机污染物（Almeida et al. , 2006）对沉积物（Christensen et al. , 2005）和土壤（Wang et al. , 2007）污染的源解析研究。

主成分分析（Principal Component Analysis, PCA）方法是因子分析的一种多变量分析手段，广泛应用于环境受体模型的源解析研究中（Almeida et al. , 2006）。正矩阵因子分解（Positive Matrix Factorization, PMF）方法也是一种受体模型分析手段，由芬兰 Helsinki 大学的 Paatero 于 20 世纪 90 年代中期提出，并逐步得以完善（Paatero et al. , 2003; Paatero, 1997, 1999; Paatero et al. , 1994）。该模型在大气颗粒物源解析领域的应用尤为广泛（Brown et al. , 2007; Song et al. , 2006; Zhou et al. , 2004; Poirot et al. , 2001; Polissar et al. , 1998），也有学者将其应用于大气沉降（Keeler et al. , 2006）、土壤污染（Vaccaro et al. , 2007）、沉积物污染（Bzdusek et al. , 2006）、水体质量（Reinikainen et al. , 2001）和大气 PAHs 源解析（Lee et al. , 2004; Larsen et al. , 2003）等领域。

在本研究中，采用 USEPA 的 PMF 3.0 模型对沉积物中 PAHs 的来源进行解析，PMF 3.0 模型算法基于 ME－2（USEPA, 2008; Paatero, 1999），以期能够对汕头红树林湿地 PAHs 污染的来源进行定性，并尝试定量地描述各主要源的贡献量，为控制 PAHs 污染提供科学依据。

7.4.1 PMF 方法概述

PMF 方法属于一种通用的非负约束、加权方差最小化的因子分析方法（Paatero，1993），而不是依特征值为基础的分析方法。基本的计算公式与一般的因子分析一致。表达式如下：

$$X = GF + E$$

其中，若样品数、物种数和源的个数分别为 n，m，p，则 X 为所测的 n 个样品中 m 种物种的浓度数据矩阵（$n \times m$），G 为对于 n 个样品 p 个源的贡献比率矩阵（$n \times p$），F 为 p 个源中 m 个物种的谱分布矩阵（$m \times p$），E 为模型残差矩阵（$n \times m$）。对于残差矩阵 E，其中每个元素 e_{ij} 定义为：

$$e_{ij} = x_{ij} - \sum_{k=1}^{p} g_{ik} f_{kj}$$

式中：g_{ik} 为第 k 个源对 i 样品的贡献；f_{kj} 为源 k 中第 j 个元素的浓度。与一般的因子分析方法不同，PMF 方法对每个因子的载荷和得分均做非负约束，即 G，F 中元素非负；且求解方差最小化的目标方程 Q 时对每个数据点进行不确定性的加权考虑，其公式为：

$$Q = \sum_{i=1}^{n} \sum_{j=1}^{m} \left[\frac{x_{ij} - \sum_{k=1}^{p} g_{ik} f_{kj}}{u_{ij}} \right]$$

式中：u_{ij} 为第 j 个样品中第 i 种物质的不确定性；其他各项含义如前所述。不确定性根据 EPA PMF 3.0 程序给出的方程计算（USEPA，2008），表达式如下：

$$\text{Unc} = 5/6 \times \text{MDL}, \text{ if concentration} \leqslant \text{MDL}$$

7.4.2 PMF 分析前的数据处理

PMF 方法要求输入浓度数据矩阵 X 和对应不确定性数据矩阵 S，要求 X 和 S 均没有缺失值。对于浓度数据，本研究共有 560 个有效浓度数据点，其中有 80 个数据点浓度低于 MDL，占总数据点 14.29%，一般认为不影响模型分析。对于检测不到的 PAHs，在浓度数据矩阵中看做是 0。对于能检测到但低于 MDL 的数据，则以本身浓度的 1/2 替换。对于不确定性数据，PMF 3.0 有两种处理方法：第一种方法是计算出每个样品中每一个物种的不确定性，然后作为一个文本文件输入程序；第二种方法是公式法，即不要求事先算出每一物种的不确定性，只需要提供每一物种的 MDL 和误差项，作为一个文本文件输入程序即可，程序会根据相关公式自动算出每一样品和物种的不确定性。本研究采用第二种方法，用 PAHs 的 surrogates 回收率的标准偏差（SD）为误差项，即用 Nap-d8 的 SD 作为 Nap 的误差项；Acy-d_{10} 的 SD 作为 Acy，Ace，Flu，Phe 和 Ant 的误差项；Phe-d_{10}作为 Fla，Pyr，Baa 和 Chr 的误差项；Chr-d_{10}作为 BkF，BbF，BaP 和 IndP 的误差项；Pery-d_{12}作为 DahA 和 BghiP 的误差项。Nap-d_8，Acy-d_{10}，Phe-d_{10}，Chr-d_{10}和 Pery-d_{12}的 SD 分别是 2.61%，4.41%，5.86%，7.49% 和 10.80%。

由于环境样品浓度数据变化较大，模型采用 robust 模式。依据 PMF 对数据的初步处理，对各物种重新赋予不同的权重。依据的原则有 3 个：噪比 S/N、关系数 R^2、绝对值大于 3 的残差。其中，S/N 表明测定浓度是真实的还是噪音，物种的 S/N 值按 PMF 3.0 程序给出的下列公式计算：

$$\frac{S}{N}=\sqrt{\frac{\sum_{i=1}^{n}(x_{ij}-S_{ij})^2}{\sum_{i=1}^{n}S_{ij}^2}}$$

Paatero 等（2003）认为，如果某物种的 S/N 值小于 0.2，就可以视做“bad”物种，应当剔除出浓度矩阵；如果大于 0.2 但小于 2，则可以看做为“weak”物种。本研究中，PMF 3.0 对数据初步处理的结果，只有 Acy 的 S/N 值是 1.26，小于 2 但大于 0.2。对重新赋予不同权重的物种进行 PMF3.0 程序运行，结果只有 4 种物质（Nap，Ace，Phe 和 IndP）被归为“strong”物种，其余 12 种物质都被归为“weak”物种。在求解“weak”物种时，程序会自动把它们的权重降为原来的 1/3。

7.4.3　PMF 分析结果

本研究中选取因子数量为 5，更多的因子数量虽然可以降低 Q 值，但限于所测 PAHs 物种，因子代表的源类型难以解释。随机选取 20 个初始起点进行迭代计算，以避免 Q 空间中局部极小值的影响。选取最终 Q（robust）值最小的收敛拟合结果。利用各因子作多元线性拟合，预测总 PAHs 浓度与实测浓度符合得很好（见图 7－7）。表 7－4 列出了模型拟合值和观测值的拟合结果。其中，截距接近 0、斜率接近 1、r^2 较大表明较好的拟合结果。PMF 解析各因子的谱图构成列于表 7－5 中。

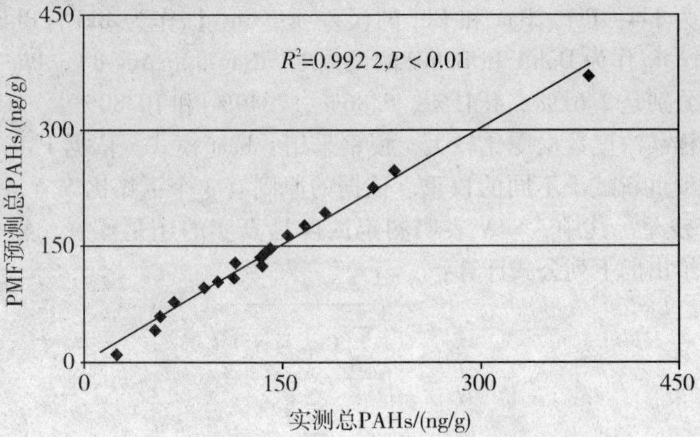

图 7－7　PAHs 总量的 PMF 模型预测值与实测值的相关性

表 7－4　各种多环芳烃 PMF 拟合结果与实测浓度的线性相关关系

PAH 物质	a	b	r^2	PAH 物质	a	b	r^2
Nap	1.000	0.002	1.000	BaA	0.891	0.272	0.946
Acy	0.805	0.064	0.863	Chr	1.096	－0.642	0.960
Ace	0.836	0.005	0.856	BbF	0.885	0.755	0.971
Flu	0.840	0.406	0.939	BkF	0.896	0.100	0.777
Phe	1.000	0.0003	0.999	BaP	0.615	0.690	0.642
Ant	0.674	0.686	0.620	IndP	1.026	－0.086	1.000
Fla	0.962	0.214	0.952	DahA	0.705	－0.105	0.980
Pyr	0.983	－0.261	0.943	BghiP	0.889	0.076	0.837

注：a 代表斜率；b 代表截距；r^2 代表回归系数。

表 7－5　PMF 分析各 PAH 化合物的因子谱图构成（主要贡献者用粗体表示）

PAH 化合物	交通排放 f_1	炼焦 f_2	废气 f_3	煤和生物质燃烧 f_4	未燃烧的原油 f_5
Nap	0.210	0.000	0.117	0.000	3.310
Acy	0.013	0.012	0.000	0.260	0.038
Ace	0.062	0.000	0.000	0.235	0.038
Flu	0.000	1.174	0.000	1.449	0.355

续表

PAH 化合物	交通排放 f_1	炼焦 f_2	废气 f_3	煤和生物质燃烧 f_4	未燃烧的原油 f_5
Phe	0. 163	8. 669	0. 337	5. 095	0. 000
Ant	0. 312	0. 604	0. 000	1. 894	0. 148
Fla	0. 413	3. 223	3. 457	8. 230	1. 424
Pyr	1. 287	2. 208	2. 355	8. 458	0. 783
BaA	0. 239	0. 350	2. 663	0. 000	0. 111
Chr	0. 160	0. 000	1. 804	3. 975	0. 366
BbF	0. 297	0. 490	1. 486	8. 001	0. 497
BkF	0. 348	0. 358	1. 269	1. 275	0. 226
BaP	0. 903	0. 000	1. 530	1. 810	0. 000
IndP	7. 207	0. 121	0. 000	2. 001	0. 000
DahA	0. 796	0. 125	0. 021	0. 000	0. 003
BghiP	0. 239	0. 000	0. 884	2. 629	0. 283
贡献率	12. 37%	15. 26%	20. 10%	45. 58%	9. 67%

因为 PMF 不是依特征值为基础的分析，所以被提取的因子排列的顺序是随机的。保留因子的数目也没有严格的限制，不过 Hopke 认为源谱图多元线性回归系数的范围有助于确定被提取的因子数目。在 PMF 分析的结果中，载荷值高的物种并不一定代表其和源有很高的相关性。由表 7－5，对各因子的解释如下：

f_1：IndP 和 DahA 是因子 1 中贡献最大的两个物种。IndP 和 DahA 指示高温裂解源（包括油类燃烧、煤燃烧等）（Simcik et al.，1999；Harrison et al.，1996）。Motelay-Massei 等认为，IndP 和 DahA 是交通排放的主要指示物。Yunker 等（1999）也认为高环 PAH 化合物是化石燃料燃烧和裂解的产物。因此，可以判定 f_1 代表交通排放源（化石类燃料油的燃烧）。汕头是经济发达地区，陆地和海上交通运输繁忙，处于海陆交界处的红树林显然不可避免地接受了来自海洋和陆地交通排放的污染物。

f_2：Flu 和 Phe 一般被认为是和煤有关系的来源。Khalili 等（1995）和 Simcik 等（1999）认为煤焦油燃烧（炼焦）的主要特征化合物是 Flu 和 Phe。该因子只有这两个物种是主要贡献者，因此可以判断该因子是煤焦油燃烧源。

f_3：BaA 是该因子唯一的主要贡献者。Simcik 等（1999）研究认为，煤的燃烧贡献了大量的 BkF，天然气的燃烧贡献了大量的 BaA。因此不难看出，该因子对应于燃气的燃烧源。

f_4：该因子显示了 PAHs 来源的复杂性。通过分析，可以看出该因子主要是煤和生物质燃烧的混合源。理由如下：Acy 是木材/薪柴燃烧而排放的优势化合物（Lee et al.，2005；Jenkins et al.，1996；Khalili et al.，1995）。PMF 分析发现，Ace 和 Acy 之间表现出良好的相关性，浓度散点图中物种之间的相关性可以作为是否是共同源的判据之一（USEPA，2008），而且 Acy 和 Ace 的相对分子质量最为接近，化学结构类似，化学性质相似，因此可以认为它们具有共同的来源。Ant，Fla 和 Pyr 被认为是煤燃烧后的产物（Fang et al.，2006；Larsen，2003；Kulkarni et al.，2000）。BbF，BkF 和 Chr 这三种物质是中国家用燃煤排放中最主要的中高环 PAHs（窦晗等，2007；Chen et al.，2005）。

f_5：Nap 是 PAHs 中相对分子质量最低的成分，具有很高的挥发性，通常认为它是原油和石油产品中轻组分的重要组成成分，可以用来指示石油源 PAHs 污染（Sporstol et al.，1983）。f_5 中只有 Nap 被 PMF 分析为主要贡献者，且在该因子中的贡献率高达 91%，因此把该因子归于未燃烧的石油源。

通过上述分析，发现煤和生物质的燃烧以及燃气的燃烧是汕头红树林湿地沉积物 PAHs 的主要来源，贡献率达 65.68%。原油和交通排放贡献相当，且贡献比例相对较小。煤焦油燃烧的贡献仅次于煤和生物质的燃烧以及燃气的燃烧。显然，工农业的发展和居民的日常生活都对 PAHs 污染作出了贡献。通常意义上，PAHs 的来源被分为自然源和人为源。显然，从本研究结论可以看出，人类的活动导致了自然界 PAHs 污染的加剧。

PMF 程序 Bootstrap 运行的结果可以得到总 PAHs 与各因子之间的回归方程：

$$\text{Sum PAHs} = 12.60G_1 + 15.54G_2 + 17.76G_3 + 43.43G_4 + 6.34G_5$$

式中，G 代表因子贡献矩阵（G 矩阵）。因子贡献矩阵是无量纲的。通过 G 矩阵可以进一步计算出每一样品 i 中各源 k 对总 PAHs 的贡献量，结果见图 7－8。绝大多数站位 PAHs 的来源的主要贡献者是煤和生物质的燃烧，唯一例外的是外砂河口 W1 站位，汽油和柴油的燃烧是 PAHs 的主要贡献者。

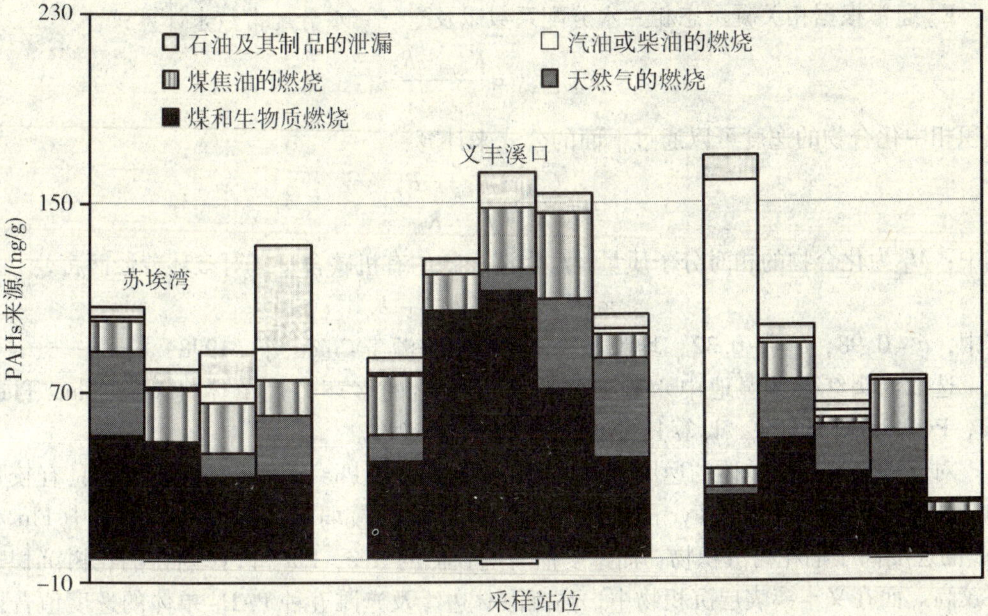

图 7-8　汕头红树林湿地 PMF 判别主要源在各站位的贡献量

PMF 判别结果表明，汕头红树林湿地沉积物的 PAHs 来源有五种，分别是煤和生物质燃烧、天然气的燃烧、煤焦油的燃烧、汽油或柴油的燃烧以及石油及其制品的泄漏，其中煤和生物质燃烧是主要的 PAHs 贡献源，贡献率达到 45.58%。

7.5　利用热力学函数量化 PAHs 能量状态

环境中有机污染物的迁移方向并非由其浓度决定，而是由化学势决定。Gibbs（1876）认为，化学势可以用来评估化合物从一个体系转移到另一个体系的趋势。然而化学势并不能通过直接的方法获得，Lewis（1901）提出了逸度的概念，如果定量描绘出分子逸出各种环境的相对趋势，就能认识到这些环境中化合物的相对化学势，从而确定其迁移过程的方向（从高逸度到低逸度）和程度。

化学势和逸度的推算涉及很多热力学定律和方程，Mackay（2001）全面总结了污染物逸度模型在多介质环境中的应用。这里仅简单地给出既定的热力学方程：

$$f_{(phase)} = K_{iH(phase)} \cdot C_{i(phase)}$$

其中：f 为某种化合物的逸度；K_{iH} 为化合物的气相分压和凝聚相中化合物摩尔浓度的比值。

K_{iH}通常根据相关凝聚态相－水分配系数以及空气－水分配常数来计算：

$$K_{iH(phase)} = \frac{K_{iaw} \cdot R_T}{K_{i(phase)w}}$$

沉积相中化合物的逸度可以通过下面的公式来计算：

$$f = \frac{C_{ised} \cdot K_{iaw} \cdot R_T}{M_i \cdot f_{oc} \cdot K_{ioc}}$$

式中：M_i 为化合物的相对分子质量；f_{oc}为沉积物的有机碳含量。对多环芳烃而言，

$$\log K_{oc} = a \cdot \lg K_{ioc} + b$$

其中，$a=0.98$，$b=-0.32$，均为经验值，数据来源于 Chiou 等（1998）。

选取汕头红树林湿地中六种典型且普遍检出的多环芳烃单体（Ace，Flu，Phe，Fla，Pyr）为研究对象，计算其在不同沉积物中的逸度。

对五种多环芳烃单体的逸度分析可以发现，Flu 和 Phe 的逸度普遍较高，具有较强的迁移能力；Ace，Fla 和 Pyr 的逸度较低，迁移能力较弱。在苏埃湾，光滩中 Flu 和 Phe 的逸度高于桐花树沉积物，而逸度值普遍较低的 Ace，Fla 和 Pyr 则在桐花树沉积物中较高。而在义丰溪表层沉积物中，高潮滩林边缘及光滩五种 PAHs 单体的逸度值普遍高于义丰溪无瓣海桑林。

综上所述，种植红树林显著改变了表层沉积物中多环芳烃的迁移能力。与沉积物中多环芳烃的浓度作比较，虽然苏埃湾桐花树沉积物中的多环芳烃浓度最高，但是其迁移能力（逸度值）却普遍低于林边缘的沉积物。红树植物桐花树显著降低了多环芳烃的迁移能力，使其更稳定地固定在底层沉积物中，降低了多环芳烃向其他环境相以及生物体内迁移的趋势。而义丰溪沉积物中多环芳烃的逸度值及浓度规律基本一致，且普遍高于苏埃湾桐花树林，显然无瓣海桑林对多环芳烃迁移能力的影响并不显著。

7.6 结论

通过对汕头红树林湿地生境的表层沉积物多环芳烃的研究，并分析 PAHs 在不同红树林湿地沉积物中的含量水平，探讨其可能的来源、迁移趋势，得出的主要结论如下：

（1）汕头红树林湿地表层沉积物的总 PAHs 含量范围是 57 ～ 238 ng/g，均值是 146 ng/g。与其他地区的红树林湿地沉积物以及汕头的近海、远海、港口沉积物、邻近土壤的总 PAHs 含量进行对比，发现汕头三处红树林区沉积物的总 PAHs 含量处于较低的水平，均值除了高于汕头远海（119 ng/g）外，其余皆低于其他区域，表明本研究中的红树林区 PAHs 的污染相对处于较低的水平。苏埃湾红树林湿地和义丰溪口红树林表层沉积物的总 PAHs 含量明显高于外砂河口红树林湿地，它们的含量分别是 162 ng/g，

170 ng/g 和 102 ng/g。

（2）苏埃湾和外砂河口两处红树林湿地表层沉积物中 PAHs 的分布具有相似的特点，即总 PAHs 都被富集在红树林内部的沉积物中，而且随林内、林边缘至光滩的方向，沉积物中总 PAHs 含量呈线性下降趋势。义丰溪口红树林表现了不同的特点：总 PAHs 的分布没有规律性。三处红树林湿地表层沉积物中 PAH 化合物的组成具有相似的特点，即都是以 3 环、4 环和 5 环 PAH 化合物为主要组成成分，且 4 环化合物占据最高比例，分别为苏埃湾 40%、外砂河口 44% 和义丰溪口 49%。苏埃湾和外砂河口两处红树林湿地表层沉积物中单体 PAHs 的分布具有相似的特点，从致癌性角度考察，弱致癌物质 Fla 在林内和林边缘沉积物中的含量都是最高的。而 Phe 在低潮带光滩含量最高。最强致癌物质 BaP 在每个站位也均有检出，且沿低潮带光滩、林边缘和林内的方向含量逐步升高。强致癌物质 BbF，BkF 和 BghiP 在每个站位均有检出，强致癌物质 DahA 仅在林内沉积物中检出。弱致癌物质 Chr 在每个站位也均有检出。义丰溪口表现了不同的特点，即弱致癌物质 Fla 在每个站位的含量都是最高的。这与苏埃湾和外砂河口红树林湿地沉积物中的单体 PAH 组成不同，Phe 在它们的低潮带光滩中含量最高。

（3）表层沉积物的 OC，BC 和黏粒的百分含量对 PAHs 的分布产生了显著的影响。多元线性逐步回归分析表明，沉积物的 BC 是 PAHs 分布的主要影响因素。

（4）依据 PMF 的源解析结果表明，汕头红树林湿地沉积物的 PAHs 来源有 5 种，分别是煤和生物质燃烧、天然气的燃烧、煤焦油的燃烧、汽油或柴油的燃烧以及石油及其制品的泄漏，其中煤和生物质燃烧是主要的 PAHs 贡献源，贡献率达到 45.58%。

（5）对表层沉积物中多环芳烃的逸度分析证明，种植桐花树显著降低了多环芳烃的迁移能力与生态有效性，是一种值得在被多环芳烃污染的滨海湿地大力推广的植物。

参考文献

蔡立哲，马丽，袁东星，等. 2005. 九龙江口红树林区底栖动物体内的多环芳烃［J］. 海洋学报，27：112－118.

窦晗，常彪，魏志成，等. 2007. 国内民用燃煤烟气中多环芳烃排放因子研究［J］. 环境科学学报，27：1783－1788.

洪有为，袁东星. 2008. 典型多环芳烃对红树林区硅藻的毒性效应［J］. 海洋环境科学，27：338－342.

黄宏，黄树辉，杨东方，等. 2007. 汕头港表层沉积物多环芳烃污染调查［C］// 持久性有机污染物论坛 2007 暨第二届持久性有机污染物全国学术研讨会论文集.

梁佩芝，顾继东. 2003. 红树林厌氧环境对多环芳烃类有毒物的降解预测［J］. 生态科学，22：97－103.

刘敏，许世远. 2004. 长江口潮滩 POPs 环境生物地球化学过程与生态风险［M］. 北京：中国环境科学出版社.
卢昌义，林鹏. 1990. 利用红树植物监测海岸油污染方法初探［J］. 生态学杂志，9：57－59.
陆志强. 2002. 多环芳烃对秋茄幼苗的生理生态效应及其在九龙江口红树林湿地的含量与分布［D］. 厦门：厦门大学.
陆志强，郑文教，马丽，等. 2005. 不同浓度萘和芘处理对红树植物秋茄胚轴萌发和幼苗生长的影响［J］. 厦门大学学报（自然科学版），44：580－583.
陆志强，郑文教，马丽. 2007. 九龙江口及邻近港湾红树林区沉积物中多环芳烃污染现状及评价［J］. 台湾海峡，26：321－326.
骆苑蓉，胡忠，郑天凌，等. 2005. 红树林沉积物中的微生物对苯并［a］芘的降解研究［J］. 厦门大学学报：自然科学版，44：75－78.
祁士华，傅家谟，盛国英，等. 1999. 大气气溶胶物质来源研究进展［J］. 环境科学进展，7（6）：26－31.
任仁. 2003.《斯德哥尔摩公约》禁用的12种持久性有机污染物［J］. 大学化学，18（3）：37－42.
王静，朱利中. 2001. 空气中多环芳烃的污染源研究［J］. 浙江大学学报（理学版），28（3）：303－308.
张军，袁东星，陆志强，等. 2003. 九龙江口红树林区表层沉积物中多环芳烃含量与来源［J］. 厦门大学学报（自然科学版），42：499－503.
张路平，陈伟琪，林良牧. 1996. 厦门西港和香港维多利亚港表层沉积物中多环芳烃的含量分布与来源分析［J］. 海洋学报，18（4）：120－124.
朱文峰. 2007. 广东省沿海表层沉积物中多环芳烃研究［D］. 北京：中国科学院研究生院.
Almeida S M, Pio C A, Freitas M C, et al. 2006. Approaching PM（2.5）and PM（2.5－10）source apportionment by mass balance analysis principal component analysis and particle size distribution［J］. Science of the Total Enrironment, 368（2－3）: 663－674.
Arfsten D P, Schaeffer D J, Mulveny D C. 1996. The effects of near ultraviolet radiation on the toxic effects of polycyclic aromatic hydrocarbons in animals and plants: a review［J］. Ecotoxicology and Environment Safety, 33（1）: 1－24.
Bayen S, Wurl O, Karuppiah S, et al. 2005. Persistent organic pollutants in mangrove food webs in Singapore［J］. Chemosphere, 61: 303－313.
Bernard D, Pascaline H, Jeremie J J. 1996. Distribution and origin of hydrocarbons in sediments from lagoons with fringing mangrove communities［J］. Marine Pollution Bulletin, 32: 734－739.
Bhattacharya B, Sarkar S K, Mukherjee N. 2003. Organochlorine pesticide residues in sediments of a tropical mangrove estuary, India: implications for monitoring［J］. Enrivonment International, 29: 587－592.
Binet P, Portal J M, Leyval C. 2000. Dissipation of 3-6-ring polycyclic aromatic hydrocarbons in the rhizosphere of ryegrass［J］. Soil Biology and Biochemistry, 32: 2011－2017.
Brown S G, Frankel A, Hafner H R. 2007. Source apportionment of VOCs in the Los Angeles area using positive matrix factorization［J］. Atmospheric Environment, 41: 227－237.

Burns K A, Garrity S D, Levings S C. 1993. How many years until mangrove ecosystems recover from catastrophic oil spills [J]? Marine Pollution Bulletin, 26: 239 - 248.

Bzdusek P A, Lu J, Christensen E R. 2006. PCB congeners and dechlorination in sediments of Sheboygan River, Wisconsin, determined by matrix factorization [J]. Environmental Science and Technology, 40 (1): 120 - 129.

Chapman P M, Wang F Y, Janssen C, et al. 1998. Ecotoxicology of metals in aquatic sediments: binding and release, bioavailability, risk assessment, and remediation [J]. Canadian Journal of Fisheries and Aquatic Sciences, 55: 2221 - 2243.

Chen Y J, Sheng G Y, Bi X H, et al. 2005. Emission factors for carbonaceous particles and polycyclic aromatic hydrocarbons from residential coal combustion in China [J]. Enrironmental Science and Technology, 39: 1861 - 1867.

Chiou C T, Mc Groddy S E, Kile D E. 1998. Partition characteristics of polycyclic aromatic hydrocarbons on soils and sediments [J]. Environmental Science and Technology, 32 (2): 264 - 269.

Christensen E R, Bzdusek P A. 2005. PAHs in sediments of the Black Riverandthe Ashtabula River, Ohio: source apportionment by factor analysis [J]. Water Research, 39 (4): 511 - 524.

DeWitt T, Ozretich R J, Swartz R C, et al. 1992. The influence of organic matter quality on the toxicity and partitioning of sediment - associated fluoranthene [J]. Environmental Toxicology and Chemistry, 11: 197 - 208.

Duval M M, Friedlander S K. Source resolution of polycyclic aromatic hydrocarbons in the Los angeles atmosphere: application of a chemical species balance method with first-order chemical decay [P]. EPA - 600/S2 - 81 - 161, 1981.

Fang G C, Wu Y S, Chang C N, et al. 2006. A study of polycyclic aromatic hydrocarbons concentrations and source identificationsby methods of diagnostic ratio and principal component analysis at Taichung chemical Harbor near Taiwan Strait [J]. Chemosphere, 64 (7): 1233 - 42.

Günther T, Dornberger U, Fritsche W. 1996. Effects of ryegrass on biodegradation of hydrocarbons in soil [J]. Chemosphere, 33: 203 - 215.

Guo H, Wang T, Louie P K. 2004. Source apportionment of ambient non - methane hydrocarbons in Hong Kong: application of a principal component analysis/absolute principal component scores (PCA/APCS) receptor model [J]. Environmental Pollution, 129 (3): 489 - 498.

Hao R, Peng S, Song Y, et al. 2004. Distribution of priority polycyclic aromatic hydrocarbons in soils in Shantou Specific Economic Zone [J]. Ecology and Environment, 13, 323 - 326.

Harrison R M, Smith D J T, Luhana L. 1966. Source apportionment of atmospheric polycyclic aromatic hydrocarbons collected from an urban location in Birmingham, U. K [J]. Environmental Science and Technology, 30: 825 - 832.

Holguin G, Vazquez P, Bashan Y. 2001. The role of sediment microorganisms in the productivity, conservation, and rehabilitation of mangrove ecosystems: an overview [J]. Biology, Fertility and Soils, 33:

265 – 278.

Huang L N, Lan C Y, Shu W S. 2000. Effects of sewing discharge on soil and plants of the mangrove wetland ecosystem [J]. Chinese Journal of Ecology, 19: 13 – 19.

Jenkins B M, Jones A D, Turn S Q, et al. 1996. Emission factors for polycyclic aromatic hydrocarbons from biomass burning [J]. Environmental Science and Technology, 30: 2462 – 2469.

Kannan K, Johnson-Restrepo B, Yohn S S, et al. 2005. Spatial and temporal distribution of polycyclic aromatic hydrocarbons in sediments from Michigan inland lakes [J]. Environmental Science and Technology, 39: 4700 – 4706.

Kannan K, Keith T L, Naylor C G, et al. 2003a. Nonylphenol and nonylphenol ethoxylates in fish, sediment, and water from the Kalamazoo River, Michigan [J]. Archives of Environmental Contamination and Toxicology, 44: 77 – 82.

Kannan K, Kober J L, Khim J S, et al. 2003b. Poly chlorinated bophenyls, polycyclic aromatic hydrocarbons, and alkphenols in sediment from the Orda River and its tributaries, Poland [J]. Toxicological and Environmental Chemistry, 85: 56 – 60.

Ke L, Wong T W Y, Wong A H Y, et al. 2003. Negative effects of humic acid addition on phytoremediation of pyrene – contaminated sediments by mangrove seedlings [J]. Chemosphere, 52: 1581 – 1591.

Ke L, Yu K S H, Wong Y S, et al. 2005. Spatial and vertical distribution of polycyclic aromatic hydrocarbons in mangrove sediments [J]. Science Total Environment, 340: 177 – 187.

Keeler G J, Landis M S, Norris G, et al. 2006. Source of mercury wet deposition in Eastern Ohio, USA [J]. Environmental Science and Technology, 40: 5874 – 5881.

Khalili N R, Scheff P A, Holsen T M. 1995. PAH source fingerprints for coke ovens, diesel and gasoline engines, highway tunnels, and wood combustion emissions [J]. Atmospheric Environment, 29, 533 – 542.

Klekowski Jr E J, Corredor J E, Morell J M, et al. 1994. Petroleum pollution and mutation in mangroves [J]. Marine Pollution Bulletin, 28: 166 – 169.

Koh C H, Khim J S, Kannan K, et al. 2004. Polychlorinated dibenzo-p-dioxins (PCDDs), dibenzofurans (PCDFs), biphenyls (PCBs), and polycyclic aromatic hydrocarbons (PAHs), and 2, 3, 7, 8-TCDD equivalents (TEQs) in sediment from the Hyeongsan River, Korea [J]. Environmental Pollution, 132: 489 – 501.

Kulkarni P, Venkataraman C. 2000. Atmospheric polycyclic aromatic hydrocarbons in Mumbai, India [J]. Atmospheric Environment, 34: 2785 – 2790.

Kumata H, Uchida M, Sakuma E, et al. 2006. Compound class specific 14C analysis of polycyclic aromatic hydrocarbons associated with PM10 and PM1. 1 aerosols from residential areas of suburban Tokyo [J]. Environmental Science and Technology, 40: 3474 – 3480.

Lacerda L D, Rezende C E, Aragon G T, et al. 1991. Iron and chromium transport and accumulation in a mangrove ecosystem [J]. Water, Air and Soil Pollution, 57 – 58: 513 – 520.

Landrum P F, Eadie B J, Faust W R. 1991. Toxicokinetics and toxicity of a mixture of sediment – associated polycyclic aromatic hydrocarbons to the amphipod *Diporeia* sp [J]. Environmental Toxicology and Chemistry, 10: 35 –46.

Larsen R K, Baker J E. 2003. Source apportionment of polycyclic aromatic hydrocarbons in the urban atmosphere: a comparison of three methods [J]. Environmental Science and Technology, 37 (9): 1873 – 1881.

Lee J H, Gigliotti C L, Offenberg J H, et al. 2004. Sources of polycyclic aromatic hydrocarbons to the Hudson River Airshed [J]. Atmospheric Environment, 38: 5971 –5982.

Lee R G M, Coleman P, Jones J L, et al. 2005. Emission factors and importance of PCDD/Fs, PCBs, PCNs, PAHs in Lake Calument, Chicago [J]. Environment Science and Technology, 39: 1436 –1447.

Leung A, Cai Z W, Wong M H. 2006. Environmental contamination from electronic waste recycling at Guiyu, southeast China [J]. Journal of Material Cycles and Waste Management, 8: 21 –33.

Li A, Jiang J K, Scheff P A. 2003. Application of EPA CMB 8. 2 model for source apportionment of sediment PAHs in Lake Calumet, Chicago [J]. Environmental Science and Technology, 37: 2958 –2965.

Liang Y, Tsea M F, Young L, et al. 2007. Distribution patterns of polycyclic aromatic hydrocarbons (PAHs) in the sediments and fish at Mai Po Marshes Nature Reserve, Hong Kong [J]. Water Research, 41: 1303 –1311.

Lim E H, Harrison R M, Harrad S. 1997. The contribution of traffic to atmospheric concentrations of polycyclic aromatic hydrocarbons [J]. Environmental Science and Technology, 33: 3538 –3542.

Lin Y, Cai L X. 2008. PAH – degrading microbial consortium and its pyrene – degrading plasmids from mangrove sediment samples in Huian, China [J]. Marine Pollution Bulletin, 57: 703 –706.

Liste H H, Alexander M. 2008. Plant-promoted pyrene degradation in soil [J]. Chemosphere, 40: 7 –10.

Magi E, Bianco R, Ianni C, et al. 2002. Distribution of polycyclic aromatic hydrocarbons in the sediments of the Adriatic Sea [J]. Environmentoal Pollution, 119: 91 –98.

Mandalakis M, Gustafsson O, Alsberg T, et al. 2005. Contribution of biomass burning to atmospheric polycyclic aromatic hydrocarbons at three European Background sites [J]. Environmental Science and Technology, 39: 2976 –2982.

Marvin C H, McCarry B E, Villella J, et al. 2000. Chemical and biological profiles of sediments as indicators of sources of genotoxic contamination in Hamilton Harbour. Part I: analysis of polycyclic aromatic hydrocarbons and thiaarene compounds [J]. Chemosphere, 41 (7): 979 –988.

McCarry B E, Allan L M, Legzdins A E, et al. 1996. Thia-arenes as pollution source tracers in urban air particulate [J]. Polycyclic Aromatic Compounds, 11: 75 –82.

Neff J M. 1985. Polycyclic aromatic hydrocarbons//Rand G M, Petrocell S R. Fundamentals of aquatic toxicology: methods and applications [M]. Basingstoke: Taylor and Francis Ltd.: 416 –454.

Paatero P. 1997. Least squares formulation of robust non-negative factor analysis [J]. Chemometrics and Intelligent Laboratory Systems, 37: 23 –35.

Paatero P. 1999. The multilinear engine – a table – driven, least squares program for solving multilinear problems, including the *n*-way parallel factor analysis model [J]. Journal of Computational and Graphical Statistics, 1: 854 – 888.

Paatero P, Hopke P K. 2003. Discarding or downweighting high-noise variables in factor analytic models [J]. Analytic Chimica Acta, 490, 277 – 289.

Paatero P, Tapper U. 1993. Analysis of different modes of factor analysis as least squares fit problems [J]. Chemometrics and Intelligent Laboratory Systems, 18: 183 – 194.

Paatero P, Tapper U. 1994. Positive matrix factorization: a non-negative factor model with optimal utilization of error estimates of data values [J]. Environmetrics, 5: 111 – 126.

Penning T M. 1993. Dihydrodiol dehydrogenase and its role in polycyclic aromatic hydrocarbon metabolism [J]. Chemico – Biological Interactions, 89: 1 – 34.

Philip R P. 2007. The emergence of stable isotopes in environmental and forensic geochemistry studies: a review [J]. Environmental Chemistry Letters, 5 (2): 57 – 66.

Pio C A, Alves C A, Duarte A C. 2001. Identification, abundance and origin of atmospheric organic particulate matter in a Portuguese rural area [J]. Atmospheric Environment, 35: 1365 – 1375.

Poirot R L, Wishinski P R, Hopke P K, et al. 2001. Comparative application of multiple receptor methods to identify aerosol sources in northern vermont [J]. Environmental Science and Technology, 35: 4622 – 4636.

Polissar A V, Hopke P K, Paatero P, et al. 1998. Atmospheric aerosol over Alaska. 2. Elemental composition and sources [J]. Journal of Geophysical Research, 103: 19045 – 19057.

Qiu X, Shah S I, Kendall E W, et al. 1994. Grass-enhanced bioremediation for clay soils contaminated with polynuclear aromatic hydrocarbons [M] // Anderson T A, Coats J R. Bioremediation through Rhizosphere Technology. American Chemical Society, Washington DC; 142 – 157.

Ramdahl T. 1983. Retene – a molecular marker of wood combustion in ambient air [J]. Nature, 306: 580 – 582.

Reilley K A, Banks M K, Schwab A P. 1996. Dissipation of polycyclic aromatic hydrocarbons in the rhizosphere [J]. Journal of Environmental Quality, 25: 212 – 219.

Reinikainen S P, Laine P, Minkkinen P, et al. 2001. Factor analytical study on water quality in Lake Saimaa, Finland [J]. Fresenius Journal of Analytical Chemistry, 369: 727 – 732.

Savinov V M, Savinova T N, Matishov G G, et al. 2003. Polycyclic aromatic hydrocarbons (PAHs) and organichlorines (OCs) in bottom sediments of the Guba Pehcenga, Barents Sea, Russia [J]. 306: 39 – 56.

Schwab A P, Banks M K. 1994. Biologically mediated dissipation of polyaromatic hydrocarbons in the root zone [M] // Anderson T A, Coats J R. Bioremediation through Rhizosphere Technology. American Chemical Society, Washington DC, : 32 – 41.

Simcik M F, Eisenreich S J, Lioy P J. 1999. Source apportionment and source/sink relationships of PAHs in the coastal atmosphere of Chicago and Lake Michigan [J]. Atmospheric Environment, 33: 5071 -5079.

Song J Z, Peng P A, Huang W L. 2002. Black carbon and kerogen in soils and sediments. 1. Quantification and characterization [J]. Environmental Science and Technology, 36: 3960 - 3967.

Song Y, Zhang Y H, Xie S D, et al. 2006. Source apportionment of PM2. 5 in Beijing by positive matrix factorization [J]. Atmospheric Environment, 40: 1526 - 1537.

Sporstol S, Gjos N, Lichtenthaler R G, et al. 1983. Source identification of aromatic hydrocarbons in sediments using GC/MS [J]. Environmental Science and Technology, 17: 282 - 286.

Swartz R C, Schults D W, DeWitt T H. et al. 1990. Toxicity of fluoranthene in sediment to marine amphipods: a test of the equilibrium partitioning approach to sediment quality criteria [J]. Environmental Toxicology Chemistry, 9: 1071 - 1080.

Tam N F Y, Wong Y S. 1995. Spatial and temporal variations of heavy metal contamination in sediments of a mangrove swamp in Hong Kong [J]. Marine Pollution Bulletin, 31: 254 - 261.

Tam N F Y, Guo C L, Yau W Y, et al. 2002. Preliminary study on biodegradation of phenanthrene by bacteria isolated from mangrove sediments in Hong Kong [J]. Marine Pollution Bulletin, 45: 316 - 324.

Tam N F Y, Ke L, Wang X H, et al. 2001. Contamination of polycyclic aromatic hydrocarbons in surface sediments of mangrove swamps [J]. Environmental Pollution, 114: 255 - 263.

Tian Y, Liu H J, Zheng T L, et al. 2008a. PAHs contamination and bacterial communities in mangrove surface sediments of the Jiulong River Estuary, China [J]. Marine Pollution Bulletin, 57: 707 - 715.

Tian Y, Luo Y R, Zheng T L, et al. 2008b. Contamination and potential biodegradation of polycyclic aromatic hydrocarbons in mangrove sediments of Xiamen, China [J]. Marine Pollution Bulletin, 56: 1184 - 1191.

UNECE. Protocol to 1979 Convention on Long-range Transboundary air pollution on persistent organic pollutants [R]. United Nations Economic Commission for Europe, 1998.

UNEP. 2002. Europe reginal report: regionally based assessment of persistent toxic substances [R]. United Nations Environmental Programne.

USEPA. 2008. EPA positive matrix factorization (PMF) 3. 0 fundamental & user guide [R]. Gray Norris.

Vaccaro S, Sobiecha E, Contini S, et al. 2007. The application of positive matrix factorization in the analysis, characterisation and detection of contaminated soils [J]. Chemosphere, 69: 1055 - 1063.

Varanasi U. 1989. Metabolism of polycyclic aromatic hydrocarbons in the aquatic environment [J]. Boca Raton: CRC Press Inc.

Vega E, Mugica V, Carmona R, et al. 2000. Hydrocarbon source apportionment in Mexico City using the chemical mass balance receptor model [J]. Atmospheric Environment, 34 (24): 4121 -4129.

Wang Z, Chen J, Qiao X, et al. 2007. Distribution and sources of polycyclic aromatic hydrocarbons from urban to rural soils: a case study in Dalian, China [J]. Chemosphere, 68 (5): 965 -971.

Watson J G, Chow J C, Fujita E M. 2001. Review of volatile organic compound source apportionment by chemical mass balance [J]. Atmospheric Environment, 35 (9): 1567 - 1584.

Webster L, Twigg M, Megginson C. et al. 2003. Aliphatic hydrocarbons and polycyclic aromatic hydrocarbons (PAHs) in sediments collected from the 110 mile hole and along a transect from 58°58. 32′N 1°10. 38′W to the inner Moray Firth, Scotland [J]. Journal of Environmental Monitoring, 5: 395 - 403.

Weston D P. 1990. Hydrocarbon bioaccumulation from contaminated sediment by the deposit-feeding polychaete Abarenicola pacifica [J]. Marine Biology, 107: 159 - 169.

Wong Y S, Tam N F Y, Lan C Y. 1997. Mangrove wetlands as wastewater treatment facility: a field trial [J]. Hydrobiologia, 352: 49 - 59.

Yamashita N, Kannan K, Imagawa T, et al. 2000. Vertical profile of polychlorinated dibenzo-p-dioxins, dibenzofurans, naphthalenes, biphenyls, polycyclic aromatic hydrocarbons, and alky phenols in sediment core from Takyo Bay, Japan [J]. Environmental Science and Technology, 34: 3560 - 3567.

Yunker M B, Macdonald R W, Vingarzan R, et al. 2002. PAHs in the Fraser River basin: a critical appraisal PAH ratios as indicators of PAH source and composition [J]. Organic Geochemistry, 33: 489 - 515.

Zhang J, Cai, L Z, Yuan D X, et al. 2004. Distribution and sources of polynuclear aromatic hydrocarbons in Mangrove surficial sediments of Deep Bay, China [J]. Marine Pollution Bulletin, 49: 479 - 486.

Zheng G J, Lam M H W, Lam P K S, et al. 2000. Concentrations of persistent organic pollutants in surface sediments of the mudflat and mangroves at Mai Po Marshes Nature Reserve, Hong Kong [J]. Marine Pollution Bulletin, 40: 1210 - 1214.

Zheng G J, Man B K W, Lam J C W, et al. 2002. Distribution and sources of polycyclic aromatic hydrocarbons in the sediment of a sub - tropical coastal wetland [J]. Water Research, 36: 1457 - 1468.

Zhou L, Kim E, Hopke P K, et al. 2004. Advanced factor analysis on pittsburgh particle size - distribution data [J]. Aero Saence and Technology, 38: 118 - 132.

第8章　汕头滨海湿地生态经济价值分析

【内容导读】　本章采用相应的方法对汕头市湿地的各类经济价值进行计量研究，从总体上得出2005年汕头湿地的服务功能总价值为约47.0亿元，同时得出湿地生态10种服务功能的价值量的大小，依次为：物质生产 > 旅游休闲 > 文化科研 > 抵御灾害 > 涵养水源 > 重要物种栖息地 > 污染净化 > 固碳 > 造陆 > 净化大气。将评估得到的各项生态服务功能价值量分配到不同的湿地生态系统类型中，得出单位面积所提供的服务功能价值量，最高的是红树林（2 039.26万元/km^2），其次是滩涂（1 898.56万元/km^2）。根据已经得出的研究数据，计算出2005年汕头四个国际湿地示范点生态系统服务功能价值约为1.22亿元。示范点内湿地平均的生态系统服务功能价值为872.59万元/km^2。

【关键词】　滨海湿地；生态系统服务；效益价值；汕头国际湿地示范区

滨海湿地地处海洋与陆地的交汇地带，不仅能提供丰富的土地、盐业、生物、旅游等资源，还具有调节气候和水文情势、净化污染物、为生物提供栖息地等巨大的环境调节、生态效益多种功能（陈增奇等，2006）。

由于滨海湿地生态系统的高价值服务功能和人居适宜性，全世界大约1/3的城市人口居住在离海岸60 km以内的范围（钦佩，2006）。然而，由于人们认识水平的局限和对经济效益的单纯追求，长期以来，在围垦、基建占用、环境污染、过度捕猎、泥沙淤积、不合理水利工程建设等诸多因素的共同作用下，湿地资源遭受了严重的破坏，使湿地正以极快的速度消失、破坏和退化，湿地资源保护所面临的任务非常艰巨（Mitsch et al.，2000）。

经验证明，只依靠自然科学的力量来解决湿地保护问题是不够的（张晓云等，2006）。要想从根本上找出解决问题的有效途径，需通过综合的湿地研究，将自然与人类社会相结合。因此，以经济形式对海滨生境进行价值估算，对公共决策和湿地保护均有重要的理论和现实意义。根据经济学原理对湿地服务价值进行科学评价，不仅有助于丰富和完善全球生态系统服务功能与价值评估的理论和方法，推动当代生态经济学的发展，实施综合的国民经济与资源环境核算体系，以及为政府进行有关碳指标的国际谈判提供基础数据支持，而且有助于提高人们对湿地重要性的认识，协调国家和地区的发展，平衡代内/代际利益关系，为生态补偿、实现区域可持续发展的目标服务，推动包括湿地在内的自然资产与环境保护工作（崔丽娟等，2006）。

本章以生态系统服务功能的研究理论为基础，结合汕头湿地生态系统的特点，再依据前人对各种类型湿地功能的研究，阐述和分析汕头湿地可能具有的各种功能，并分别采用相应的方法对汕头市湿地的各类经济价值进行计量研究。以经济形式对海滨生境进行价值估算，以求能够引起政府对湿地资源的重视，使他们在选择海滨发展方案并作出决策时能够慎重考虑生态系统的效用，并为其决策提供科学依据。

8.1 汕头滨海湿地的生态系统的服务功能

8.1.1 浅海水域的服务功能

浅海水域是指低潮时水深6 m以内的海域及其沿岸海水浸到的湿地。示范区内的浅海水域蕴藏着丰富的海产资源，还可以用来放养虾、蟹、贝、藻、海参、江瑶等以及一些经济价值高的珍贵鱼类，用以弥补近年来海洋捕捞量的不足，同时缓解一些地段生态环境受威胁的状况。此外，浅海水域中的一些微生物种类对于降解海水中的污染物质也有重要的意义。除此以外，由于浅海水域具备美丽的风光和独特的地理位置，因此它还具有旅游休闲和文化科研价值。

综上所述，汕头滨海湿地浅海水域具有生物栖息、物质生产、污染净化、旅游休闲和文化科研功能。

8.1.2 潮间沙石海滩的服务功能

沙石海滩同样是很多物种（主要为蟹类和鸟类）的栖息地。由于海洋和陆地的生态显著不同，沙滩的连接和缓冲作用在生态方面显得尤为重要，从而一定程度上可以起到抵御和缓冲自然灾害的作用。由于沙滩生境的特殊性和其海陆交界的区位特点，使得它不仅具有特殊的文化价值，还具备生态研究和环境监测等科研价值。沙石海滩可以开发为海滨旅游度假景点，因此它还具有旅游休闲功能。因此，潮间沙石海滩具有为生物提供栖息地、抵御灾害、旅游休闲和文化科研功能。

8.1.3 潮间淤泥滩的服务功能

潮间淤泥滩底质以淤泥为主。河溪镇分布的潮间淤泥滩大部分被水葱群落所覆盖，是重要的候鸟越冬栖息地，为成千上万的鸟类、鱼虾、蟹、贝类等提供了栖息、觅食、繁衍的场所。水葱在水景园中主要作后景材料，其茎秆挺拔翠绿，使水景园朴实自然、富有野趣。茎秆可作插花线条材料，也用做造纸或编织草席、草包材料，因此在当地还被作为商品出售，具备物质生产功能。流经水葱群落覆盖湿地的污水在植物根系、土壤间流过而被初步过滤，污染物质能够被截留在根系周围，有机物被土壤中的好氧细菌分解为二氧化碳和水；氮、磷等物质被厌氧细菌分解，成为能被根系吸收的“氮肥”和“磷肥”；水中的悬浮物被土壤颗粒过滤，植物通过筛管向根系输送的氧气溶解于水中，增加了处理后水中的溶解氧。此外，与其他潮间带滩涂一样，潮间带淤泥滩也具有抵御和缓冲自然灾害的功能，大量野生动物的栖存和对污水的净化作用也使得此种类型的湿地具备了旅游休闲和文化科研价值。

综上所述，潮间淤泥滩具备的生态系统服务功能有栖息地、物质生产、污染物净化、抵御灾害、旅游休闲和文化科研等。

8.1.4 潮间盐水沼泽的服务功能

潮间盐水沼泽是含盐量高的沼泽湿地，其生态系统服务功能基本与潮间淤泥滩一致，可作为动物栖息地，同时具有物质生产、污染净化、抵御灾害、旅游休闲和文化科研功能。

8.1.5 盐田湿地的服务功能

盐田湿地多存在于含盐量高的盐水沼泽或海湾、泻湖岸边的滩涂上，一般呈规则的网络状。示范点内盐田湿地的主要示范内容为生态恢复，因此，除了生物栖息地和物质生产功能以外，盐田湿地还具有文化科研功能。

8.1.6 红树林沼泽的服务功能

经实地考察和文献分析，本区的红树林具有以下几种服务功能。

8.1.6.1 生产有机物（物质生产）功能

红树林生态系统服务功能是现有研究中开展得最为广泛的。红树林具有高光合率、高呼吸率、高归还率的特点；它不断地进行光合作用，把太阳能转化为化学能，把简单的无机物质制造成为碳水化合物，以凋落物有机碎屑的形式输出有机物，为消费者和分解者提供物质来源，是海岸沼泽生态系统中的主要组成部分（Lugo et al.，1974）。

8.1.6.2 抵御灾害（抗风削浪）功能

红树植物具有发达的根系，纵横交错的支柱根、呼吸根、板状根、气生根、表面根形成一个稳固的网络支持系统，使植物体牢牢地扎根于滩涂上，并且盘根错节地形成严密的栅栏，增加了海滩面的摩擦力，能阻挡水流、减缓流速，从而起到防风消浪的作用（林鹏等，2005）。

8.1.6.3　造陆功能

红树林具有造陆功能，一方面通过红树植物密集交错的根系减缓水体流速，沉降水体中的悬浮颗粒；另一方面网罗碎屑，加速了潮水和陆地径流带来的泥砂和悬浮物在林区的沉积，促进土壤的形成。再者，红树林本身的凋落物量很高，这些凋落物，加上林内丰富的海洋生物的排泄物、遗骸等，都为红树林海岸的淤积提供了物质来源（林鹏，1993）。因此，红树林加速了“沧海变陆”的进程，从而也可以缓解温室效应带来的海平面上升而淹没陆地的威胁。

8.1.6.4　生物栖息地与生物多样性维护功能

红树植物具有多种生长型和不同的生态幅度，各自占据着一定的空间，为生物群落中的各级消费者提供重要的栖息和觅食场所，成为在咸淡水交迭环境中生存的动物、植物和微生物丰富的基因库（Lin，1997）。

8.1.6.5　污染物净化功能

红树林湿地系统可通过物理作用、化学作用及生物作用对各种污染物进行处理，可对其加以吸收、积累而起到净化作用。有研究表明，红树林对重金属、石油及生活污水等有较强的耐性，且红树林植物和林下的土壤都有吸收多种污染物的能力，对污染物有较强的净化效果（Peters et al.，1997）。此外，红树林可吸收 SO_2，HF，Cl_2，CO_2 和其他有害气体，对放射性物质也有很强的吸收能力（Breaux et al.，1995）。

8.1.6.6　生态旅游功能

红树林海岸是热带、亚热带海滨独特的自然景观，具有较高的生态旅游价值。红树林生态旅游以生态和环保为特色，通过寓教于游、寓教于乐等多种形式，在游客观赏海鸟和海底森林美景的同时，向游客传播生态、环境科学、海岸地貌、海洋生物的知识，以及相关的法律法规，以增强人们的生态环境保护意识和法制观念。美国的佛罗里达、泰国的普吉岛、新西兰的北奥克兰半岛、孟加拉的申达本等都开展了红树林生态旅游（李金昌，2002）。香港地区米埔红树林保护区，台湾地区淡水河口红树林保护区，海南省东寨港红树林国家级自然保护区，广东省深圳市福田自然保护区、海上田园旅游区和汕头市苏埃湾红树林生态景观区已经开展了一些环境教育和观光旅游活动。

8.1.6.7　文化科研功能

目前，红树林生态及其净化污染物的机制是生态学和环境化学等学科的研究热点之一，相关学科的科研投入逐年增长，许多地区成为环境教育和野外科研实践的基地。例如，深圳福田自然保护区、深圳海上田园旅游区、广州南沙湿地公园、汕头滨海湿地等地都为科研工作者提供了很好的研究场所，并且已经收获和发表了研究成果（赵欣胜等，2005；彭友贵等，2005；陈桂珠等，1996）。

8.1.7　河口水域、永久性河流的服务功能

河口水域由河川和海洋交汇所构成。河口区由于大量河川水流入海中，使水中盐度变化大，虽然河口拥有大量营养盐类，但由于透明度低，浮游植物光合作用的效能受影响；加上水位定期升降，底质缺氧，生物需要有特殊适应方式才能生存。因此，河口生物群落的主要特点是种的多样性低，单个种群或数个种群的丰度大。河口含有大量有机碎屑，为食碎屑的动物或滤食动物提供了丰富的食源，吸引虾、蟹、鱼及贝类等来此觅食与繁殖。有人利用河口地区的沼泽地进行养殖。除了作为水鸟等物种的栖息地以外，河口水域高的次级生产力也为人类消费提供了丰富的物质产品。另有研究表明，海陆过渡带的河口水域通过对污染物的稀释、扩散、混合、沉淀、吸附凝聚，污染物在水相、悬浮物 - 水界面间发生氧化还原反应、酸碱反应、分解化合反应，或水生生物的生命活动使污染物的存在形态发生变化，以及使污染物总量或浓度降低等方式对污染水体进行物理、化学和生物净化作用（侯立军等，2002）。

综上所述，本研究区域内的河口水域具有栖息地、物质生产、污染净化、旅游休闲和文化科研功能。而永久性河流则比河口水域多出一种涵养水源的功能。

8.1.8　三角洲低积平原的服务功能

河流三角洲地带为海陆交界、淡咸水交汇处，受海洋和陆地交互作用，复杂动力机制造就了丰富独特的湿地类型和生态环境。三角洲低积平原环境独特，物种丰富，不仅是多种珍贵鸟类的中转站、越冬栖息地和繁殖地，还是多种虾、蟹、鱼及贝类繁殖与觅食的场所，因此，三角洲低积平原具有很高的物质生产能力。此外，它也具有旅游休闲和文化科研功能。

8.1.9　三角洲基塘湿地的服务功能

由上述三角洲基塘湿地的构成可知，基塘湿地共有四种类型：桑基、果基、蔗基和草基鱼塘。基塘湿地主要具有物质生产和文化科研的功能。

8.1.10　水产养殖湿地的服务功能

此类湿地的主要功能为物质生产，由于本区内水产养殖湿地的面积较大，其广阔的水域可用来开展生态旅游活动。除此之外，水产养殖湿地是珍贵鸟类越冬的栖息地，还可以为水产业和生态等相关领域的科研活动以及生态环境教育活动提供场所。因此，基塘湿地具备为生物提供栖息地、物质生产、旅游休闲和科研教育功能。

8.1.11 洪泛平原湿地的服务功能

本区内的洪泛平原湿地仅在澄海区韩江两岸有狭长分布。主要服务功能类似于河口水域和永久河流，也是重要物种的栖息地，并具备一定的物质生产能力。此外，由于洪泛平原景观的独特性和稀有性，它也具备旅游休闲和文化科研价值。

8.1.12 永久性淡水湖、水库的服务功能

其主要服务功能为生物栖息地、物质生产、涵养水源和旅游休闲。

8.2 汕头滨海湿地生态服务价值估算

根据汕头各滨海湿地类型生态系统服务功能的分析，按功能特性总结如表 8－1 所示。

表 8－1 汕头滨海湿地生态系统类型及其服务功能类型

湿地类型	面积/hm^2	生态系统服务功能类型						
		栖息地	物质生产	污染净化	涵养水源	抵御灾害	旅游休闲	文化科研
浅海水域	16 010.99	+	+	+			+	+
潮间沙石海滩	906.65	+				+	+	+
潮间淤泥滩	302.32	+	+	+		+	+	+
潮间盐水沼泽	801.55	+	+	+		+	+	+
盐田湿地	595.99	+	+					+
红树林沼泽	1 269.33	+	+	+		+	+	+
河口水域	11 598.75	+	+	+			+	+
三角洲低积平原	1 079.77	+	+				+	+
三角洲基塘	2 351.74		+					+
水产养殖湿地	12 974.51	+	+				+	+
河流水域	1 022.93	+	+	+	+		+	+
洪泛平原湿地	350.95	+	+				+	+
永久性淡水湖	174.74	+	+		+		+	
水库	1 699.78	+	+		+		+	

注：+ 表示该功能为某种类型湿地生态系统所提供。

8.2.1　重要物种栖息地价值

由于缺乏相关的汕头市规划预算资料，这里以全球湿地生态系统栖息地保护的平均值计算汕头滨海湿地的重要物种栖息地价值．根据 Costanza 等人的研究，湿地重要物种栖息地的单位面积价格为 2 523 元/（hm^2·年）（Costanza et al.，1997），因此得到汕头滨海湿地重要物种栖息地年均价值约为 1.23 亿元。

8.2.2　物质生产价值

汕头滨海湿地生态系统提供的主要物质有水产品（海水产品、淡水产品）、原盐、苇草、红树植物活立木及其凋落物。物质生产功能价值采用市场价值法估算（王金南，1995）：

$$V = \sum Y_i \times P_i$$

式中：V 为物质产品价值；Y_i 为第 i 类物质的产量；P_i 为第 i 类物质的市场价格。根据汕头市统计年鉴（2006），汕头市 2005 年全市水产品总产量达到 3.51×10^5 t，养殖产量 1.799×10^5 t，水产品总产值为 24.5 亿元。

2005 年汕头原盐产量仅为 12 610 t，仅完成全年计划的 42%，比上年减产 18 611 t，其原因为天气多变，降雨量大增。为了使数据更有代表性，取汕头市近三年原盐平均产量数据 23 150 t（2003 年为 25 618 t，2004 年为 31 223 t）进行统计，按原盐的市场价格 450 元/t 计算，得出盐业的年均产值为 1 041 万元。

本区内共有红树林沼泽 1 269.33 hm^2，根据世界原木定价 933.45 元/m^3、红树林群落平均净材积 5.32 m^3/hm^2（中国环境与发展国际合作委员会，1999），计算出本区红树林群落每年生产活立木 6 752.84 m^3，年均总价值 630.34 万元。

红树植物凋落物的价值在于为近海生产力提供主要的饵料，因此计算其饵料市场价值。设其饵料成品率为 10%，我国水产养殖饵料的价格为 2 000 元/t，单位面积掉落物量取韩维栋等人的研究结果，为 8.65 t/（hm^2·年）（Han et al.，2000），计算出红树林的凋落物价值为每年 219.59 万元。

除红树林以外，本区内的植被还包括湿生和水生植被群落（主要为茳芏、芦苇、水葱和香蒲），其总面积为 1 905.1 hm^2，考虑其净初级生产量，这里采用欧阳志云等人的研究数据为 2 170 kg/（hm^2·年），按市场价格 150 元/t 计算，本区湿生和水生植被群落的总净初级生产年均价值为 62.01 万元。

综上所述，本区内的物质生产年均总价值为以上五项之和，共计约 24.7 亿元。

8.2.3 污染净化功能价值

目前，国内很多学者都用污染防治成本法（赵同谦等，2004）计算湿地的污染净化价值，本文也采用这种方法，并认为：如果进入湿地的污染物没有使水体整体功能退化，即可以认为湿地起到净化的功能。

汕头滨海近岸海域是水污染物的主要接纳水体，水污染物主要来源是入海河流、城市生活污水、水产养殖、工业污水、农业面源。2005 年全市废水排放总量约为 1.8×10^9 t，其中城镇生活污水约 1.3×10^9 t（占 70.56%），工业废水约 5.4×10^8 t（占 29.44%）；截至 2005 年末，全市拥有污水处理厂 1 座，日处理污水 1.4×10^5 t，加上相应的工业污水处理配套设施，日污水处理量共约 3.4×10^5 t。汕头市 2005 年全年共处理城市污水约 1.2×10^9 t，未处理的污水约为 6.0×10^8 t，参考目前汕头近岸海域环境的监测情况，各区的环境质量仍然达标，所以认为本区内的湿地发挥着污染净化的功能。按照汕头市现行污水处理的价格 0.5 元/t，乘以未处理的污水量，得到汕头滨海湿地污染净化功能价值为 3023.5 万元。

8.2.4 涵养水源功能价值

由汕头市河流水文调查情况及汕头市湿地调查数据可知，汕头市内永久性河流的汇水面积为 1 022.93 hm^2，取榕江多年平均水位 3.32 m 来计算其蓄水量，得到汕头市永久性河流的蓄水量约为 3.4×108 m^3。汕头市水库的正常蓄水量约为 2.7×10^9 m^3。涵养水源的价值按照影子工程法（庄大昌，2004）来计算。影子工程法是指以人工建造一个工程来替代生态功能或原来被破坏的生态功能的费用。国内目前建设 1 m^3 库容的投入成本为 0. 67 元，以汕头市水库的总蓄水量作为水库涵养水源的有效库容，据此估算出汕头滨海湿地水源涵养功能的年均价值为 2.05 亿元。

8.2.5 抵御灾害功能价值

汕头滨海湿地的消浪护岸和抵御风暴潮的功能价值根据专家评估法进行估算。根据 Ledoux 的研究成果（2002），岸滩防御风暴潮的价值为 9 140 ～ 30 760 美元/hm^2（本文取其均值 19 950 美元/hm^2，人民币汇率按 2005 年平均水平 1∶8.2 美元计）。本研究认为，具有此项功能的湿地类型包括潮间沙石海滩、潮间淤泥滩和潮间盐水沼泽，面积为 2010.52 hm^2，由此估算出这两类湿地每年的该项功能服务价值为 3.29 亿元。

红树林消浪护岸和抵御风暴功能的价值采用了 Costanza 等（1997）的研究成果（1 839 美元/hm^2），则红树林消浪护岸和抵御风暴的功能价值为 0.19 亿元。最后得出汕头滨海湿地消浪护岸和抵御风暴功能的年均总价值为 3.48 亿元。

8.2.6　旅游休闲功能价值

湿地作为汕头自然风景的灵魂，其娱乐功能是巨大的。由于本研究范围内的湿地类型多样，单独对每种湿地的旅游功能价值进行详细估算不是很现实，因此仅对汕头湿地的旅游价值进行粗略估算。按照《2005 年汕头市统计年鉴》，2005 年汕头全年接待国内外游客 444.09 万人次，旅游总收入为 49.36 亿元。假设每个景点对游客的吸引力总体上等同，且单位面积的土地所具有的旅游价值是相等的，按照能提供旅游休闲功能的湿地面积（48 192.28 hm^2）占汕头市总面积（206 400 hm^2）的 23.35% 来计算，得出湿地的旅游休闲功能价值为 11.5 亿元。

8.2.7　文化科研功能价值

作为一种独特的地理单元和生存环境，汕头湿地生态系统尤其是滨海湿地对形成潮汕地区独特的传统文化类型影响很大。多样的湿地动植物群落、濒危物种在科研中有重要地位，它们为教育和科学研究提供了物种对象、材料和试验基地。

本章采用 Costanza 等（1997）对全球湿地生态系统的文化科研功能的评估价值（881 美元/hm^2）作为汕头湿地的文化科研功能价值，提供此项功能的湿地面积为 49 265.48 hm^2，估算出汕头滨海湿地的文化科研价值为 3.56 亿元。

8.2.8　造陆功能价值

造陆功能在本研究区域范围内暂且只考虑为红树林的生态功能。造陆功能价值可以用无林条件下土壤侵蚀的经济损失量替代，即替代花费法。

首先需要计算因红树林的存在而减少的土壤侵蚀总量。河口土壤有林地和无林地侵蚀差异变化较大，据有关学者研究，认为红树林地与非红树林裸滩的侵蚀差异比平均值为 30 cm/年（Han et al.，2000），用此参数乘以汕头红树林面积，可得出因每公顷红树林的存在而减少的土壤侵蚀总量为 $3.81\times10^6\ m^3$/年。

根据土壤侵蚀总量，以及按照土壤侵蚀平均厚度 0.6 m 来估算废弃土地面积（机会成本法），所得面积乘以中国南方林业年均收益 400 元/hm^2（韩维栋，2002），计算因土地废弃而丧失的年经济价值。

减少土壤侵蚀价值 = 减少的土壤侵蚀总量 ÷ 0.6 m × 中国南方林业年均收益

= 25.4 万元

8.2.9　固碳功能价值

根据有关学者的研究，中国红树林生态系统的碳增量为 11.35 t/（hm^2·年）（Han

et al.，2000），据此可以算出汕头红树林湿地年固定的 CO_2 量。对于单位 CO_2 固定量的价格，西方一些国家使用碳税率法来限制 CO_2 等温室气体的排放，如挪威的碳税率为 227 美元/t，瑞典的碳税率约为 150 美元/t；美国 1990 年引入的碳税率仅为 15 美元/t。环境经济学家常使用瑞典的碳税率，本研究也采用瑞典的碳税率，即 150 美元/t 作为单位 CO_2 固定量的价格（薛达元等，1999）。红树林湿地在发挥固碳功能的同时也发挥了释放 O_2 的功能，因此，本研究不再对红树林湿地释放氧气的经济价值进行估算，以避免重复计算。

汕头红树林湿地年均固碳价值 = 1 269.33 hm^2 × 11.36 t/（hm^2 · 年） × 150 美元/t × 8.2
= 1 773.61 万元。

8.2.10 净化大气功能价值

由于有些数据不可得，本项仅计算红树林生态系统对大气 SO_2 的净化作用。2004 年红树林的 SO_2 吸收量度为 0.15 t/（hm^2 · 年）（中国环境与发展国际合作委员会，1999），每削减 1 t SO_2 的投资成本为 600 元，据此算出红树林年消除 SO_2 的效益为 11.42 万元。

8.3 评估结果与分析

8.3.1 汕头湿地生态服务功能价值的总体评价

本研究通过对汕头湿地的几种主导服务功能的价值评估（见表 8－2），得出 2005 年汕头湿地的服务功能总价值约为 47.0 亿元，相当于汕头市 2005 年 GDP（650.8 亿元）的 7.22%，汕头湿地生态系统服务功能的价值总量十分可观。

从所评价的 10 种湿地生态服务功能的价值构成看，按照价值量的大小依次为：物质生产 > 旅游休闲 > 文化科研 > 抵御灾害 > 涵养水源 > 重要物种栖息地 > 污染净化 > 固碳 > 造陆 > 净化大气，其中物质生产、旅游休闲、文化科研、抵御灾害、涵养水源五种生态服务功能价值处于主要地位，占总价值的 96.36%。按照单位面积价值量来比较，单位面积价值量最高的前五种服务功能则分别为：抵御灾害、涵养水源、物质生产、旅游休闲和固碳。

表8-2　不同生态服务功能价值量及单位面积价值对比

生态系统服务类型	价值量/（亿元/年）	比例/%	面积/km^2	单位面积价值/[万元/（km^2·年）]
重要物种栖息地	1.2300	2.6168	487.88	25.23
物质生产	24.7000	52.5493	502.33	491.71
污染净化	0.3024	0.6434	310.06	9.75
涵养水源	2.0500	4.3614	28.97	707.63
抵御灾害	3.4800	7.4037	32.80	1060.98
旅游休闲	11.5000	24.4662	481.92	238.63
文化科研	3.5600	7.5739	492.65	72.26
造陆	0.0025	0.0054	12.69	2.00
固碳	0.1774	0.3774	12.69	139.80
净化大气	0.0011	0.0024	12.69	0.90

8.3.2　汕头滨海湿地主导生态服务功能价值比较分析

从各项生态服务功能价值量看，湿地的物质生产价值最大，为24.7亿元，占总价值的52.55%，其单位面积价值量也远远高于Costanza的全球平均值259.22万元/（km^2·年），这部分价值主要来自养殖产业的贡献，这说明汕头市政府大力发展捕捞和养殖业经济，重视养殖业提供的水产对居民菜篮子的丰富；同时，也要对养殖产业进行规范和调整，减轻对海域环境的污染和对海域自然景观的破坏，并采取措施预防海域和河流湖泊湿地环境质量的退化。

旅游休闲功能价值达到11.5亿元，占总价值的24.47%，其单位面积价值量为238.63万元/（km^2·年），也远大于Costanza估算的19.36万元/（km^2·年），这也反映出汕头市独特的滨海城市风景对海内外游客的吸引力。

沿海地区是风暴潮等自然灾害的多发区，汕头市因风暴潮而造成的损失很严重。湿地中如滩涂、红树林等在抵御风暴灾害方面发挥了巨大作用。汕头湿地抵御灾害功能的价值达到3.48亿元，占总价值的7.4%。其单位面积价值量为研究的各种服务功能中最高的一项，这也凸显出海滨滩涂和红树林湿地对于保护沿海地区城市免受自然灾害影响的重要性。由于汕头市的滩涂面积占其湿地总面积的比例并不高，仅为3.93%，这不可避免地造成了其总功能价值并非很高的现状，因此，若想更加充分地发挥湿地保护沿海城市生态安全的功能，汕头市政府可以通过同样具有抵御灾害功能的红树林湿地效用的发挥来加以实现。

涵养水源功能价值量为2.05亿元，单位面积价值量也高于Costanza的全球平均水平326.80万元/（km^2·年），居本研究内所有服务功能单位面积价值量的第二位，但是其总价值量却只排在第五位，这说明汕头市具有涵养水源功能价值的湿地面积占所有湿地面积的比例偏低。现实情况是，全市的饮用水及工农业用水仅仅依靠韩江及一小部分山塘水库，人均占有量仅426 m^3（不含过境水），相当于全省人均占有量的17%，全国人均占有量的20%，随着城市发展战略的实施，城市水资源短缺的问题将进一步成为制约城市发展的瓶颈。考虑其解决方案，虽然汕头市本地水资源并不丰富，但过境水量十分丰富：仅韩江平均每年过境水量就有超过5×10^9 m^3，其中可利用量近8×10^9 m^3，充分利用过境水资源，无疑是汕头市未来工作的重中之重。所以，在保护好现有水资源的基础上，控制水污染，落实工程措施，提高供水能力，合理配置水资源，充分发挥水资源多功能作用，不断提高水资源利用效率，才能满足汕头市经济发展对水的需求，支撑汕头市国民经济的可持续发展。

8.3.3 不同湿地生态系统类型的服务功能价值分析

结合表8-1和表8-2，将评估得到的汕头滨海湿地的各项生态服务功能价值量分配到不同湿地生态系统类型中，可以得出不同类型的湿地所具有的服务功能价值及其单位面积提供的价值量（见表8-3）。

表8-3 不同类型的生态系统提供的服务功能价值

湿地生态系统类型	单位面积价值/（万元/km^2）	总价值/（亿元/年）	比例/%
浅海水域	837.58	13.41	28.53
潮间沙石海滩	1397.10	1.27	2.70
潮间淤泥滩	1 898.56	0.57	1.21
潮间盐水沼泽	1898.56	1.52	3.23
盐田湿地	589.20	0.35	0.74
红树林沼泽	2 039.26	2.59	5.51
河口水域	837.58	9.71	20.66
三角洲低积平原	827.83	0.89	1.89
三角洲基塘湿地	563.97	1.33	2.83
水产养殖湿地	827.83	10.74	22.85

续表

湿地生态系统类型	单位面积价值/（万元/km^2）	总价值 /（亿元/年）	比例/%
河流水域	1 545. 21	1. 58	3. 36
洪泛平原湿地	827. 83	0. 29	0. 62
永久性淡水湖	1 463. 20	0. 26	0. 55
水库	1 463. 20	2. 49	5. 30

由表 8 - 3 知，单位面积所提供的服务功能价值量最高的是红树林（2 039. 26 万元/km^2），其次是滩涂（1 898. 56 万元/km^2），再次是河流水域、湖泊湿地和沙石海滩。而三角洲基塘湿地、盐田湿地以及洪泛平原湿地的总价值量以及单位面积的价值都很小。可以看出，本区内每种类型湿地的单位面积服务功能价值中，抵御灾害的功能价值占的比例很大，从很大程度上影响了这种湿地单位面积的功能价值。

参考文献

陈桂珠，缪绅裕，章金鸿. 1996. 深圳福田红树林生态学研究［J］. 中山大学学报（自然科学版），35（增刊）：294 - 300.

陈增奇，金均，陈奕. 2006. 中国滨海湿地现状及其保护意义［J］. 环境污染与防治，28（12）：930 - 933.

崔丽娟. 2000. 湿地价值评价研究［M］. 北京：科学出版社：102 - 112.

韩维栋. 2002. 雷州半岛红树林及其保护策略研究［D］. 厦门：厦门大学.

侯立军，刘敏，许世远，等. 2002. 长江河口近岸水体自然净化作用及其初步评价［J］. 长江流域资源与环境，11（3）：246 - 249.

林鹏. 1993. 中国红树林论文集（Ⅱ）. 厦门：厦门大学出版社：1 - 18.

林鹏，张宜辉，杨志伟. 2005. 厦门海岸红树林的保护与生态恢复. 厦门大学学报（自然科学版），44（增刊）：1 - 6.

彭友贵，陈桂珠，武鹏飞，等. 2005. 人工生境条件下几种红树植物的净初级生产力比较研究［J］. 应用生态学报，16（8）：1383 - 1388.

钦佩. 2006. 海滨湿地生态系统的热点研究［J］. 湿地科学与管理，2（1）：7 - 11.

《汕头年鉴》编纂委员会. 2006. 汕头年鉴［M］. 香港：公元出版有限公司.

王金南. 1995. 环境经济学［M］. 北京：清华大学出版社，1995.

薛达元，包浩生，李文华. 1999. 长白山自然保护区森林生态系统间接经济价值评估［J］. 中国环境科学，19（3）：247 - 252.

张晓云，吕宪国. 2006. 湿地生态系统服务价值评价研究综述［J］. 林业资源管理，5：81 - 86.

赵欣胜，崔保山，杨志峰. 2005. 红树林湿地生态效益能值分析——以南沙地区十九涌红树林湿地为案例［J］. 生态学杂志，24（7）：841－844.
赵同谦，欧阳志云，贾良清. 2004. 中国草地生态系统服务功能间接价值评价［M］. 生态学报，6：11－24.
中国环境与发展国际合作委员会. 1997. 中国自然资源定价研究［M］. 北京：中国环境科学出版社.
庄大昌. 2004. 洞庭湖湿地生态系统服务功能价值评估［J］. 经济地理，24（3）：391－432.
Breaux A, Farber S, Day J. 1995. Using natural coastal wetland systems for waste water treatment: an economic benefit analysis [J]. Journal of Environmental Management, 44: 285－291.
Costanza R, d'Arge R, Groot R, et al. 1997. The value of the world's ecosystem services and natural capital [J]. Nature, (387): 253－260.
Han W D, Gao X M, Lu C Y, et al. 2000. The ecological values of mangrove ecosystems in China [J]. Ecologic Science, 19 (1): 40－45.
Ledoux L, Turner R K. 2000. Valuing ocean and coastal resources: a review of practical examples and issues for furtheraction [J]. Ocean & Coastal Management, 45: 583－616.
Lin P. 1997. The Mangrove Ecosystems in China [M]. Beijing: Science Press.
Lugo A E, Snedaker S C. 1974. The ecology of mangroves [J]. Annual Review of Ecology of Systematics, (5): 39－64.
Mitsch W J, Gosselink J G. 2000. Wetlands [M]. New York: John Wiley and Sons Inc.: 18－19.
Peters E C, Gassman N J, Firman J C, et al. 1997. Ecotoxicology of tropical marine ecosystems [J]. Environment Toxiclogy and Chemistry, 16 (1): 12－40.

第9章 汕头滨海湿地的生态旅游规划

【内容导读】 随着联合国环境规划署支持下的汕头滨海湿地示范区项目的建立，生态旅游为示范区活动拟开展项目。本章搜集有关汕头旅游资源、旅游开发条件和历年游客统计数字等相关资料，利用现有的风景资源评价准则，对汕头滨海湿地的旅游资源进行评价，并进一步得出生态旅游活动开展下的环境容量。以环境可持续发展为前提，结合海岸湿地现有资源评价结果，本章提出总体、分区及专项规划原则和内容，拟订一系列可行的旅游活动，并评估各方面的效益。

【关键词】 滨海湿地；生态旅游；规划

9.1 生态旅游规划总则

9.1.1 生态旅游的概念

生态旅游是以生态环境和自然资源为取向，所开展的一种既能获得社会经济效益，又能促进生态环境保护的边缘性生态工程和旅游活动。以欣赏和研究自然景观、野生动物和相应的文化特色为目标，通过为规划区筹集资金、为地方居民创造就业机会、为社会公众提供环境教育等方式，实现自然保护和可持续发展的自然旅游。

总的说来，生态旅游是以生态学理论为依据，采用系统学和旅游学相结合的方法，在特定的区域内，因地制宜地规划组织旅游产业，是生态、经济和社会三种效益相统一的旅游资源开发新路子，也是健康环保的战略性选择。生态旅游是实现健康环保、生物多样、改善生态、回归自然、协调人地关系的最佳途径。

9.1.2 生态旅游规划的原则

（1）保护第一，开发第二。即在保护好自然资源和自然环境的前提下，充分发挥景观资源的生态效益、社会效益和经济效益。

（2）因地制宜，突出特色。景区、景点、游览线路和接待设施，必须因地制宜，合理布局；工程设施应营造人与自然的和谐氛围，具有自然性、艺术性、科学性和特殊性。

（3）突出自然景观，兼顾人文景观。开发生态旅游应充分利用当地的山、水、地、林等特色，适当点缀一些具有科学、教育和旅游意义的景物。

9.1.3 生态旅游规划的指导思想

根据规划区的区位条件和景观资源特点，旅游规划在保护好规划区的自然资源和自然环境的前提下，适度开发景观资源，进行生态旅游活动，为城市居民提供一个回归自然、科普、考察、观光、休憩、度假的场所。在规划中突出自然生态特色，充分利用现有生态旅游资源的基础，进行景区景点的开发与利用和旅游服务设施建设，开展丰富多彩的具有海滨特色的生态旅游。

9.1.4 规划范围

本规划总体范围为汕头滨海湿地国际示范区内，以三屿围及苏埃湾两个示范点为中心，结合周边区域已有的旅游点。

9.1.5 规划依据

（1）国家旅游局《旅游发展规划管理办法》1999。

（2）《旅游规划通则》GB/T 18971—2003。

（3）国家旅游局《中国旅游业发展“十五”规划基本思路》2000。

（4）《旅游区（点）质量等级的划分与评定》GB/T 17775—1999。

（5）《旅游资源分类、调查与评价》GB/T 18972—2003。

（6）国家旅游局资源开发司《中国旅游资源普查规范》1993。

（7）《中华人民共和国国家标准〈旅游资源分类、调查与评价〉》GB/T 18972—2003。

9.2 生态旅游资源的类型及其评价

汕头市历史悠久，是我国著名的侨乡，有明显的地方特色和较强的经济基础，素有“海滨邹鲁”美称，风光秀丽，揽山海之胜，多寺庙可游，人文景观十分丰富，2000 年被评为“中国优秀旅游城市”。主要名胜古迹，市区有礐石风景区、青云岩、中信度假村、龙泉岩、北回归线标志塔等；潮阳区和潮南区有莲花峰、灵山寺、仙城半天佛等；澄海区有樟林古港遗址、塔山风景区、陈慈黉故居和莱芜海滨泳场等旅游和度假避暑胜地；南澳县有雄关镇、宋井、太子楼、叠石岩、妈祖庙等古迹，还有“东方夏威夷”美称的青澳湾海水浴场以及鸟岛、黄花山国家海岛森林公园等。良好的社会及旅游经济状况也为生态旅游的开展奠定了坚实的基础。目前，生态规划区内主推苏埃湾红树林生态景观、礐石的湿地石林奇景、三屿围田野风光。通过结合我国现有的资源评价标准，实地考察及资料收集，对汕头滨海湿地生态旅游规划区内旅游资源的分析和评价如下：

9.2.1 资源类型

根据《中国旅游资源普查规范》、《中华人民共和国国家标准〈旅游资源分类、调查与评价〉》（GB/T 18972—2003）以及对汕头滨海湿地生态旅游规划区内旅游资源普查结果，规划区中旅游资源有地文资源、水文资源、生物资源、人文资源和天象资源五个主类，分为汕头滨海湿地旅游资源18个亚类及31个基本类型（见表9－1）。

表9－1 汕头滨海湿地风景资源类别*

主 类	亚 类	基本类型及景观特征
地文资源	沟谷幽壑类	主要有龙泉洞等
	石景洞穴类	主要有礐石的湿地石林、三屿围奇石景观等
	地质现象类	地层褶皱、节理发育、自然断裂、地表结构等地质现象
水文资源	水域风光类	水库、海堤、鱼塘等
	溪涧潭池类	大小溪流、潭池等
	河流泉井类	龙泉洞的山泉、榕江等
	瀑布跌水类	礐石景区中瀑布
生物资源	生物景观类	南亚热带季风常绿阔叶林、苏埃湾红树林、木麻黄防护林带等
	古树名木类	国家Ⅰ级及Ⅱ级保护植物若干种
	动物栖息地	主要有鸟类天堂及珍稀鸟类奇观等
人文资源	风景建筑类	入口牌坊和观景亭等
	遗迹遗址类	烈士陵园、陈慈黉故居等
	神话传说类	有“妈祖”、“灵山”等传说
	地方物产类	丰富海产及潮汕传统的特产
	文化风情类	具有浓郁地方特色的潮汕文化和风情
天象资源	云雾景观类	在礐石及苏埃湾雨后、清晨常云雾缭绕
	自然声象类	瀑布声、溪流声、水声、鸟语、蝉噪和蛙叫，此起彼伏
	季节变化类	春新夏凉秋爽冬暖，四季宜人

*根据《中华人民共和国国家标准〈旅游资源分类、调查与评价〉》（GB/T 18972—2003）。

9.2.1.1　**地文资源**

在规划区内具有代表性的地文资源有与三屿围、苏埃湾两个示范点相近的礐石风景区、青云岩和龙泉岩，同地区的潮阳区和潮南区有莲花峰等，澄海区有塔山风景区等，南澳县有叠石岩等。尽管潮汕地区地势比较平坦，但是石林景观连绵成群，成为一道天然的“绿色屏障”。登上礐石飘然亭，极目远眺，汕头市区及周边海岸风光尽收眼底。规划区中著名的沟谷有龙泉岩，此处地形起伏多变，谷内溪流山泉跌宕，景色迷人。在礐石景区及三屿围内都分布有许多的奇石异景。在山脊线上，由于山体风化，地壳中埋藏的花岗岩出露地面，经过风雨强烈侵蚀，演化成“石蛋”景观，这些“石蛋”在大自然的作用下，或遭雷击，或自然断裂，或坍塌堆积，形成丰富的奇石景观。在地文景观中，也发现了一些明显的地层褶皱、节理发育、自然断裂、地表结构等地质现象，可作为自然科普教育素材。

9.2.1.2　**水文资源**

水文资源主要有潭池、溪涧、瀑布跌水、鱼塘、河口及海域景观，与青山相映成趣，生机盎然。泉水水流常年不断，溪水清澈，形成众多潭池。又有滴水泉自岩缝中溢出，时歇时流，点点滴滴，可以直接饮用。规划区位于南海之滨，内有牛田洋、三屿围与苏埃湾等，海域景观丰富多彩。现已有“妈屿观潮”、“鳄渡秋风”、“香炉晓烟”等游览胜景。周边地区有莱芜海滨泳场等旅游和度假避暑胜地，还有“东方夏威夷”美称的青澳湾海水浴场以及鸟岛、黄花山国家海岛森林公园等。

9.2.1.3　**生物资源**

汕头市属于南亚热带季风气候，阳光充足，热量丰富，夏长冬暖，无霜期长，降雨充沛，孕育了丰富的生物资源。植物景观有濠江区苏埃湾候鸟红树林生态景观、龙湖区的新津河口至南港口红树林和木麻黄防护林带、三屿围水草群落等，构成一幅典型的海滨生态景观。动物景观主要是濠江口、三屿围、牛田洋、六合围、苏埃湾红树林湿地的鸟类大聚会，可谓是一大奇观，展现了自然界中人与动物和睦相处的祥和景象。每到入冬，候鸟成群，与周边田野风光相结合，极具观赏价值。另外拟规划建立的观鸟台，将帮助游人更好地发现规划区中的珍稀濒危保护候鸟，不仅是求新的体验，而且更具有科学研究及环境教育价值。

9.2.1.4　**人文资源**

汕头素有“海滨邹鲁”美称，风光秀丽，揽山海之胜，多寺庙可游，人文景观十分丰富。主要名胜古迹，市区有中信度假村、北回归线标志塔等胜景，潮阳区和潮南区有灵山寺、仙城半天佛等，澄海区有樟林古港遗址、陈慈黉故居等，南澳县有雄镇关、宋井、太子楼、妈祖庙等古迹。礐石山顶有著名的飘然亭，为游客休息观光之用。潮汕地区向来以其美食闻名于国内外，规划区为河口海岸区域，可对垂钓、海鲜自助、农家乐等不同形式的海边餐饮进行开发。同时，潮汕语言、文化、民俗、生活方式、建筑形式等都具有很高的文化价值，经过深层次的发掘，可以转化为自然风景中的一种优势人文资源。

9.2.1.5 天象资源

规划区内季节分明，春季潮湿，阴雨日多；初夏气温回升，冷暖多变，常有暴雨；盛夏虽高温但少酷暑；秋季凉爽干燥，天气晴朗，气温下降明显；冬季没有严寒，但有短期霜冻。区内空气清新，尘埃少，噪声小。除了日月星光、虹霞景观、风雨阴晴等一般常见的气象景观外，在礐石一带、苏埃湾、三屿围、河口等区域有丰富的自然声象资源，鸟语、蝉噪及蛙叫此起彼伏，让游客聆听大自然的声音，感受回归自然的快乐。对于观鸟爱好者，更可从各式鸟鸣声中记录各种不同的鸟类，更有探险之妙趣。春季青芽抽穗，万物更新，空气中的高负氧离子含量对人身体具有保健、疗养之效；夏季山谷中清风徐徐，雨后雾霭弥漫，林静翠滴，是避暑、休闲的好去处；秋季秋高气爽，历来是旅游的好季节；冬无严寒，也适宜开展旅游活动。

9.2.2 风景资源特征分析及其评价

汕头滨海湿地生态旅游规划区内风景资源类型丰富，基本上处于原始状态，观赏、科研、保健、游憩价值极高。风景资源拥有5个主类、18个亚类和30余个基本类型。按旅游类型数量从高到低排列，依次为生物景观、水文景观、人文景观、地文景观和天象景观。生物景观为规划区内最具特色的资源，尤其是红树林湿地，苏埃湾中的天然桐花树群落在全国来说堪称一绝。生物景观、水文景观、地文景观及珍稀动植物的栖息，对游客都具有一定的吸引力。因此，保护和合理利用生物资源是开展旅游规划经营活动的重中之重。周边的宕石风景区面积大，孕育了良好的森林生态环境。采用先进的仪器对空气质量、声环境、天然外照射贯穿辐射剂量等几项重要生态因子进行测定和评价，结果表明：景区大部分地方负氧离子浓度都在800个/cm^3以上，公园内空气质量均为A级，为最清洁空气，是开展旅游的理想场所；各监测点噪声日平均低于42 dB，达到国家特别安静区标准；各测点的环境γ射线辐射水平都在国家防辐射安全标准范围内。优良的生态状况，为汕头市及周边地区游客提供了良好的接触大自然和开展观光、休憩健身等旅游活动的场所。

9.2.2.1 风景资源质量评价

根据风景资源质量等级评定标准，对风景资源质量评价、区域环境质量评价和旅游开发利用条件评价三个方面进行等级评定。根据风景资源类型和评价因子进行打分，满分为30分，可以得出风景资源质量评价理想值为25.5分（见表9－2）。

表 9－2　汕头滨海湿地风景资源质量评价理想值*

资源类型	评价因子	权数	评分值	资源基本质量加权值	资源质量评价值
地文资源 X1	典型度（5）	20 F1	5.0	21.0 B	25.5 M
	自然度（5）		5.0		
	吸引度（4）		3.0		
	多样度（3）		3.0		
	科学度（3）		2.0		
水文资源 X2	典型度（5）	20 F1	3.0		
	自然度（5）		3.0		
	吸引度（4）		4.0		
	多样度（3）		3.0		
	科学度（3）		2.0		
生物资源 X3	地带度（10）	40 F3	8.0		
	珍稀度（10）		9.0		
	多样度（8）		8.0		
	吸引度（6）		5.0		
	科学度（6）		6.0		
人文资源 X4	珍稀度（4）	15 F4	1.0		
	典型度（4）		1.0		
	多样度（3）		1.0		
	吸引度（2）		0.5		
	科学度（2）		0.5		
天象资源 X5	多样度（1）	5 F5	1.0		
	珍稀度（1）		0.4		
	典型度（1）		0.2		
	吸引度（1）		0.8		
	利用度（1）		1.0		
资源组合状况	组合度（1.5）		1.5		
特色附加分 T（2）			3.0		

* 中国森林公园风景资源质量等级评定（国家标准）。

9.2.2.2 区域环境质量评价

规划区内环境质量评价满分值为10分。通过计算，规划区内环境质量评价的最终得分为7.5分，见表9-3。

表9-3 汕头滨海湿地旅游区域环境质量评价表

评价项目	大气质量	地面水质量	土壤质量	负离子含量	空气细菌量
满分值	2.0	2.0	1.5	2.5	2.0
评价分值	2.0	1.5	1.0	1.5	1.5
总分	7.5	—	—	—	—

9.2.2.3 旅游开发利用条件评价

旅游规划区内地理位置条件优越。汕头市于1981年成立汕头经济特区，1992年被中国城市评价中心评选列入“中国城市综合实力50强”、“投资硬环境40优城市”。汕头市是中国重要的港口城市和工业城市，是广东省三大经济特区之一。规划区的周边外部水陆交通便利：陆路，有广梅汕铁路、广汕高速公路、206国道（山东烟台至汕头）、324国道（福建—汕头—云南）等；水路，有对外开放的汕头港，其主要码头泊位67个，旅客周转量大［0.2（亿人·km）/年］。规划区的周边已形成旅游网络，有南澳国家森林公园、南澳国际候鸟规划区、礐石风景区以及妈屿岛、德州岛、达濠镇的庙宇等旅游胜地。因此，规划区开展生态旅游具有优越的地理优势；但内部交通条件及基础设施条件较一般，需要对此进行设计开发。

9.2.3 生态旅游规划的SWOT分析

9.2.3.1 优势

规划区内自然风景资源丰富，生态景色优美。规划区内濠江区苏埃湾候鸟红树林生态景观，礐石的湿地石林，濠江口的沿岸湿地、植物、鸟类奇观，龙湖区的新津河口至南港口红树林和木麻黄防护林带以及成群的候鸟、沙滩景观与周边田野风光相结合，既具有纯自然风光观赏价值，又具有很高的艺术、美学、文化和科学研究价值，区内开展生态旅游，将产生良好的社会经济价值。规划区区位地理位置条件优越，交通便利，为客源到达旅游地提供极大方便。规划区具有良好的开发环境，规划项目本身属于联合国环境规划署湿地中型以下开发项目，得到联合国环境规划署及国家环境部的资金支持；汕头市政府也十分重视生态旅游业的发展，对此在人力、物力上给予大力支持。规划区内的社区群众对发展旅游创收寄予很高的期望，同样也倾注极大热情。

9.2.3.2 劣势

从目前来看，规划区内主要规划点三屿围及苏埃湾的基础设施和服务设施基本是刚刚起步，由于缺乏基础设施，对于文化景观的挖掘和开发带来一定的难度，开发建设需要大量的资金；而区内的潜在开发商为个体开发商，资金投入缺口大，如何进行很好的统一规划及自始至终保证良好的环境水平也具有很大的挑战。开发宣传难度大，如何在规划之初对规划区内社区做好宣传，以及如何增加景观在普通老百姓心中的吸引力，也有一定的难度。主要规划区内给排水设施还没有铺设，尽管水资源丰富，但是未来基础设施和人文设施的建立将对蓄水、排水、排污等提出较高的环境要求，如何真正做到生态旅游，也给规划、开发带来很大困难。

9.2.3.3 机遇

随着经济水平的不断提高，城乡居民收入不断增加，旅游需求日益旺盛，发展旅游业的市场条件良好，旅游市场需求不断扩大。经济水平的不断提高和消费观念的改变，单纯以游览观光为主的传统旅游方式已不能满足旅游者的需求，集观光、娱乐、休闲、度假、商务、竞技为一体的内容丰富多彩、新颖独特的旅游方式和旅游项目应运而生，受到旅游者的广泛喜爱。其中，生态旅游成为旅游业中的亮点，也是旅游向深远发展的必然选择。规划项目本身为生态旅游规划，与全球旅游发展的大趋势相吻合，具有很大的发展空间和潜力，如汕头市规划的外砂河红树林公园、苏埃湾红树林候鸟湿地公园、三屿围青少年科普教育馆的建设等。

9.2.3.4 威胁

威胁主要指外部竞争及内部开发过程中对资源环境的破坏两个方面。外部竞争有其他省市地区的旅游业竞争及同类休闲度假旅游的竞争。经历了一轮旅游热潮的中国旅游者，在经过了大众旅游“挤、乱、差”等旅游感受后，对旅游目的地的选择日益多元化，表现出旅游需求“日益差异化”，这要求提供的旅游产品必须多样化，这样才能满足旅游者多样化的旅游需求。这就给景区在旅游产品多样化开发上带来一定的挑战。旅游资源开发过程是人类活动介入自然生态环境，容易破坏规划区内原有的自然环境和生态环境。因此，如何在不破坏生态环境的条件下，推动旅游开发，如何通过旅游开发促进生态环境的可持续发展，都是旅游规划开发中所要面对的重要威胁及挑战。

9.3 环境容量分析

环境容量是环境本身所具有的自我调节功能的限度。旅游环境容量，则是指在某一旅游地环境（指旅游环境系统）的现存状态和结构组合不发生对当代人（包括旅游者和当地居民）和未来人有害变化（如环境美学价值的损毁、生态系统的破坏、环境污染、舒适度减弱等过程）的前提下，一定时期内旅游地（或景点、景区）所能承受的旅游者人数。不仅要看是否容纳得下，还要考虑旅游质量，更要考虑旅游资源的性质及由此而决定的旅游活动方式、观赏要求、旅游点及其周围环境、游人的反映、经济和社会效果，只有当这些方面的要求都得到较好体现时，游人数量的最高值才是旅游场所的最佳容量。

9.3.1 环境容量确定的原则

确定环境容量时，应遵循如下原则：

（1）承载性原则：环境容量的确定应以保证维护旅游资源价值及其环境质量为前提，因此，其容量不能超过旅游资源保存及其环境质量的承载力。

（2）舒适性原则：环境容量的确定应保证旅游活动的舒适性，使游人的游兴得到满足。

（3）安全性原则：环境容量的确定应使游人的安全性得到保障。

9.3.2 环境容量的估算

环境容量的估算是一个非常复杂的问题，因为不同的景点对游人的吸引程度不同，游人的滞留时间也不一样。一个景点如果游人过多，呈超承载力状态，就会破坏旅游资源；如果游人太少，又会浪费人力、物力，因此必须采取最佳容量。我国旅游区目前常采用的方法有面积法、卡口法和游道法（完全游道法和不完全游道法）三种方法。

1. 面积法

$$C=\frac{A}{a}\times D$$

式中：C 为日环境容量（人次）；A 为可游览面积（m^2）；a 为每位游客占用的合理面积（m^2），D 为周转率（D = 游道全天开放时间/游完全部游道所需时间）。

2. 卡口法

$$t_1=H-t_2$$

式中：t_1 为每天游览时间；H 为每天开放时间；t_2 为游完全区时间。

$$D=t_1\div t_3$$

式中：D 为日游客批数；t_3 为两批游客相距时间。

$$C=D\times 每批人数\times 景点数$$

式中：C 为环境日容量；D 为日游客批数。

3. 线路法

线路法又称游道法，可分为完全游道和不完全游道两种。

完全游道法为进出口不在同一位置的游道法。

$$C = \frac{M}{m} \times D$$

式中：C 为日环境容量（人次）；M 为游道全长（m）；m 为每位游客占用合理游道长度（m）；D 为周转率（D = 游道全天开放时间/游完全部游道所需时间）。

不完全游道法为进出口在同一位置的游道法，即游客游到终点必须原路返回。

$$C = \frac{M}{m + mE/F} \times D$$

式中：C 为日环境容量（人次）；M 为游道全长（m）；m 为每位游客占用合理游道长度（m）；D 为周转率（D = 游道全天开放时间/游完全部游道所需时间）；E 为沿游道返回所需时间；F 为游完全游道所需时间。

根据规划区的生态旅游资源特点，按完全游道法计算环境容量。由于数据采集的限制性，这里的环境容量以生态旅游主题湿地公园为计算项目。湿地公园全长预计 1 5000 m，游人所占合理游道长度为 20 m/人，景区开放时间为 10 h/d，游完全游道所需时间为5 h/d，周转率为 2，计算结果：日环境容量为 1500 人次，年环境容量为 54. 75 万人次。

9. 3. 3　游客容量

游客容量是游客在旅游过程中，在不降低活动质量（保持最佳游兴状态）的条件下，该景区所能容纳的旅游活动最大量。游客容量以游客心理承受的最大心理容量为主。游客的心理容量是指游客在游览过程中不因为环境拥挤而影响旅游体验时的心理所允许的容量，也是旅游者在良好心理感应时的容量。

$$G = \frac{t}{T} \times C$$

式中：G 为日游客容量（人）；t 为游客游完某景区或某游道所需时间（分）；T 为游客每天游览最合适的时间（分）；C 为日环境容量（人次）。

根据以上部分计算得出日环境容量为 1 500 人次/d。完全游道所需时间为 5 h/d，游客每天游览最适合时间为 6 h/d。计算得出：日游客容量为 1 250 人次，年游客容量为 456 250 万人次。

9. 3. 4　游客规模预测

影响生态旅游规划区内游客数量的主要因素有：客源地居民收入水平、可支配时间以及地理位置和交通条件等。

9.3.4.1　客源分析

汕头滨海湿地地处海滨地区，海洋性气候舒适宜人，尤其在炎热的夏季和秋季，是避暑、疗养、休憩的好去处。根据近几年旅游发展的趋势，生态旅游正处于方兴未艾的高潮期，市场需求前途广阔。规划区位于汕头经济特区，珠江三角洲的东北部，日益富裕的珠江三角洲的人们将产生巨大的旅游需求。旅游区所在地汕头是著名的侨乡，每年经贸交流及回乡探亲也是游客来源，广州、深圳、香港、澳门、台湾、东南亚等地蕴藏着巨大的客源。

根据汕头市目前的旅游发展现状，结合旅游客源组成情况，生态旅游区的客源目标是为汕头市500万人口提供休憩、科普服务和户外自驾游。以汕头为核心地点，辐射到潮州、揭阳等潮汕三角洲地区。旅游形式主要以周末游与节假日游为主，工作日的旅游将以中小学生地理课教育和老年人的登山健身为主。国内的其他地区和海外市场也将成为未来的旅游客源，如港、澳、台地区和东南亚国家，这类游客多是参加商务洽谈、会议及展销会等公务时顺道旅游。随着汕头市经济的发展、对外交流的不断增加，这类客源市场的发展潜力将逐渐增大。

9.3.4.2　游客模型预测

由于有较充足的汕头市历年的游客规模数据，故对游客规模采用趋势外推法进行游客预测。从图9-1、表9-4中游客数量和旅游收入的变化趋势来看，1999—2008年游客规模的变化曲线大体呈抛物线走势，因此采用二次曲线模型对其进行拟合。

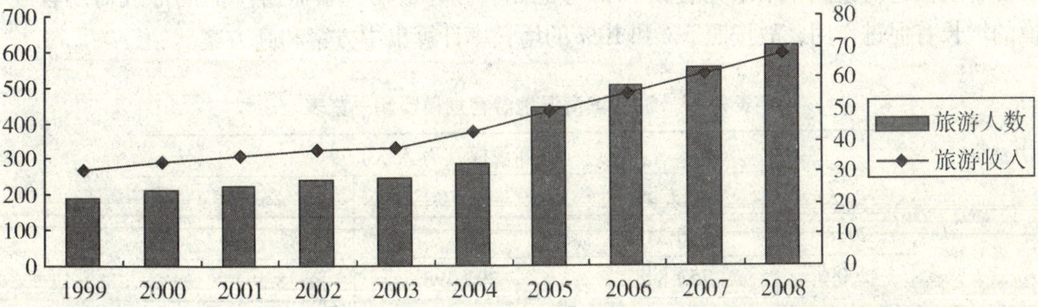

图9-1　汕头1999—2008年的旅客数量

表9-4　旅游收入统计

年份	1999	2000	2001	2002	2003	2004	2005	2006	2007	2008
旅游人数（万人）	192	212	224	243	248	283	444	502	557	618
旅游收入（亿元）	30.41	33.04	35.38	37.23	37.79	43.00	49.00	55.00	61.44	67.89

根据历史数据，对二次曲线模型即 $y = ax^2 + bx + c$（其中，a，b，c 为变化参数）进行拟合，得到如图 9－2 所示的游客规模预测模型。

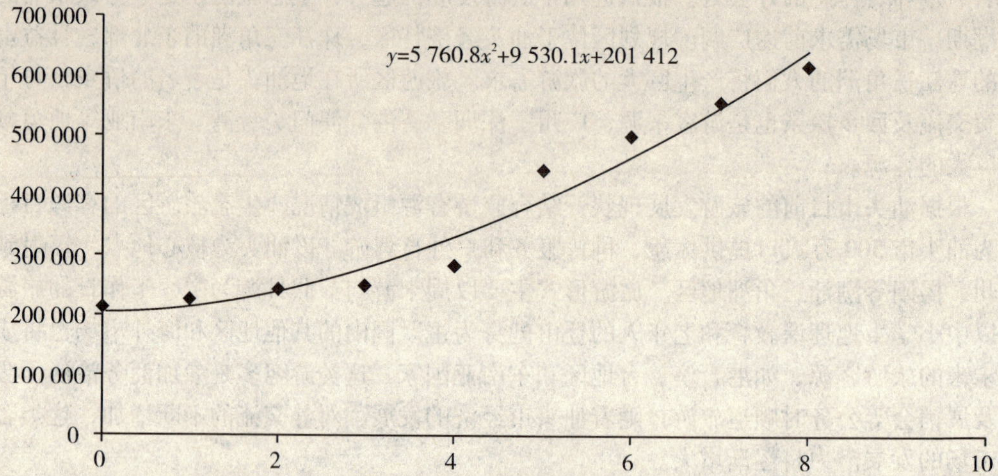

图 9－2　游客规模预测模型

图 9－2 中，y 为游客规模；x 是与初始年的时间间隔（初始年定为 2000 年），2009—2015 年的 x 值依次取值为 9，10，11，12，13，14 和 15。根据以上模型对 2009—2015 年的游客规模进行预测，结果见表 9－5。考虑到公园建成后，新旅游产品的形成对游客规模的增长有促进作用，故按照 5% 和 10% 的增长率计算出中方案和高方案。

表 9－5　汕头滨海湿地游客规模预测一览表

年度	游客规模（万人次）		
	低方案	中方案	高方案
2008	646 344	—	—
2009	753 808	791 498	829 188
2010	872 793	916 433	960 072
2011	1 003 300	1 053 465	1 103 630
2012	1 145 328	1 202 595	1 259 861
2013	1 298 879	1 363 822	1 428 766
2014	1 463 950	1 537 148	1 610 345
2015	1 640 544	1 722 571	1 804 598
合计	8 824 945	9 266 192	9 707 440

根据游客规模预测，截至2010年，游客规模在87.28万～96.00万人次之间。此模型有个缺陷，就是它仅能预测汕头市整体的旅游情况，这里对海岸湿地旅游区作估计，假设到汕头市旅游的人中有50%～80%的人会到海岸湿地旅游区，那么至2010年，旅客规模在37.69万～60.30万人次之间，到2015年，旅客规模在43.64万～69.82万人次之间，这样的预测数据将有利于控制旅客的规模或评估现有的环境状况是否能够满足旅客的规模。

9.4　生态旅游规划的总体规划与分区规划

9.4.1　布局规划

汕头滨海湿地生态旅游规划区内有大片的红树林、水草等湿地植被，有鸟类大聚会的生态奇观，还有细软的沙滩、舒适的海水浴、刺激的海上冲浪等，对于旅游者无疑具有巨大的吸引力。加之规划区地处经济和交通发达的汕头市，并已有南澳国家森林公园和国际候鸟规划区，业已形成旅游网络。根据该规划区的自然景观资源特点和区位环境的分布情况，拟对旅游项目做如下规划：

按规划区的性质、生态旅游规划的原则和指导思想，根据其生态旅游资源特点和区位环境分布状况，规划以三屿围与苏埃湾湿地示范点为主要生态旅游的活动区（见表9-6）。

表9-6　生态旅游区内景区主题定位表

景区名称	景区特色	主题定位
宕石风景区	海、山、石、洞	石林景观、缆车滑道、海水浴趣、露营、烧烤、交友、健身等观光休闲旅游
三屿围生态文化园	原生态自然山水、人文古迹、科普教育	双涵观鸟、海滨垂钓、自助捕捞、红树林科普教育的生态文化型旅游
苏埃湾生态文化园	独特的红树林景观、观鸟亭	原生探险、观鸟、科普教育、观光休憩的生态文化型旅游

9.4.2　规划区内已有景区介绍

9.4.2.1　宕石风景区

宕石风景区位于汕头海湾南面（23°20′N，116°40′E），由沿海台地和43座山峰组成，具有海、山、石、洞和人文景观等综合特色，被列为省级风景名胜区，也被列为国家4A级旅游区。管辖范围陆域面积13.47 km^2，海域控制区面积7.3 km^2，外围保护地带21.14 km^2。风景区已经被规划得比较完整，分六个景区，即啸石景区、塔山景区、焰峰景区、香炉山景区、笔架山景区、苏安景区。景点比较集中在塔山景区。区内风景绮丽、丘峦簇拥、怪石奇峭，古朴的民居与殖民地洋楼并存，是以海湾环抱的亚热带植物为特色的滨海自然风景名胜区。以海、山、石、洞为景观构成要素，具有雄、奇、秀、幽的自然和人文景观特点。

9.4.2.2 中信高尔夫海滨度假村

中信高尔夫海滨度假村为国家4A级旅游区、省级旅游度假区，位于广东省汕头市濠江区境内，距深汕高速公路河浦入口处2 km，距324国道河浦入口处3 km，是集旅游度假、会议、住宿、餐饮、娱乐、健身于一体的综合性休闲旅游度假区。度假村陆地面积144.53 hm^2，依附海滩建成度假型高级酒店、高尔夫球场和一系列娱乐服务设施。中信度假村拥有9 km长的专属黄金沙滩——中信龙虎滩，为纯天然无污染的海滨浴场，娱乐康体设施配套齐全，设有大型会议中心、别墅、客房、餐厅、健身中心、歌舞厅和海水泳池等系列服务设施。中信汕头高尔夫俱乐部占地124.53 hm^2，27洞国际标准杆球场，包括后九洞山地球场，果岭全部采用美国进口老鹰草，内部设施除中西餐厅、客房等外更配有更衣中心、VIP房、球具专卖店等，会所后有面积约700 m^2 的推杆练习场，以及占地7.87 hm^2 的大型草地挥杆练习场。

9.4.3 专题旅游产品规划

在生态规划区内拟建立一个大型的海岸湿地生态旅游网络，集回归自然、科普、考察、观光、休憩、度假于一体。拟建景点包括双涵观鸟、海滨垂钓、自助捕捞、原生探险、红树林科普教育等。综合起来将开发为以下几种专题的旅游产品。

9.4.3.1 自然生态旅游

选择生物种类繁多、植被丰富、颇富自然野趣的景区进行开发，重点以苏埃湾及三屿围两个地点为主。应以保护为主、开发为辅，创造返璞归真的旅游氛围，开展一些生态型的参与性旅游活动，以丰富生态观光度假旅游产品的内容，如海滨垂钓、农家生活体验、观鸟寻鸟、原生探险、自助捕捞等参与性的旅游产品，或是仅仅体验山间水间宁静与清新空气的湿地漫步和坐观赏船等娴静观赏型的旅游产品。

9.4.3.2 科普教育旅游

本项目决定提供100万元人民币在三屿围国道旁建一座红树林青少年科普教育展览馆，对广大青少年进行教育。联合汕头市区的大、中、小学以及中专技校和艺术学校，选择相关的文化型、科普型的景点，围绕学习、科技、环保等主题，突出科技、文化含量和科技知识性、趣味性与参与性，进行交流和联欢。活动内容可以是开展野外地理课，湿地知识科普活动，举办图片展、讲座等，向人们介绍中外著名湿地、湿地形成原因和湿地特有的动植物等科学知识。

9.4.3.3　**节庆旅游**

开展旅游文化节活动，如湿地美食节、亲水（捕鱼）旅游节、生态旅游节、银发登山节等，扩大影响，提升形象，吸引游客，提高效益。

9.4.3.4　**体育健身旅游**

与观光度假型旅游产品组合，开展登山、自行车、野外定点竞赛等旅游活动。可以与有关体育组织联系，推荐成为相关项目的活动基地；与养生文化相结合，开展运动养生游；与饮食文化结合，推出食疗旅游产品。

9.4.3.5　**购物旅游**

在景区周边建成旅游商品购物一条街，并成为商务旅游产品的重要组成部分。重点以湿地珍惜鸟类和植物为主题，推出环保购物袋以及具有环保标志的特色水杯、衣帽、胸针、笔记本等多样的生态旅游产品。

9.4.3.6　**主题公园游**

利用湿地生态公园开展特色的主题公园游览活动，结合周围的景区不断推出旅游新品和旅游精品，打开更广阔的旅游市场。

9.4.3.7　**银发旅游**

针对老年旅游市场，开发银发旅游产品，主要从体育健身方面进行开发，如登山、棋社、漫步等产品。

9.4.3.8　**婚庆旅游**

针对情侣旅游市场，开发温馨的旅游产品，可以开展情侣浪漫游湿地等活动，如湿地漫步及情侣船，同时与婚纱摄影楼合作，推出浪漫的摄影套餐；也可以与周边的中信度假村合作，推出婚礼庆典一条龙服务，吸引青年男女。

9.4.3.9　**美食娱乐游**

经过农事体验后，可以吃农家饭，体验潮汕民俗风情；也可以是中式潮汕风情古典的功夫茶座，边饮茶边享用传统潮汕小吃。另外也可以是海鲜自助，提供各式的海鲜美食烹调，以格调高档又与自然亲近的自助餐饮方式推出，满足更高收入群体对美食的需求。

9.4.4　旅游项目设计

为了满足不同类型的游客的需求，规划设计出多种类型的旅游项目，如表9－7所示。

表 9－7　汕头滨海湿地生态旅游活动项目一览表

序号	产品	类型	项目内容
1	观光型	石林观光	森林景观观赏，鸟类观赏，溪流瀑布景色
		登山览胜	观日出日落，奇石欣赏，溪水沟谷风光
		湿地风光	红树林探险，观鸟，星月霞光，湿地风光
2	参与型	徒步健身	山地穿越，定向越野，沟谷穿行
		溪谷探险	龙泉洞探险
		野营野餐	帐篷露营，汽车野营，林地野餐
		林果采摘	林果采摘与品尝
		生态垂钓	湿地垂钓，自助捕捞
3	专项型	生态考察	野生动植物考察
		生态科普	生态知识宣传，动植物识别，生态保护
		生态教学	中小学野外地理课程
		银发之旅	登山，湿地观赏，果蔬采摘
		摄影旅游	摄影比赛，图片展示
		婚庆旅游	婚庆摄影，情侣湿地游
		美食旅游	农家乐，海鲜自助，潮汕美食

9.4.5　旅游线路策划

根据市场需要和“人本关怀”的规划理念、规划区的布局和生态资源的保护要求，合理安排整个生态旅游过程的活动路线。可以组织一日游或两日游，根据不同年龄群体对旅游的要求进行策划。

一日游主要游览路线：

A 线：礐石山—林果采摘—龙泉洞—湿地日落。

B 线：苏埃湾红树林探险—观鸟—湿地垂钓。

C 线：三屿围湿地—生态宣教中心—观鸟—自助捕捞。

如果是两日游，可以与中信海滨度假村合作，推出结合山林、湿地、海滩在内的旅游项目。

9.5　旅游发展专项规划

9.5.1　动植物资源保护规划

动植物的保护管理是一项综合性工作，包括规划区内自然状态下的野生动植物物种、渔业资源及其生存栖息环境的保护。

9.5.1.1　野生植物保护规划

1. 规划原则

保护野生植物规划应遵循的原则是：加强保护现有植被类型、物种种类及其生态环境，不断发展稳定性红树林及水草湿地生态系统，扩大珍稀植物的种群数量。

2. 保护规划

（1）植被类型：该规划区的各种植被类型均应加以保护，特别是红树林、芦苇、茳芏、水葱等当地相对稳定的植被类型，应严加保护。

（2）珍稀濒危植物：该规划区的国家重点保护珍稀植物共计 6 种，必须就地严加保护，不断扩大其种群数量。

（3）经济植物的培育和繁殖：培育具有本地特色的经济植物群落，拟规划亚热带水果、潮汕特色蔬菜、水生经济植物等植物群落。

（4）苗圃建设：为了恢复植被，培育本地特色植物群落，建立珍稀特有植物园，拟以原林业局已有苗圃为基础，给予补充和完善。

9.5.1.2　野生动物及渔业资源保护规划

1. 规划原则

加强野生动物及渔业资源保护，积极驯养繁殖，合理开发利用，采取有效保护工程措施，保护好珍稀水生动物、候鸟及其生态环境，使其种群得到恢复和扩大。

2. 保护规划

根据该规划区野生动物分布、生活、生长、繁殖、栖息的生态环境特点，拟将国际候鸟粤东迁徙路线区作为重点保护对象；保护国家珍稀动物中华白海豚、虎纹蛙和其他珍稀水生动物和渔业资源。

9.5.2　环境质量保护规划

在规划区内开展生态旅游，必须把保护环境质量放在第一位。因此，应采取如下控制措施：

（1）依法控制环境质量。在规划区内开展生态旅游时，必须严格执行国家和地方有关环境保护的方针政策和法规，依法控制环境质量。

（2）一切建筑设施必须符合环保和生态要求。开展生态旅游的一切建设项目必须先开展环境影响评价，达到环保要求后才可组织实施。

（3）做好环境保护的宣传教育。在规划区内的工作人员，首先要做好保护环境质量的示范，并对游人做好环境保护的宣传教育。

9.5.2.1　**大气环境的保护**

海岸湿地内环境空气质量目标力求达到《环境空气质量标准》（GB 3095—1996）一级标准，空气负氧离子含量保持现有水平。湿地内限制机动车辆进入，对大量进入景区的游客，可以通过景区统一的环保汽车或电瓶车解决交通问题；对重点生态保护地区，严格禁止机动车进入。认真做好区域内大气环境的监测工作，一旦发现污染超标要及时治理；在污染源附近栽种抗菌性强、吸附能力大的植物，净化空气。

9.5.2.2　**水环境的保护**

湿地水资源目标力求达到《地表水环境质量标准》（GHZB 1—1999）中的Ⅰ类标准。水资源是重要的景观资源，生活污水和厕所污水必须经过严格处理，采用无动力厌氧污染处理装置（SBR）进行处理，达到国家《污水排放标准》（GB 7978—1996）的要求后，通过暗渠排放到林地或灌溉利用，排放前需经环保部门检查批准；在湿地内建立生态定位监测站、气象观测站、水文水质监测点等，协同有关职能部门加强水质监测和管理。应提醒旅游者，不准将垃圾、纸屑等丢入溪流或河水中，水库不开展水上游乐项目，严格控制使用动力船。

9.5.2.3　**声环境的保护**

湿地内的噪声符合《城市区域环境噪声标准》（GB 3096—1993）的Ⅰ类标准，力争达到0类标准，即昼间不超过50 dB，夜间（零点以后）不超过40 dB。各种设施噪音不得超过国家规定的标准，尽量使用电瓶车，严格限制广播的使用和汽车使用喇叭，在游客密集地和停车场建立隔音带。

9.5.2.4　**土壤环境的保护**

保护海岸湿地的自然地貌不受破坏，严禁在景区内开山取石，对已有的采石场进行复绿。景区内的土壤环境质量必须符合《土壤环境质量标准》（GB 15618—1995）中的一级标准，固体废弃物要集中处理，不可任意丢弃，不可直接埋入土壤中；要控制化肥、农药的用量，用做灌溉的水质要符合标准，不许超标灌溉，以免造成农业污染型土壤污染。采取必要的技术措施，如修建挡土墙、护坡等，防止在森林公园工程建设过程中产生大量的水土流失。

9.5.2.5　**环境卫生与垃圾处理**

湿地内公共场所卫生目标达到《公共场所卫生标准》（GB 16153—1996）中的一类

标准。旅游垃圾和生活垃圾无害化，不妨碍环境和景观质量。为搞好公园的环境卫生，应做好主要旅游景区、景点和主要游道环境的卫生工作。对公园内主要景点设置的餐饮、茶室、野营、野餐等服务设施，一定要做好垃圾收集和污水处理工作，对生活污水进行收集并统一处理或排入市政污水管道，防止污水和各种生活垃圾对环境的污染和破坏。

旅游公厕的建设分为独立式、附属式和活动式三种形式。其中，独立式的公共厕所应按照《城市公共厕所规划和设计标准》（CJJ 14—87）进行设计和建造，附属式公共厕所应结合主体建筑进行设计和建造。标准按照《旅游厕所质量等级的划分与评定（GB/T 18973—2003)》的标准考虑不同星级来建设。在游客和设施集中的地方，采用水冲式公厕；在公园中游人相对分散的游览观光区，采用免水冲生态公厕。为了配合组织大型活动或节假日游客高峰的需要，配备必要的活动式厕所，以应对游人高峰期的需要。

海岸湿地内产生的固体垃圾采用建立环保站、设立垃圾转运站、园外处理的方法。配置专人负责对公园内的垃圾进行清扫，并配置适当运输工具，将生活垃圾及时清运出公园。在游客较集中的景区，景点设置垃圾桶，并由环卫人员进行定期清洗、消毒。垃圾桶的造型应与环境相协调，并与周边环境融为一体。公共厕所由专人定时清理，维护公厕的干净卫生。在游道、森林浴场、露营区、烧烤场、森林小屋等公共场所设立分类式垃圾箱。在垃圾处理过程中，应按环卫部门的要求定点分类处理；认真做好卫生宣传工作，在游客集中的地方设立多种形式的广告牌，提高游客爱卫生、护环保的意识。

9.5.2.6 绿化规划

绿化规划主要是对景区、景点、旅游线路和四周的绿化美化。具体规划如下：

做好海岸防护林的绿化和管理，红树林生态系统的恢复，芦苇、水葱、茳芏等水草植被的管理，以及景区景点的基建工程，在设计时应同时完成周围环境的绿化美化设计，并力求与自然环境和谐协调。

旅游绿化美化是指联络各景区、景点的公路及游道两侧的绿化美化。

（1）公路绿化美化：对原有公路和新规划的公路中间可栽种九里香等低矮灌木，而公路两旁则需要栽种高大、树冠宽大的乔木树种。

（2）游道绿化美化：因地制宜，就势布设。路中间可栽种叶色、花色和香味多变的奇特景观，如含笑、桂花等，道路两旁栽种高大的乔木树种。道路绿化、建筑物周边的绿化都应采取自然式的配置方式，以体现自然山林的特色，忌用城市街道绿化的等距离、相同树种的种植方式。

9.5.3 旅游接待设施建设规划

为了保护好规划区的自然资源和自然环境，持续开展生态旅游，必须做好如下生态旅游接待设施建设。

9.5.3.1 宣教中心

拟在规划区建青少年宣教中心大楼，建筑面积1 000 m^2，并配备相应的设施，作为办公、科研、宣教、展馆之用，同时也可作为生态旅游的接待中心。

9.5.3.2 生态旅游接待站

可视游客规模发展情况，建设一些必需的、简易的、非固定的服务设施，如帐篷、冷饮、速食和小卖部等服务设施。

鼓励当地的农舍开发建设旅游接待站，如农家乐、潮汕风情小家等。

远期规划将在湿地中开发适合短期住宿的亲水小屋，满足小规模如背包客或自驾车游客在湿地环境中短期住宿的要求。开发原则上立足本地资源，突出地方特色及赋予其地方的文化内涵，使游客可以回忆起美好的旅游经历。

9.5.3.3 保护管理站

为了做好规划区的保护和管理工作，规划区管理站的选址必须遵循位置适宜、场地良好、交通方便和水电近源的原则。各个景点中建立保护管理站，作为二级保护站与总保护站相联系，为员工提供休息场所，同时，维持景区内的环境状况及保护游客安全。

9.5.3.4 建立珍稀、经济植物园

为了配合国家保护植物和经济植物的人工繁育研究工作，拟在苏埃湾建立珍稀、经济植物园，面积20 hm^2，引种栽培规划区内、国内外的珍稀植物和经济植物，投资60万元，为近远期两期建设工程。建成后可以作为科学家及专业人员生态科考研究之用，也可以部分开放作为新的景点给游客作生态科普学习之用。

9.5.3.5 建立水生动物繁育驯养中心

为了配合国家保护动物和经济动物的人工繁育研究工作，促进珍稀水生动物的引种驯化，拟在三屿围建立水生动物繁育驯养中心；建设项目包括：养殖场面积4 hm^2，以及实验室等，投资80万元，为近远期两期建设工程。

9.5.4 解说系统规划

解说系统是生态旅游十分重要的组成部分，是使生态规划区的教育功能、服务功能、使用功能得以充分发挥的必要基础。汕头滨海湿地生态旅游区的解说系统以自导式解说服务为主，根据游览线路的游憩内容，运用各种导游设施，结合游客特征和行为方式规划不同的解说内容，与游客建立服务和教育的关系。解说系统的运用既是生态旅游

区向游客提供服务的过程，也是对游客进行管理的有效手段。

9.5.4.1 **导游及信息**

培养2～3名导游，应具备较高的外语水平和一定的专业知识，为特殊的群体（如外国旅游团、科学考察团队、专业活动团队等）进行讲解服务，介绍湿地、红树林及珍稀保护动植物的有关情况。

培训3～5名导游，专职或兼职，具备一定的专业知识，为大中专院校的学生、中小学生等团队演讲，提供专业知识的讲解和咨询，可以在“自然教育径”、露天舞台和宣教中心的展馆提供关于湿地知识、生态知识、动植物知识的讲解。

提供信息咨询、导游服务、团队讲座和现场解说服务。在宣教中心提供生态旅游区导游图、导游画册、旅游指南、生态旅游手册、录像带、光盘和展览窗等。制作风光导游光盘和语音导游等资料，进行宣传和讲解服务。充分利用广播、电视、报刊、宣传画册、学校教育等多种形式，利用“爱鸟周”、“保护野生动物宣传月”、“世界湿地日”等多种活动，利用各种新闻媒体，采用多种形式进行广泛的宣传教育和科学技术普及活动，提高爱护湿地、保护湿地的全民意识，使保护湿地资源就是保护自己家园的意识逐渐成为一种应尽的社会责任。

9.5.4.2 **湿地景观解说**

景观和景点解说是公园解说系统的重点，是根据游客的特征和行为特点，说明自然景观、景点的由来、性质和内涵，体现了旅游区的游憩功能和教育功能。根据景观生态学原理和园区游览线路的设计特点，策划不同主题的解说内容。以“湿地知多少”为主题，以湿地生态系统为主线，重点介绍湿地的结构和功用等知识。采用照片、实物、录像（或投影）等形式展示湿地动植物的图片和标本，介绍珍稀树木、花卉、林果、中草药、昆虫及野生动物知识，介绍各种地形、地貌的形成，介绍生态环境、自然资源种类以及保护的重要性，联系实际进行宣传，增强人们热爱自然、保护环境的理念；主要解说内容为湿地生态系统、濒危物种、稀有物种、渐危物种、湿地小气候等。

9.5.4.3 **管理服务指示规划**

在规划区的主要管理设施、基础设施和游憩设施旁设立标志，为游客提供基本服务方面的信息，使游客产生安全感和愉悦感，在接触和享受湿地风景资源与各种游憩设施的同时，能够做到保护湿地资源和正确使用各种设施，鼓励游客同破坏湿地资源的行为作斗争，参与到游憩活动的管理当中。为了明确规划区的范围和功能分区界限，便于识别和提示注意事项，需要设置界碑、标桩和指示牌，以示规划区界，阐明规划区的规章制度、提示警告和表达信息等。

全景图用来展示整个生态旅游区的平面布局、景点、线路、服务设施及游览线路分布，为游客提供总揽服务。全景图内容使用彩色图示和中英文双语，支架采用双柱悬挂式和双柱式，规划在礐石、苏埃湾和三屿围三个出入口设立。规划设置生态旅游区沙盘一处，放置在宣教中心。

在各个入口及主要通道路口，建立导游标识系统，为游客提供方便简洁的引导信息。在各个入口广场，设置园区平面图，标识出游览线路、各景区（点）的位置和名称，以及各种服务设施的位置等。在条件成熟时，设立电子触摸导游系统，方便不同层次的游客尽快准确获取公园的旅游信息。设置导游标志，导游标志与公园导游图配合一致，在公园出入口、功能区、主要景区景点、道路交叉口和一些特殊地段都应设置明显的导游标志，以示界限、指示方向、介绍情况、提示警告、传达信息等作用。指示牌主要起指引线路、警示说明、宣传教育等作用，拟在规划区交叉路口、危险地段、规划区边界的重要地段、旅游景区、游览线路和分岔路口等地方设置指示牌。

在主要的游览步道设置各种服务设施的导引标志和游憩设施的使用导引，包括指向野餐点、休息点、厕所、小卖部等。标志使用符合国家标准公共符号，支架采用低平式、立柱式、单柱十字交叉式和单柱悬挂式等形式，材料尽量选用防腐原木和石头，体积和色彩与周边环境相协调。服务设施标志：为游憩设施提供讲解服务，讲解运动方式、健身方式和负氧离子含量等内容。忠告标志：禁止各项活动的标志，如禁止通行、禁止攀登、禁止游泳、禁止穿越、禁止采摘、禁止触摸、有毒动植物和危险活动等。游憩标志：介绍游憩设施的使用方法、各种游戏和游览项目等。

在规划的车行道、自行车道、主要游览步道和次要游览步道的交叉口修建方向标志指示牌，标明上行路名、下行路名、分区名称、方位、游客所处的位置和四周环境关系等内容，为游客提供游览走向、指向服务。

9.6 效益评估

9.6.1 总效益评估

汕头滨海湿地生态旅游规划区地处亚热带滨海地区，海岸线长，滩涂面积大；红树林适栽面积达 6 340 hm^2，红树林的消浪功能可为汕头百里海堤建立一道天然绿色屏障。汕头是全国三大候鸟迁徙路线区，生物多样性高。规划区的建立，其效益是综合的，具有直接的经济效益，间接效益也巨大，无论是净化海水、调节气候、促进生物多样性、改善生态环境和保护野生动植物资源，还是对周边地区的工农业生产和生态环境，都产生积极的作用。据汕头市水利部门的测算，生物护堤按 50 年计，可减少护堤投资 1.8 亿元，由此可见汕头滨海湿地生态旅游规划区的巨大效益。

9.6.2 生态效益

由于生态效益是间接或无形的，其价值在市场上得不到直接体现，所以只好通过等效益的物替换和货币置换法，对汕头滨海湿地生态旅游规划区的生态效益进行计量评估。该规划区的生态效益，概括起来有如下几个方面。

9.6.2.1 生物护堤效益

红树林的消浪功能可节约海堤建设投入。其护堤效益计算公式为：

$$P=A\times B\times C$$

式中：P 为生物护堤效益；A 为1 km海堤每年的建设维修费；B 为海堤长度；C 为使用年限（根据《汕头市红树林建设工程可行性研究报告》计算）。据有关研究资料报道，1 km海堤延长1年使用寿命，其效益为4万元，汕头沿海共有107 km海堤，其中有90 km可被红树林保护，如果使用寿命为50年，可减少护堤投资1.8亿元。生物护堤效益每年可达360万元。

9.6.2.2 净化海水效益

红树林净化海水的作用将成为天然的二级污水处理系统，有利于防止赤潮危害，促进海洋水产业的发展。可根据植物吸收的N，K，P，S等元素的量和处理这些废水污水所需的投资额计算。其计算公式为：

$$P=A\times B\times C$$

式中：P 为净化海水效益；A 为湿地植物面积；B 为1 hm^2 湿地植物吸收废水中营养盐的量；C 为进行 B 量污水处理所需的投资额（根据《汕头市红树林建设工程可行性研究报告》计算）。按1 hm^2 湿地植物每年吸收营养盐0.4 t，含1 t营养盐的污水经污水处理厂处理需投资0.4万元。汕头滨海湿地生态旅游规划区现有湿地植物3 352 hm^2，则每年净化海水效益为536.32万元。

9.6.2.3 净化空气效益

由于森林植物具有吸收二氧化碳和水、释放氧气的功能，所以可起到净化空气的作用。红树林素有“海上森林”之美称，能长期在高盐度、高水分、高硫化氢和缺乏氧气的沼泽地正常生长。其净化空气效益可根据其释放的氧气量和吸收的二氧化碳来计算。其计算公式为：

$$S=G\times P$$

式中：S 为净化空气效益；G 为湿地植物每年释放的氧气量；P 为工业原料的氧气的市场价格（根据《汕头市红树林建设工程可行性研究报告》计算）。按规划区内湿地植物面积3 352 hm^2 计算，1 hm^2 湿地植物每年产生氧气2 t，按150元/t计算，则每年净化空气效益达100.56万元。此外，湿地植物还可吸收二氧化碳、尘埃，其根、茎、叶还可杀菌，为人类提供清洁舒适的环境。

9.6.2.4　**促进生物多样性效益**

据联合国粮农组织调查，红树林浅海区的鱼、虾、蟹、贝类等水产品产量比无红树林区要多7倍以上。其计算公式为：

$$E = A \times B \times C$$

式中：E 为促进生物多样性效益；A 为分布有红树林的浅海区养殖面积；B 为 1 hm^2 养殖面积的产值；C 为产量倍数（根据《汕头市红树林建设工程可行性研究报告》计算）。汕头市海水适宜养殖面积31 200 hm^2，分布有红树林的浅海区养殖面积为1 269 hm^2，按一般养殖场（无红树林分布）每年 1 hm^2 产值 1 万元计算，红树林区比无红树林区增加产量3 倍计，则每年促进生物多样性效益为 3 807 万元。此外，通过对候鸟、野生动植物的保护，维护了该地区的生态平衡。

总之，汕头滨海湿地生态旅游规划区总体规划的实施，将对保护红树林湿地生态系统和野生动植物资源，促进生物多样性进程，维护该地区生态平衡以及可持续发展等方面起着不可估量的意义。

9.6.3　社会效益

汕头滨海湿地生态旅游区的建设是社会性的生态工程，其社会效益如下：

1. 提供科学研究和科普教育基地

汕头滨海湿地生态旅游规划区的地理位置特殊，海岸湿地生态系统保存较好，又是全国三大候鸟迁徙路线区，生物多样性丰富，是科学研究和科普教育的良好基地。

2. 提供生态旅游胜地

汕头滨海湿地生态旅游规划区的地理位置条件优越，自然旅游资源丰富，生态环境质量优美，是开展生态旅游、使人们回归自然的理想去处。

3. 促进周边社区的经济发展

随着汕头滨海湿地生态旅游规划区的建设项目的实施，必将带动周边社区的交通、商业、服务、养殖、种植等各行业的发展，从而促进周边社区的经济发展。

4. 提供就业机会

随着汕头滨海湿地生态旅游规划区的建设和开发，除规划区的几十名干部、职工外，还需要大量的服务人员，特别是开展生态旅游，更会促进为旅游者提供直接或间接服务的行业的发展。据国内外资料，旅游业直接就业 1 人，将给社会提供就业机会 5 人，从而为当地社区提供大量的就业机会。

5. 有利于引进技术和人才

随着汕头滨海湿地生态旅游规划区建设项目的实施、科学研究的不断深化，以及生态旅游和多种经营的发展，必将促进对外开放、扩大对外交流，加快信息传播，从而有利于引进技术和人才。

9.6.4 经济效益

汕头滨海湿地生态旅游规划区不但具有上述生态效益和社会效益，而且随着种养殖业的不断扩大和生态旅游的开展，将为规划区和社区提供如下直接和间接的经济效益。

9.6.4.1 生态旅游效益

据初步预测，年客流量为10万人次/年，按旅游消费200元/人计算，扣除成本和税收（70%），年经济收益达600万元。此外，还将带动交通、通讯、饮食和娱乐等相关产业的发展。更为重要的是，通过生态旅游活动，不但能增强规划区的自我发展潜力，还能促进周边群众发展服务性经营，增加经济收入，扩大人员就业。

9.6.4.2 资源补偿效益

因湿地净化水质和空气以及保持生物多样性，可获生态效益补偿按50元/（年·hm^2），共计100万元/年。鉴于汕头滨海湿地生态旅游规划区地处经济特区，周边社区人口稠密，管理难度大，可获100元/（年·hm^2）的管护经费，共计200万元/年，资源补偿每年可获300万元/年。

9.7 总结与展望

汕头滨海湿地生态旅游规划区的建立，保护了粤东北回归线贯穿区红树林湿地生态系统以及我国东部候鸟迁徙区和众多的生物种类，保护了粤东地区的水源水质、珍稀水生动物和渔业资源，保护了粤东地区特有的地质地貌和文化古迹。规划区的建立对于实现资源环境经济持续发展具有重要意义。

该规划区是典型的海岸湿地规划区，可为汕头市建设现代国际港口城市创造良好的生活工作和投资环境，从而推动汕头市乃至粤闽赣三角经济区的社会、政治、经济的发展，有其独特的意义。随着我国人们生活水平的不断提高，旅游已成为一种新时尚，特别是回归自然、亲近自然的生态旅游更日益受到人们的青睐，规划区开展生态旅游更是占有天时、地利、人和的优势。汕头滨海湿地生态旅游规划区内有大片的红树林、水草等湿地植被，有鸟类大聚会的生态奇观，还有细软的沙滩、舒适的海水浴、刺激的海上冲浪等，对于旅游者无疑具有巨大的吸引力。加之规划区地处经济和交通发达的汕头市，并已有南澳国家森林公园和国际候鸟规划区，业已形成旅游网络，因此规划区生态旅游前景广阔，它对于美化汕头、维护粤东地区的生态平衡将起到不可估量的作用。

随着本总体规划建设项目的实施，汕头滨海湿地生态旅游规划区的各项工作将逐步走向规范化轨道，整个规划区将形成内涵丰富、布局合理、设施先进、管理科学、环境优美、多功能、高效益和科学性强的具有面向全国、走向世界水平的生态旅游规划区。

参考文献

王琳乾，陈大石，萧有馥．1992．潮汕自然地理［M］．广州：广东人民出版社．

第 10 章 汕头滨海湿地生态系统的综合管理

【内容导读】 以汕头滨海湿地为例，根据理论回顾及实际状况，提出了滨海地区生境示范区管理规划的模式。在对汕头滨海湿地海岸环境的现状、趋势、结构、功能、威胁、现有的管理框架、社会和经济因素、项目实施前的意识和能力进行详细评估的基础上，通过开展由当地社区群众、利益相关者、当地政府部门、项目管理人员及技术专家等参与的广泛的协商活动，并采用因果链分析的方法，对示范区内的各种威胁因素进行分析，沿着因果链分析最佳干涉点，优选目标，制订了具体的行动计划，并分析了这些行动的可持续性及预期结果。管理过程还将实施由公众参与的阶段性的监测和评估活动，开展适应性管理，根据监测和评估结果及时调整管理目标和行动。当前，汕头滨海湿地所受的主要威胁包括湿地的转换利用、资源的过度开发以及水质的恶化，海岸湿地退化的根本原因是缺乏合理的综合管理模式及相关的管理政策。本文构建了汕头滨海湿地示范区综合管理框架，拟通过制订和实施跨部门的社区参与的综合管理计划，倡导对环境有益的经济活动，开展湿地保护教育等内容，提高公众对湿地保护重要性的认识，改善当地居民对海岸湿地的过度依赖，从而实现对汕头滨海湿地的有效永续利用。

【关键词】 汕头滨海湿地；管理规划；行动计划

综合环境管理的成功经验表明，较为合适的方法是先在地方级别上应用，在获得足够的经验之后，再推广到地区级、省级和国家级的计划中去（张灵杰，2000）。环境综合管理在每个发展周期中都遵循着其重要的方法来解决问题，即制定和实施政策、策略和行动计划，监测进展情况以及评价影响。在最初的发展周期里，环境综合管理首先解决一些紧急问题，在随后的周期中，环境综合管理的地理范围及计划的规模都会扩大，从而包含更新的和更复杂的问题。因此，地方政府对海岸湿地综合管理认识程度的提高和需求，将决定当前我国南中国海海岸湿地综合管理发展的进程。应建立以国家政策、国际合作推动，地方政府需求为驱动力的发展机制，建立示范→巩固→推广→扩大的战略实施过程（Greiner et al.，2000；Gilman，2002）。

10.1　海岸地区生境示范区可持续管理规划的理论基础

海岸湿地资源对热带地区发展中国家的人民尤其重要，利用海岸地区资源往往是他们维持生计和获得经济收入的唯一手段。联合国估计，世界总人口在 2025 年将达到 85 亿，超过世界总人口的 3/4 生活在海岸带 60 km 的范围内。世界新增长的人口主要来自发展中国家，而发展中国家的新增人口主要集中在海岸带。据估计，发展中国家 2/3 的人口集中在海岸带（Cicin-Sain et al.，1998）。由于人口的增长、经济的发展以及对海岸地区自然资源的过度开发，造成了海岸湿地生态系统的严重退化。

示范区的规划就是通过回顾过去的发展过程，评价当前和未来的各种问题和威胁，制定管理战略。鉴别优先的示范活动，使管理者和各利益相关者能有效维护示范区的生态、经济和文化价值，平衡各种目标和利益，强调对自然生态系统的主要威胁，保护生态过程和生物多样性，达到可持续的发展。海岸带示范区的综合管理规划应具有充分的灵活性和适应性，以适应不同地区的社会、经济和环境条件。

10.1.1　基本原则

10.1.1.1　以社区为基础的地方管理

传统的管理体制虽然已经衰落，但在某些地区仍然发挥着重要的作用。在这些地区，在传统的管理体制下，海岸带资源被有效地管理。以社区为基础的方法尊重传统的知识和管理体制，强调利益相关者的参与和支持（Gilman，1997）。社区居民和各利益相关者直接参与到监测、规划和管理决策的制定和实施过程中，因此他们更容易理解和支持各项规划政策，更能遵守对他们传统的利用资源的各种活动的限制。如果资源管理的政策试图改变资源使用者的行为和价值观，在制订规划和各种示范活动的过程中，政府部门和当地社区的相互协作至关重要。社区管理就是尽量鼓励当地居民参与各种管理活动，充分吸取传统的管理经验，使社区真正理解可持续管理带给他们的好处，使他们在管理活动开始之初就能以主人翁的姿态投入到管理活动中。

参与的学习和行动（Participatory Learning and Action）是实施社区管理的主要手段和方法。乡村参与评估（Participatory Rural Appraisal）是参与的学习和行动的同义词。它通过管理者和社区的协商和协作，分析社区的需要，找到解决的方法，制订和实施管理的行动计划。参与的过程一般是通过组织社区各利益相关者参与研讨会等形式开展。通过参与的活动提高社区自身的能力建设，鼓励社区居民参与到各项示范活动中。

10.1.1.2　累积效应管理

人类活动对海岸环境的影响是不同生境上各种人类活动的累积。每一个单独的人类活动的影响可能是比较小的，但通过累积效应的影响却很大（Gilman，1999）。累积效益管理需要定义一个区域内海岸环境功能的阈值，在这个阈值以内，人类活动造成的负面影响将是不可接受的。阈值的界定是根据当地社区希望从某片生境以及从整个区域的海岸环境获得的产品和服务的数量制订的。

例如，管理者在确定某片海岸湿地的最小的生态需水量时，就必须考虑相关湿地带来的生态服务，如湿地水量对防止洪水的作用，湿地提供的审美价值、娱乐机会以及对地下水的补给等方面的影响，使湿地最小的生态需水量保持在社会接受的限度以内。通过制定持续保持区域湿地的功能的目标以及充分考虑某片湿地对该目标的贡献，管理者能合理利用每片湿地，提出有预见性的决策方案。累积效益管理提供有关某个特殊的海岸生境的价值以及它对区域生态价值的贡献方面的信息。这样就有利于管理者比较某个项目对特定地点造成的影响以及对区域造成的影响。在政策制定时，综合考虑特定地点以及区域生态系统的价值（Gilman，1999）。

10.1.1.3 综合管理

综合管理是利用统一的方法来管理影响一个区域或某种特定的自然资源所有相关的要素，包括自然资源、环境过程、人类活动、社会经济因素以及政治因素等，通过所有管理机构和利益相关者的协作，保护生物多样性和生态过程的完整性，以达到区域的可持续发展。综合管理的一个重要原则认为生态系统功能、人类活动以及人类社会的可持续发展是相互联系的，应该通过各利益相关方的共同协作来综合管理。

传统的海岸带资源管理属于分部门分行业的管理，将海岸生态系统分为不同的要素和不同的组成部分，又将不同的系统要素交给不同的政府部门管理，这样就把原来相互密切联系的环境要素各自孤立起来，导致管林的部门只管种树，管牧的部门只管种草，管水的部门只管引水调水，管土地的部门只管计划用地，管海的部门只管海域的开发利用，容易造成工作交叉重叠和相互推诿，不利于对海岸生境的有效保护。综合管理思想认为，环境是一个完整的有机联系的系统，对环境的各要素应采用系统的观点，综合分析、统筹管理，要更加强调生态环境管理体制的统一性、宏观性和综合性（Gilman，1988）。海岸带资源的综合管理方法应该协调相关的法律、政策、规划、项目和活动，鼓励各利益相关者参与，使各利益方有着共同的目标，确保各个部门及各级政府的决定与国家政策的一致性。

10.1.2 海岸地区生境示范区管理规划的过程

10.1.2.1 开展以社区为基础的规划和管理

确保所有利益相关者在项目开始的最初阶段就直接参与，这样就能制定对当地社区有利的活动与预期成果，有利于获得利益相关者的支持，能尽早地建立社区与政府之间的信任，尽早地识别出问题和冲突，使管理者能重视传统的知识和管理体制。项目协调人员需要识别所有的利益相关者，包括影响、受影响以及对规划管理有兴趣的相关方，确保所有阶层和团体的代表能直接参与到规划中。

开展社区管理，应在项目开始阶段成立一个执行委员会，成员由各利益相关方代表组成，执行委员会负责协调所有的规划和管理活动。执行委员会成员代表着不同的利益方，要保证所有代表具有平等的决策权力。组织研讨会，向社区群众和利益相关者介绍规划和管理的内容和目标是项目开始阶段一种很有效的手段。在实施社区管理的过程中，在项目开始阶段就要制定和明确各参与组织和个人的责任和义务，确保组织有能力和权力去完成既定的规划目标。

10.1.2.2 开展广泛协商活动

在项目开始阶段，组织当地社区群众、利益相关者、项目管理人员及技术专家等参与协商会议。会议的目的是讨论规划项目的目的，识别当地社区需要的示范活动和成果、可替代的规划和管理方法、与保护和管理示范区资源有关的问题，鼓励当地社区参与项目的执行，提高公众对海岸湿地资源重要性的认识。协商会议还有利于总结现有的海岸湿地的管理活动，评价不同利益集团之间（包括资源使用者之间以及政府结构之间）的矛盾和冲突。

10.1.2.3 评价海岸环境的现状、趋势、结构、功能

收集和评价有关海岸环境现状、趋势、结构、功能的基础数据，识别海岸环境现状、发展趋势和生态过程等方面信息的不足之处，找到填补这些信息空白的研究和监测行动。现存的分类名录和地图是否有效？是否对海岸生境的健康程度进行过评价？哪些项目成果需要通过监测和研究项目来完成？对海岸生境现状和趋势的信息，需要通过分类名录、地图、模型、经济评价、功能和价值评估以及趋势分析等途径来获取。这些海岸环境的物理、生物、化学和地理过程重要的基础信息能帮助管理者识别出区域的生物多样性和独特性，重要物种的生境，地方种、特有种、稀有种以及受威胁的动植物种类，生态系统的代表性以及天然程度等。制定优先的管理目标，对海岸资源的合理利用十分重要。

10.1.2.4 评价威胁

评估自然和人为因素对一个区域海岸生境造成的威胁，识别出管理者应该如何缓解这些威胁，可以帮助管理者制定有限的短期和长期的目标和行动，并在此基础上制订一个战略行动计划。威胁包括广泛和长期的威胁，如生境的退化和丧失、点源和非点源污染、过度捕鱼以及破坏性的捕鱼方式等。同时，也有一些快速明显的威胁，如新的海岸带的发展、为发展农业而对红树林的砍伐、外来物种的入侵等。识别出这些威胁的影响程度，有利于制定相应的战略去强调和缓解这些威胁。

10.1.2.5 评价现有的管理框架

改善政策、法律和行政来加强对海岸环境管理的第一步，就是评估现有的海岸环境的管理框架以及管理人员对自然资源可持续管理的能力。评估现有的规章制度、咨询机构的执行情况，评估管理人员以及参与自然管理的相关组织的管理现状，识别出需要改善和提高的领域，找出现有管理结构的不足，有利于制订和实施有效的战略行动计划。

例如：当地政府制定的法律、法规和政策是否充足有效？如果效率不好，为什么不提高法规的执行效率？怎样提高？现有的海岸资源名录是否详细而准确？管理人员是否有标准的方法来评估项目开展的活动对海岸环境造成的影响？涉及海岸环境的多个机构和组织是如何相互协作进行综合管理的？这些机构和组织与现有的法律法规及政策之间是否存在冲突？这些机构和组织是否有稳定的财政机制？现阶段地方社区在保护和管理海岸生态系统方面的能力如何？当地政府、管理人员、利益相关者、地方的非政府组织以及社区群众是否真正参与了海岸环境的保护和管理？管理机构的人力资源是否充足？管理人员是否接受过相关的培训？管理的监督和评估体制是否完善？等等。

10.1.2.6 评估社会和经济因素

评估海岸资源利用的现状和趋势、人口的数量和分布、当地社区及周边社区对海岸资源的依赖程度、发展历史、相关的文化信仰，以及与管理活动相关的历史、政治因素。对利益相关者对现有海岸资源利用的状况进行信息分析，有利于管理者平衡各方利益，制订同时考虑生态、经济和社会效应的管理规划和政策。

10.1.2.7 评估项目实施前的意识和能力

比较项目实施前后当地社区及相关团体对海岸生境、资源和管理的认识，是评估项目实施成果的一个重要途径。在项目实施前，需要调查当地社区、地方政府及相关团体对海岸生境和资源重要价值的认识程度，对海岸资源利用的态度以及保护和合理管理海岸资源的能力，等等。

10.1.2.8 优选目标，制订行动计划

在上述工作的基础上，对管理项目优选出短期和长期的目标并制订行动计划。识别出为达到行动计划的目的和目标、应执行的示范活动内容、开展活动的资金保障、管理机构完成任务的能力、示范活动在外部资金支持结束后持续进行的能力，考虑管理的原则以及示范活动的推广潜力。对示范活动的预期超过效益成本分析。行动计划一般为比较精简的提纲性文件，扼要地列出优选的管理活动。行动计划一旦被正式采纳之后，将成为制订详细项目工作计划的基础。

10.1.2.9 制订项目工作计划

准备项目工作计划，实施行动计划中涉及的管理内容。项目工作计划包括下列内容：项目概要，目的和目标，预期成果，方案设计（包括示范区的背景、范围、示范

区资源的利用现状、主要威胁、拟开展的示范活动、社区参与计划、环境影响评价、许可制度、监测和评估计划、经验推广计划等），管理框架（明确各参与方的权力和责任），时间表，预算，财务支持计划（当外部资金援助停止时示范活动如何继续），附录（区位图、生物多样性名录、相关政策法规的复印件、参考文献等）。

由于采取的示范活动对环境的改善效果具有滞后性，评价标准应包括短期和长期的目标。前者如示范区行政能力的增强等，后者如生物修复区生态健康的改善等。工作计划的规划时间应足以充分地实施示范活动。例如，参与性的红树林监测计划往往需要3～4年的时间来培养和提高社区的能力，使社区参与者具有分析数据的能力，了解红树林面积和质量的状况和趋势，把监测的信息应用到管理实践中。

10.1.2.10　项目监测、评估及适应性管理

通过阶段性的项目评估，针对问题及时调整管理战略，能提高海岸示范区的管理效率。实施以社区为基础的手段来开展评估和适应性管理活动能获得社区和利益相关者的支持，增强他们的责任感和积极性。利用监测到的生物、物理以及社会经济指标判断示范活动对示范区造成的影响：① 监测环境的生态变化；② 识别示范区管理框架的变化，包括行政能力和管理实践的变化；③ 监测社区参与，如当地社区和利益相关者对开展示范活动的满意度，吸收有经验的利益相关者关于改善管理的建议，提高社区环境意识；④ 在项目评估的基础上，判断短期和长期的目标是否实现，识别出在保护和管理海岸资源的工作中哪些地方需要改善，如何弥补这些不足。

10.1.2.11　经验推广

及时总结示范区的成功经验和失败教训，在各示范点之间定期进行人员和经验的交流，使有效的方法和成功经验能及时在全国和世界范围内得到推广和应用（国家林业局野生动植物保护司，2001，2003）。

海岸地区生境示范区管理规划的过程如图10－1所示。

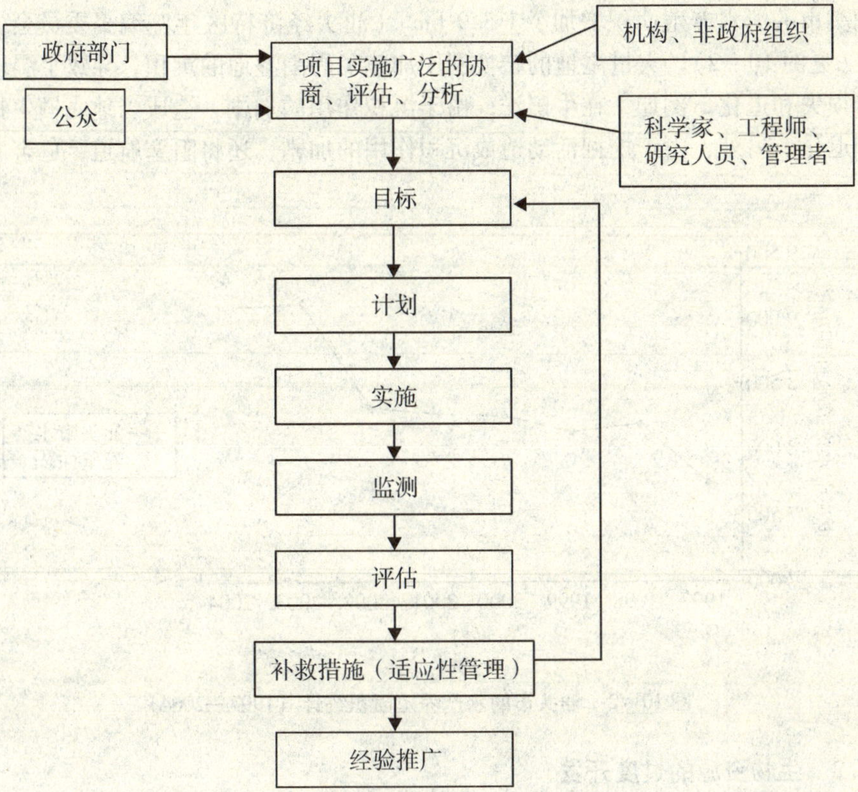

图 10－1　海岸地区生境示范区管理规划过程

10.2　汕头滨海湿地示范区的综合管理

10.2.1　汕头滨海湿地面临的主要威胁

随着经济的快速发展、人口增长、城市化和工业化的进程，汕头湿地目前受到严重的威胁。当前，汕头湿地所受的主要威胁包括湿地的转换利用、生物资源的过度开发以及水质的恶化。

10.2.1.1　湿地的转换利用

造成湿地面积减少和湿地功能退化的最主要因素是对土地资源的需求剧增，包括农业用地、工业用地、养鱼塘、养虾塘、房地产、盐场等。在过去 20 年间，有 24 000 hm^2 湿地被改造用于其他用途，其中 12 974 hm^2 被改造为养鱼和养虾塘。从 1997 年到 2000

年，汕头市的海水养殖面积增加了 1 349 hm²（汕头经济特区年鉴编纂委员会，1998—2000）（见图 10－2）。大量湿地的转换利用加速了周围湿地的沉积，导致了湿地生境的进一步损失和退化。例如，在牛田洋，由于沉积作用的加剧，造成当地底栖生物生境的变更和退化。另外，由于挖掘活动造成沉积作用的加剧，还将阻塞航道，危害底栖动物的生存。

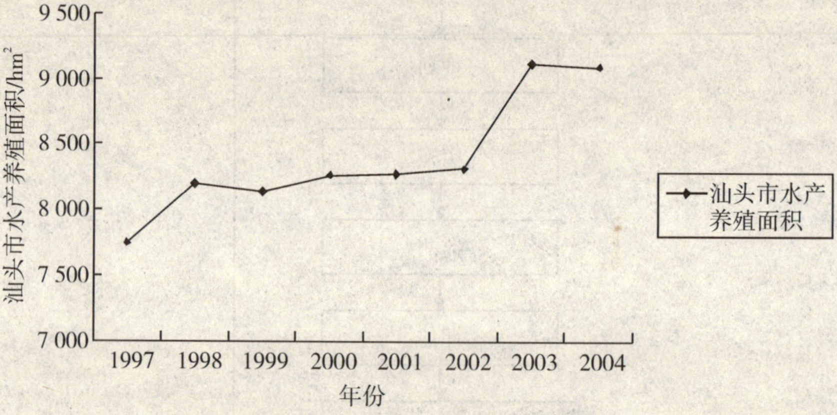

图 10－2　汕头市的水产养殖面积统计（1997—2004）

10.2.1.2　生物资源的过度开发

当地居民世代依赖湿地资源为生。当地社区从湿地收集的资源包括水草、渔业资源、鸟类和鸟蛋等。人口的增加以及捕捞和狩猎技术的提高，加剧了社区对湿地生物资源的过度开发。

（1）过度采割水草。当地社区收割水草来生产床垫、篮子、帽子和其他手工艺品。根据对当地居民的调查，在河溪 800 hm² 的水草区有超过 100 个居民采割水草。该地区有 500 hm² 的湿地区域的水草消失，使候鸟失去了重要的生境。水草采割的季节在冬季，恰逢一些鸟类产卵，当地居民在采割水草的同时还捡拾鸟蛋，这严重影响鸟类的繁殖和生存。

（2）过度捕鱼。近年来，由于捕捞船只的增加和捕捞技术的提高，过度捕鱼的现象愈演愈烈。炸鱼和电鱼等破坏性捕鱼方式更加重了渔业资源的衰竭。三年间，有关机构共查获相关案件 385 宗，每宗非法捕捞（电鱼、炸鱼）数量多则约 50 kg，少则 10～15 kg。过度捕捞不仅影响一些重要鱼类的生存和持续高产，造成渔业资源枯竭，而且还破坏了生态平衡，从而影响到其他种群的生存。

（3）非法捕捉野生鸟类及捡拾鸟蛋。当地居民认为野生动物和产品能提高人们的体质，改善人体健康状况，所以野生动物和产品变得很珍贵，在市场上的价值很高。在候鸟的迁徙季节，大量的候鸟遭到非法捕杀。

虽然在自然保护区禁止捕杀鸟类和捡拾鸟蛋，使这些产品在市场上出售的数量减少，但由于丰厚的经济利润的驱使，在黑市上仍然有许多非法捕杀的鸟类和捡拾的鸟蛋在出售。据当地政府的统计，三年间约查获非法打鸟、张网捕鸟（捡拾鸟蛋）所获鸟只共计6153只，其中2002年561只、2003年2989只、2004年2603只。

10.2.1.3 污染物的排放造成水质的恶化

污染是湿地生态系统所受的主要威胁之一。污染不仅使水质恶化，而且降低湿地的生物多样性。许多天然湿地是工农业废水以及城市生活污水的排放地。伴随着高度的城市化，排入汕头海岸生态系统的工农业废水以及城市生活污水越来越多，造成了水质的进一步恶化。在2004年，河溪和三屿围湿地所在的潮阳区，铅、石油、氨氮的浓度分别上升了50%，3.8%，37%（汕头市水利志编纂委员会，1998）。

10.2.2 汕头滨海湿地利用和管理现状

汕头是一个人口高度稠密和经济高速发展的城市。该地区人类活动对环境的影响越来越大，人们对湿地资源的依赖程度很高。在过去的20年中，全市有24 000 hm^2的海岸湿地被开垦，这相当于汕头滨海湿地面积的一半；超过25%的汕头湿地（12 974.52 hm^2）被转变为海水养殖塘。从2002年到2003年，汕头市的海水养殖产量从1.32×10^5 t上升到1.53×10^5 t，年均增长率为15.91%。伴随着经济的快速发展，开垦湿地作为农业利用和城市房地产的活动越来越频繁，这导致了湿地的大量损失。红树林是汕头市重要的湿地资源之一。在20世纪50年代，分布在汕头的天然红树林有几百公顷，但是由于大量的开垦，目前保存的天然红树林仅有10.7 hm^2。一些湿地被改造为盐场，用于盐业生产。汕头湿地还是一种重要的旅游资源，一些湿地被开发为市政公园，如苏埃湾附近的礐石风景区和外砂河口的湿地公园。汕头市是我国著名的侨乡，具有独特的文化和社会经济特色。在2001年，全市共接纳224万旅游者。在示范区内分布着大面积的红树林和水草，这给大量的动植物提供了栖息和繁衍的场所。生长在湿地中的水草是当地居民收割利用的十分重要的自然资源，每年冬天都被收割用于制作床垫、篮子、帽子等。而冬季恰好是候鸟在此繁殖的季节，大量收割水草破坏了候鸟繁殖的生境。高盐度的沼泽区或海湾、泻湖往往被开辟为盐场。汕头市的盐场有595.99 hm^2，近年来由于盐业生产的经济价值不高，大量的盐场被丢荒，它们中的一些又变为盐沼；另外一些被转变为养殖场，以获得更高的经济利益。

目前，与汕头湿地利用和管理有关的政府部门主要有5个：林业局、环保局、国土资源与规划局、海洋渔业局、交通局。这些机构之间缺乏明确的权力和责任，常常在湿地利用和管理上出现冲突和矛盾。

2001 年 8 月，汕头市成立了市级湿地自然保护区，面积为 7 174 hm^2，由自然保护区保护站负责管理。2003 年保护区面积扩大为 20 091 hm^2，直属于林业局的自然保护区保护站，主要负责湿地的保护和管理。目前，保护区共有 3 名科技人员和 3 名行政人员。自成立以来，该保护站已经采取了一系列有效的保护湿地的行动和措施。保护区保护站每年的日常费用为 7.75 万元，科研费用为 5 万元。从 2003 年开始，保护区保护站做了大量的工作和努力，希望将市级自然保护区升级为省级自然保护区。

尽管自然保护区保护站进行了大量的保护湿地的工作，但是汕头湿地仍然大量丧失、退化严重，造成候鸟生境的丧失和鱼类孵化、觅食环境的破坏。保护站缺乏足够的能力来协调与有关政府机构的关系以及管理大面积的湿地，缺乏雄厚的财政实力开展保护活动。由于缺乏财力、人力，自然保护区保护站的管理效率低下，没有完善的巡逻机制，狩猎、砍伐湿地植物、围垦鱼塘等非法活动屡禁不止；湿地的恢复得不到正常的进行，湿地退化趋势严重。

由于没有建立跨部门的管理委员会，与湿地利用和管理有关的各个有关部门依然会在湿地资源的利用和管理方面产生竞争和冲突，部门间往往从自身的利益出发，缺乏从整体的角度考虑问题，相互协作确保生态系统的可持续发展的意识欠缺。缺乏教育和培训机制来提高社区群众的环保意识，社区对湿地资源的过度利用将继续。缺乏可持续的养殖模式来提高现有养殖塘的产量，从而无法制止社区将湿地转变为养殖塘的现象发生。缺乏合理的规划，旅游业将继续对湿地生态系统造成危害。所有的协调活动如果不考虑环境因素，将会造成汕头湿地进一步的退化和丧失。

10.2.3　汕头滨海湿地示范区海岸湿地退化的根本原因

汕头滨海湿地示范区海岸湿地退化的根本原因是缺乏合理的综合管理模式及相关的管理政策，主要表现在以下几个方面。

10.2.3.1　保护区的管理不力

缺乏跨部门的公众参与的管理的行政安排，缺乏综合管理计划，执法不力。因为湿地位于水陆之间，它的管理将涉及许多政府机构和部门，包括国家林业局、农业局、海洋渔业局、环保局和土管局。部门之间常常出现职能交叉、重叠，很难有效地协调以上机构去制订和实施有利于湿地可持续管理的规划和政策，这就导致了湿地保护区可持续管理能力的不足。

10.2.3.2　当地群众对湿地资源的过度依赖。

居住在湿地周围的居民，长期认为湿地资源是取之不尽、用之不竭的。他们常常割光所有的水草，用最小网眼的网去捕捞。每年，有十几万只候鸟飞到汕头湿地，这就给当地居民一种错觉，认为湿地鸟类资源是用不完的，所以他们经常有这样的想法：既然有那么多鸟，捕杀一点鸟类、捡拾一点鸟蛋并不会影响鸟类的生存。他们这种过度利用自然资源的行为将导致湿地资源的逐渐退化，最终导致湿地生物多样性的损失。

10.2.3.3 当地政府和居民缺乏环保意识

湿地常被认为是废地，人定胜天的观念在当地居民当中非常盛行。过度强调经济的发展，并以之作为考核当地政府官员政绩的一个重要标准，导致了牺牲环境换来经济发展的结果。当地居民和政府官员对湿地重要的环境和社会价值缺乏足够的认识。

10.2.4 汕头滨海湿地示范区综合管理的可替代性分析

汕头滨海湿地示范区是联合国环境规划署/全球环境基金（UNEP/GEF）“扭转南中国海及泰国湾环境退化趋势”项目推荐申请全球环境基金（GEF）的中尺度项目（MSP）资助的南中国海地区主要的海岸湿地示范区。

GEF 的干预措施将缓解汕头跨境水域的环境压力。干预措施主要包括以下几方面：① 示范跨部门的和社区参与的综合管理模式来管理具有重要区域意义的湿地生境，防止湿地生境的进一步损失和退化；② 促进汕头湿地的保护和可持续管理得到更多的政策和财政支持；③ 加强湿地管理的能力建设。

通过 GEF 的干预，将实施一个跨部门的管理项目，在项目的实施过程中，有关的政府机构和广大的社区群众将积极参与。在总结项目实施的基础上，将制订一份综合管理规划，用于指导今后的开发和管理活动。项目将示范一个生态海水养殖模式，以协调经济发展和湿地保护之间的矛盾。

在准备 GEF 项目的建议书期间，得到了国家相关机构的大力支持，包括国家环保总局、国家林业局和国家财政部，承诺提供该项目的国内配套经费，以及该项目结束之后继续资助自然保护区示范活动的开展。汕头市政府也将对本示范区的建立和运转提供稳定的财政支持。

通过项目的实施，将极大地提高当地政府和社区的管理能力。该项目将向自然保护区保护站提供一笔启动基金，用于修建基础设施和购买必需的仪器设备，建立与其他机构之间的交流渠道。拥有充裕的人力资源、较好的巡逻设备、合理的地方法规、强大的政策支持，汕头湿地的管理将取得湿地生态系统的可持续发展。

总之，加强汕头湿地的保护和管理将取得重要的区域和全球的环境效益。该项目将通过提高管理水平、示范保护活动、发展可持续的海水养殖模式、开展生态旅游、提高公众的环保意识以及公众的参与来切实保护和合理利用湿地资源。汕头湿地是重要的国际候鸟迁飞路线的停歇站，具有丰富的海洋生物资源，GEF 的干预将取得重要的区域和全球的环境效益。

10.2.5 干预

针对以上造成汕头示范区湿地退化的主要原因，示范项目将采取以下的干预手段：

（1）通过建立跨部门的和公众参与的管理体制、制订和实施综合的跨部门管理规划、恢复候鸟生境和生物处理废水等手段来提高汕头滨海湿地的管理水平。

（2）发展和实施一套湿地恢复与保护方案。

（3）倡导对环境有益的经济活动来降低当地居民对湿地资源的依赖程度。

（4）通过制订和实施湿地保护的教育和培训计划来提高当地政府和居民对湿地保护重要性的认识。

汕头滨海湿地示范区海岸湿地退化的因果链分析见图10－3。

10.2.6 汕头滨海湿地示范区项目的目标和成果

10.2.6.1 项目目标

汕头滨海湿地示范区的目标是通过引入综合的跨部门管理，建立有益于环境的经济活动和一套产生经济收益的生态旅游规划，为当地群众培养保护汕头滨海湿地及其自然资源的能力，从而减轻汕头滨海湿地生态系统的压力。

汕头滨海湿地示范区的示范活动着重于减轻湿地生态系统的压力，恢复湿地的功能和价值。活动将着眼于为跨部门的公众参与的综合管理建立制度，发展与实施一套综合管理计划，倡导对环境有益的经济活动，发展与实施提升公众意识与培养能力的方案。汕头滨海湿地示范区将对海岸湿地的科学管理与可持续利用进行示范。

10.2.6.2 项目成果

汕头滨海湿地示范区项目的总体成果是将示范一个能缓解海岸湿地生态系统退化和恢复候鸟重要生境意义的跨部门的公众参与的综合管理项目。将通过4个项目成果来取得，相关的项目成果产出行动和指标见表10－1。

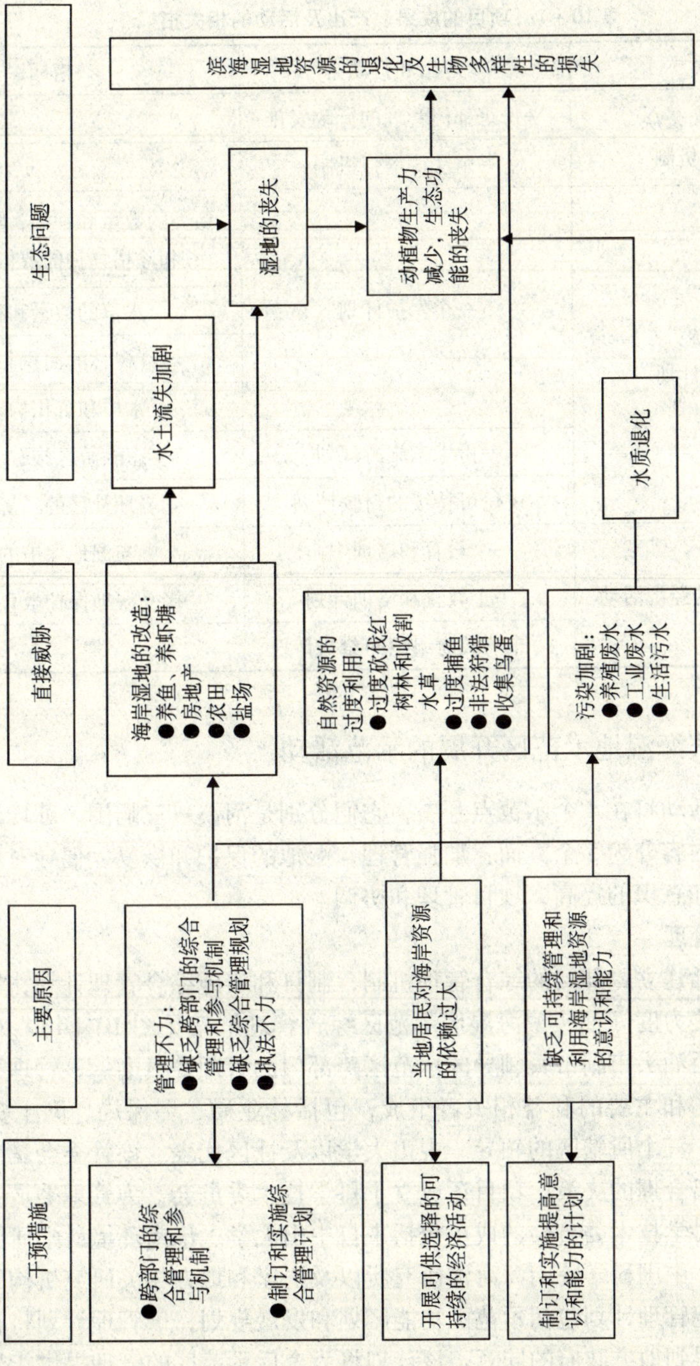

图 10-3　汕头滨海湿地示范区海岸湿地退化的因果链分析图

表 10－1　项目的成果、产出及活动的相关指标

成果	产出和行动	指标
建立跨部门和公众参与的管理机制	一份跨部门管理的行政安排	
	一个法律增强机制	
制订和实施综合的管理计划	一个保护计划	鸟类的数量和种类，特别是候鸟和珍稀物种的数量和种类
		水草的数量和种类
		红树林的面积和种类
		水质和沉积物质量
	一份生态旅游规划	生态旅游区旅游者人数
	一份可持续的财政计划	当地社区的经济收入
倡导对环境有益的经济活动	一个教育和培训中心	参与湿地保护的人数
	一个教育和培训计划	接受湿地保护教育的人数
	一个非政府组织的参与计划	

10.2.7　汕头滨海湿地示范区开展的示范活动

项目的示范活动将在 4 个示范点开展，它们分别是河溪、三屿围、苏埃湾、外砂河口。项目的示范内容分为 5 个方面：加强管理，湿地的保护和恢复，倡导对环境有益的经济活动，培训和意识的提高，项目管理和协调。

10.2.7.1　加强管理

具体活动包括建立跨部门的综合管理机制，制订和实施综合管理计划，制定地方管理法规，提高执法力度（汕头滨海湿地示范区综合管理框架见图 10－4）。在项目的准备阶段，成立了由汕头市副市长领导的示范区跨部门的管理委员会。该管理委员会的成员由多个政府机构和主要的利益相关者组成，包括林业局、环保局、国土资源与规划局、海洋渔业局、三个所辖区的领导、中山大学以及社区代表。该管委会是项目的决策机构。为了能作出合理的决策，项目还成立了科学技术委员会，为管理委员会提供科学和技术的支持。科学技术委员会的成员包括来自中山大学、华南环境科学研究所、广西红树林研究中心、中国科学院南海海洋研究所以及国家和地方相关研究机构的专家。

汕头滨海湿地管理计划包括示范区功能区划和发展规划，该管理计划将在项目实施过程中制订，并得到地方政府的同意。该计划将为今后示范区的管理提供指导。在对地

方法规和政策调查和评价的基础上，将起草建立和保护汕头滨海湿地的管理条例，该条例由地方政府负责颁布和执行。

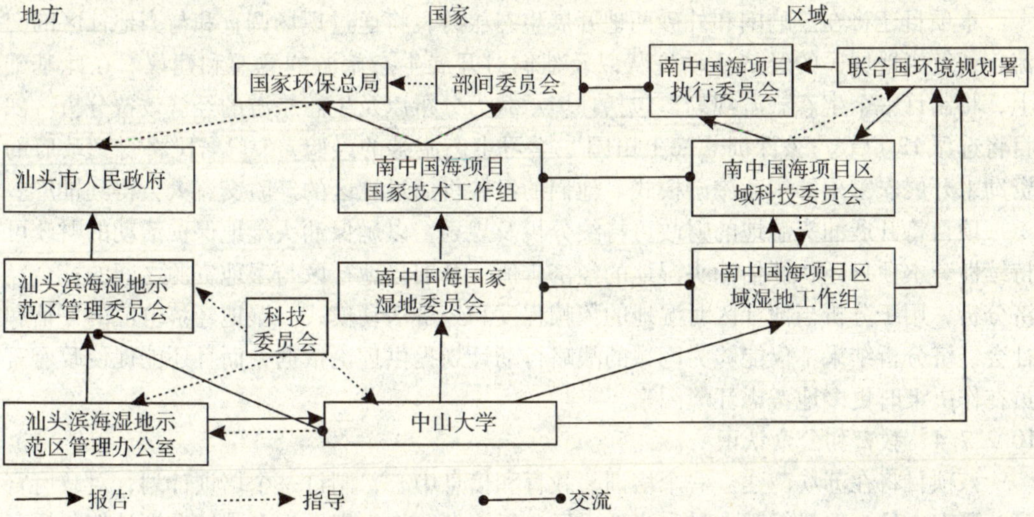

图 10－4　汕头滨海湿地示范区综合管理框架

为了制止非法的狩猎和捕鱼，将设立一个热线电话，以向项目执行机构举报非法行为。该热线电话将与地方 110 电话进行联网，同时与项目执行办公室的电话以及巡逻人员的电话相连。该热线电话将通过地方媒体、宣传手册和广告向当地社区宣传。

10. 2. 7. 2　湿地的保护和恢复

该项活动将在河溪和苏埃湾两个示范点开展，恢复和保护候鸟及其他海岸生物的湿地生境。在河溪，通过野外调查，鉴定出生物热点，与政府机构和社区共同对该区进行功能区划。该计划预计将用界桩和栅栏围蔽 3 186. 87 hm^2 的湿地，在围蔽范围内将禁止当地居民进入，并将种植 400 ～ 500 hm^2 的芦苇、水葱、江芏、蒲草等湿地植物。

为了改善濠江的水质，将开展以下活动：沿濠江入海口 2 km 河段的河岸两侧清理垃圾，设立垃圾回收站；制定一个地方法规，让当地居民来促进和实施该法规，包括禁止乱扔垃圾和不合理的垃圾倾倒行为。

该项目还将开展环境的监测活动，监测这两个示范点恢复和保护环境带来的环境变化；在项目执行期间内，将进行 3 次有关植被、水鸟和底栖动物的监测，监测结果将作为及时调整行动目标和管理活动的依据。

10. 2. 7. 3　倡导对环境有意义的经济活动

在本项目的执行过程中，将采用种植－养殖耦合系统进行渔业生产。拟选择12 hm^2

的养殖塘种植3万株红树植物来净化养殖废水。同时将开展监测活动，包括渔业生产量以及鱼虾病害的变化情况，希望通过种植红树植物来降低鱼虾的病害，提高渔业生产量。

本项目还将在三屿围和外砂两地开展生态旅游，将通过现场调查和与当地社区的交流，了解当地居民的经济活动现状以及他们对开展生态旅游的意愿和建议。在此基础上，将制订一个生态旅游规划，包括环境承载力分析以及生态旅游的经济效益分析。项目将选派12户农户去深圳“海上田园”学习生态旅游的经验，5户居民将得到政府的资助来开展农家乐等生态旅游模式。他们的经验将通过社区的经验交流大会得到推广。

项目将开展汕头湿地的财政可持续分析及规划，以确保汕头湿地保护活动的财政可持续性。本项目还将评估汕头湿地的经济价值，开展当地社区与湿地资源之间的社会经济分析，用于分析当地社区对湿地的依赖程度和经济活动模式。湿地经济价值的评估和社会经济分析结果不仅能够为区域的战略行动计划提供理论依据，而且还能促使政府官员在作决策时更多地考虑环境因素。

10.2.7.4 教育和公众认识

该项目将在苏埃湾建立一个培训、教育和信息中心，制订一个培训计划，对政府官员、研究人员、项目管理人员和当地居民进行培训。将组织学生参与该培训计划，提高他们的环保意识，活动包括野外考察、植树活动、研讨会、作文及绘画比赛等。项目还将资助一个学生加入环保非政府组织“地球之友”。目前该组织在中山大学已经有500多名会员，项目将资助他们出版学生杂志，并帮助他们在其他3所大学（广州大学、汕头大学、广东教育学院）发展会员；项目还将资助该组织每年在国际湿地日和地球日开展有关环保活动。

项目将建立网站来公布项目行动管理的进展及环境监测结果，提供有关湿地保护和合理利用的资料和信息等。经验及教训将通过当地居民的考察学习以及组织召开经验交流会（包括提倡生态旅游模式）而得到分享。在国家范围内，将在汕头召开一个有50位指导专家、管理者、政府官员参加的国家湿地会议，传播汕头的经验及教训。

10.2.8 项目的利益相关者分析

10.2.8.1 利益相关者的组成

项目利益相关者的认定对保障海岸资源的可持续利用以及保护海岸湿地至关重要。在本项目的筹备期间，关键的利益相关者不仅得到了认定，而且根据项目活动、不同利益相关者的不同职责以及他们的财政承诺进行了集中商议。项目的主要利益相关者有：①与湿地管理相关的政府机构，包括国家环保总局、汕头市政府、汕头市国土资源与规划局、汕头市林业局、汕头市海洋水产局、汕头市环保局以及4个示范区域内的区政府（龙湖区、濠江区、潮阳区）；② 中山大学，作为执行代理，其职责是为项目执行提供科学技术指导，并保障项目的执行与管理；③ 汕头市自然保护区管理处，汕头湿地示范区是汕头市自然保护区的一部分，管理处的职责是管理和保护该湿地，汕头市林业局是湿地的主管单位；④ 河溪、三屿围、苏埃湾、外砂的当地居民，在该区域内4个镇共有367 388人，大量的当地居民从湿地区域获得间接的经济收益，他们将使用与管理湿地并持续地从湿地获得利益。

10. 2. 8. 2 利益相关者的参与

这些利益相关者拥有不同的权力、利益、义务、职责。这些不同的利益相关者的利益有可能发生冲突，因此，他们之间的协调和沟通对湿地的可持续管理极为重要。为取得本项目的目标和成果，项目在策划准备和具体实施阶段要尽量鼓励和支持这些利益相关者的积极参与。

10. 2. 9 项目的风险分析及推广

虽然该项目存在一定的风险，但通过合理的规划是能够得到解决的。主要的风险包括：① 当许多企业和利益相关方的短期利益受到威胁时，新规则的执行将面临很多困难，这就需要采取有效行动来提高公众的意识，加强新规则与地方管理机构、环保机构和渔业管理机构的有关政策的协调。② 禁止破坏性的捕鱼活动将在短期内降低当地居民的收入，这将造成当地渔民对项目执行活动的排斥，所以要大力宣传示范区示范活动的重要意义以及保护湿地对渔业生产带来的长期利益。另外，地方政府应该通过增加当地居民的就业机会来提高他们的收入。

建立湿地保护区能有效保护具有代表性的、稀有的或独特的海岸湿地类型，保护海岸湿地的生物多样性，维持保护区生态系统的生态功能，保护易危、濒危或者受威胁的生态群落，保护野生动物产卵和觅食的场所以及动物生活史特殊阶段赖以生存的海岸生境，减少和缓解过度利用自然资源以及破坏性的开发行为，恢复退化的生境，提供科学研究和开展教育活动的场所，促进生态旅游的开展，保护具有历史和文化意义的湿地，提高社区的环境保护意识，促进附近社区建立保护区，形成区域生态环境的保护网络（Roberts et al.，2001a；Roberts et al.，2001b）。保护区的网络涵盖较大的地理范围，在区域内，保护区之间以适当的距离彼此相连，被认为是保护效益最好的方式。因为，许多海岸地区动物的卵和幼体的分布和活动范围很大，另外，有些物种在其生命周期的不同阶段生活在不同的生境中，这就需要建立区域保护区网络，有效保护海岸环境。保护区的区域网络有利于实现管理资源的共享，地方政府、社区、相关利益团体之间共享监测和监督的资源。由于当地社区参与监测和宣传活动，大大增加了示范活动的投资效益，使区域能利用较低的费用提供自身的能力建设。保护区的区域网络有利于制定区域统一的监测标准进行监测，并利用监测结果，在区域尺度内对海岸生境的现状和趋势进行评估。区域网络还有利于经验的广泛传播和推广。推广活动不需要等到一个地区的管理体制完全发展和实施后才开始，在建立和实施示范活动的过程中，管理人员和社区群众就应该不断摸索和找出解决问题的办法，并使这些办法尽快被其他地方所采用。社区参与者中的积极分子可以成为宣传员，向其他社区传授相关技术和经验。另外，区域保护网络之间应定期进行人员交流和开展研讨会，进一步提高海岸环境的保护效益。

参考文献

国家林业局野生动植物保护司编. 2001. 湿地管理与研究方法 [M]. 北京：林业出版社.

国家林业局野生动植物保护司编. 2003. 自然保护区社区共管 [M]. 北京：林业出版社.

汕头经济特区年鉴编纂委员会. 1998—2000. 汕头经济特区年鉴. 汕头：汕头大学出版社.

汕头市水利志编纂委员会. 1998. 汕头市水利志稿 [M]. 汕头：汕头市水利局.

张灵杰. 2000. 海岸带综合管理的区域性特征及其发展机制 [J]. 海洋环境科学，19 (2)：63-68.

Cicin-Sain B, Knecht R W. 1998. Integrated coastal and ocean management: concepts and practices [M]. Washington: Island Press.

Gilman E L. 1998. Unknown adverse impacts to wetlands from the Corps' Nationwide Permit Program: examples from the commonwealth of the Northern Mariana Islands [J]. Coastal Management, 26 (4): 38-60.

Gilman E L. 1997. Community-based and multiple purpose protected areas: a model to select and manage protected areas with lessons from the pacific islands [J]. Coastal Management, 25 (1): 59-91.

Gilman E L. 1999. Choosing appropriate instruments from the wetlands management toolbox: a planning process for wetlands conservation [J]. Wetland Journal, 11 (3): 15-22.

Gilman E. 2002. Guidelines for coastal and marine site-planning and examples of planning and management intervention tools [J]. Ocean and Coastal Management, (45): 377-404.

Greiner R, Young M D, McDonald A D, et al. 2000. Incentive instruments for the sustainable use of marine resources [J]. Ocean and Coastal Management, (43): 29-50.

Roberts C, Bohnsack J, Gell F, et al. 2001a. Effects of marine reserves on adjacent fisheries [J]. Science, 294: 1920-1923.

Roberts C, Halpern B, Palumbi S. 2001b. Designing marine reserve networks: why small, isolated protected areas are not enough [J]. Conservation Biology in Practice, 2 (3): 10-17.